푸른 도시, 서울의 공원

소신과 열정의 공원 만들기 40년
푸른 도시, 서울의 공원

최광빈 지음

이유출판

프롤로그

　백령도라는 섬에서 어린 시절을 보낼 때 육지는 동화책 속 왕궁처럼 화려하고 멋진 곳이라는 환상에 젖어 있었다. 그러나 어른이 되어 살아보니 육지는 그런 곳이 아니었다. 오히려 섬에서 살던 어린 시절에 대한 그리움이 들곤 하였다. 도시생활이란 끊임없는 경쟁과 산더미처럼 쌓인 일의 연속이었다. 힘들고 포기하고 싶을 때 백령도 시골에서 어린 시절을 보낸 추억은 나에게 많은 힘이 되었다. 서울이란 대도시에서 공원과 녹지, 조경 업무를 담당한 38년 11개월의 세월이 순식간에 지나갔다.

　학연도 지연도 없는, 이른바 빽 없는 시골 출신이 서울시의 공원녹지와 조경 사업에 청춘을 바칠 수 있었던 것은 큰 축복이라고 생각한다. 그렇게 만들어놓은 서울의 많은 공원은 언젠가 역할을 다해 사라지기 전까지는 나의 젊은 시절을 추억하게 해줄 것이다.

　서울의 공원과 조경 사업은 1996년 이전과 이후로 구분된다. 이는 서울시장이 관선과 민선으로 구분되는 것과 맥을 같이한다. 관선 시대 서울시장들은 시대의 요구에 따라 서울을 개발하는 데 중점을 두었다. 대통령이 임명하는 자리라 청와대 눈치를 보지 않을 수 없었다.

조순 시장으로부터 민선 시대가 시작되었다. 그는 시민들이 직접 뽑은 첫 민선시장이었다. 민선 시대부터 비로소 시민들의 삶의 질에 대한 고민이 시작되었다. 4년 임기 동안 조순 시장은 서울시민의 삶의 질 향상을 위해 많은 고민을 하고 할 일을 찾았다.

우선 교통이 고통이라는 점에 착안하여 열심히 개선책을 마련했다. 그러나 횡단보도 하나를 새로 긋는 것도 국가 권한이라는 한계를 느끼며 실망하고 좌절했다. 그는 교통 문제 대신 공원으로 시선을 돌렸다. 공원 녹지를 혁신적으로 대폭 확충하겠다는 정책을 발표하자, 대다수의 언론이 기다려온 시책이라며 환호했다.

이것이 바로 1996년 6월에 발표한 '공원녹지확충 5개년계획'이었다. 영광스럽게도 이 계획의 실행자 역할을 내가 하게 되었다. 아무에게나 주어지지 않는 값진 기회였다. 서울의 공원과 조경사업은 시민을 향하는 중요 정책으로 자리 잡았고, 서울시장의 트레이드마크처럼 대형공원이 하나둘씩 만들어졌다.

나는 그 흐름의 한가운데에서 담당 계장, 과장, 국장을 거쳤다. 공무원으로 2017년 정년을 맞이한 후 다시 노원구청에서 5년 동안 추가로 일을 했다. 한 분야에서 근무한 서울시 최장수 국장이라는 타이틀도 얻었다.

공원녹지확충 5개년계획이란 신호탄을 쏘아올린 후로 역대 시장들은 공원 녹지 확충과 정비에 많은 관심을 기울여왔다. 공원을 조성하는 것은 시민들이 '엄지 척' 반응을 보이는 인기 있는 사업이었다.

민선 2기 1999~2002년 고건 시장 때에는 '생명의 나무 천만 그루 심기'라는 기치 아래 월드컵공원, 선유도공원, 낙산공원 등이 만들어졌다. 민선 3기 2003~2006년 이명박 시장 때에는 '생활권녹지 330만 m^2 늘리기'란 정책으로 청계천 복원과 서울숲 조성 등이 이루어졌다.

민선 4~5기 2007~2011년 오세훈 시장 때에는 '생활권녹지 330만 m^2 더 늘리기'를 목표로 북서울꿈의숲과 서서울호수공원, 중랑캠핑숲 등이 조성되었다. 민선 6~7기 2012~2022년 박원순 시장 때에는 '숲과 정원의 도시, 서울'이라는 이름으로 경의선숲길, 경춘선숲길, 서울로7017 및 문화비축기지 등이 새롭게 만들어졌다.

서울시는 시민들의 삶의 질을 개선하기 위해 공원녹지정책을 꾸준히 추진해왔다. 나 또한 담당 공무원으로서 부족한 점을 찾아 개선하고 새로운 일에 용감하게 도전해왔다. 그 바탕에는 항상 휴머니즘이 있었다.

공원과 녹지는 시민들의 삶에 큰 영향을 미친다. 먹고살기 힘든 시대를 지나 국민소득이 4만 달러를 바라보는 지금, 사람들은 산등성이에서 지평선이나 수평선을 바라보듯 행복과 건강, 여가 등 삶의 질을 살펴본다. 사람답게 사는 문제에 눈을 뜨게 되는 것이다.

나는 1980년 16회 기술고시에 합격한 후, 서울시에서 공직을 시작했고 줄곧 공원녹지, 조경 분야에서 일해왔다. 그간 직접 경험한 것들을 묻어버리기 아깝다는 주위 사람들의 권유로 이 글을 쓰게 되었다. 이를 책으로 만들어보라고 애써 힘을 북돋아준 이유출판 이민 대표에게 감사드린다.

변화의 시대에 서울의 큰 공원들을 만들 수 있는 기회를 준 서울시에도 감사한다. 아울러, 30여 년간 서울시에서 공원녹지 기획업무를 담당하다가 직접 실천해볼 수 있는 다양한 현장을 마련해주신 오승록 노원구청장님께도 감사의 말씀을 드리고 싶다. 현상공모 등에 참여해준 여러 설계자들과 공사를 담당했던 많은 시공사들, 근로자분들에게도 감사의 마음을 전한다. 일을 추진하는 과정에서 때로는 힘들고 포기하고 싶은 적도 많았지만, 험한 과정을 거쳐 공원이 하나둘 만들어지는 단계를 보는 것은 큰 즐거움이자 보람이었다.

　공직생활 내내 많은 것을 인내하고 옆에서 말없이 도와준 아내 혜영과 잘 자라서 세상에 나간 두 아들 기호, 기철에게도 사랑과 감사의 마음을 전한다. 아울러, 나와 함께 '남들이 가보지 않은 길'을 함께할 용기를 내주었던 직원들, 적극적으로 자료를 찾아 보내주며 큰 도움을 준 서울시 심현보 팀장, 박철수 소장, 김봉선 주임, 노원구의 권동현 과장, 고은진 주임 등에게도 깊은 감사의 마음을 표한다.

　투박한 나의 글을 정성으로 다듬고 조언을 아끼지 않으며 책으로 엮어낼 수 있도록 도와준 이유출판의 유정미 대표와 편집팀에 감사의 마음을 표하고 싶다.

　책의 마무리 단계에서 귀한 시간을 내서 교정을 봐주신 조용연 선배와 온수진 님께도 깊은 감사의 마음을 전한다.

목차

프롤로그　　　　　　　　　　　　　　　　　　004

1. 도시공원을 만드는 사람들

'녹지직'이 뭐예요?　　　　　　　　　　　　　016
숲과 공원을 살리는 공원 안내체계　　　　　　021
공원 이름을 제대로 붙여주자　　　　　　　　　028
동네 구석 쓰레기장이 공원용지로　　　　　　　033
산과 공원을 지키는 색은 녹색이 아니다　　　　039
시유지를 왜 팔려고 하나요?　　　　　　　　　043
업무협의로 결판나는 공원 확보업무　　　　　　047
동네공원의 재탄생　　　　　　　　　　　　　　053
땅이 없으면 옥상녹화하세요　　　　　　　　　064
공원 산책로에서 경계석을 없애자　　　　　　　070
공원 내 골프연습장 흑역사　　　　　　　　　　075
골프연습장 담당 공무원들의 잔혹사　　　　　　081
워싱턴에서 새로운 세상을 보다　　　　　　　　088

2. 잘 다듬어야 보석이 된다

출근길에 탄생한 남산의 팔각 목책　　　　　　100

남산제모습가꾸기 프로젝트	104
세대교체가 이루어지는 남산의 시간	110
남산공원길에 승용차는 NO!	114
'냅둬봅시다!'로 시작된 N서울타워의 재탄생	117
세종로공원의 배반	121
재생을 통해 시민의 숲을 미래의 숲으로	127
장충테니스장의 향방은 과연 어디로?	135
어린이대공원 관리사무소의 변신	138
서울의 가로녹지와 경관, 달라질 수 있다	144
우리나라에도 미국식 오토캠핑장을	152
도심의 캠핑장이 갖춰야 할 조건은?	158

3. 서울은 공원 전성시대

여의도공원, 민선 시대가 공원을 만든다	166
만년필 공장이 천호공원으로	177
난지도 쓰레기매립지가 월드컵공원으로	182
하늘이라 하늘공원, 노을이라 노을공원	189
선유도에서 만난 세계적인 설계 명장들	197
시달림을 기다림으로 디자인한 서서울호수공원	204
뚝섬 경마장이 서울숲으로	208

북서울의 Dream Land가 Dream Forest로　　　219
수많은 역경 끝에 완성된 북서울꿈의숲　　　230
서울 최초의 오토캠핑장, 중랑캠핑숲　　　240
경춘선이 도시숲길로 다시 태어나다　　　246
경의선숲길, 용산과 마포의 큰 변화를 이끌다　　　257

4. 사람이 대접받는 도시

어린이공원의 현대화　　　268
어린이공원을 어린이에게 돌려주자　　　276
무궁화어린이공원을 되찾다　　　280
학교 녹화는 왜 시작되었나?　　　288
청소년들이 맘껏 뛰노는 노해체육공원　　　296
2002 월드컵, 한국의 꽃 심는 문화를 바꾸다　　　299
동네 보행 천국을 만들어보자　　　304
아빠, 덕수궁길이 요만해졌어요!　　　309
동일로의 두 공원을 잇는 녹지연결로　　　318
폭발적 인기를 누리는 당현천　　　322
한강 대홍수를 직접 겪다　　　328
휴머니즘이 낳은 무장애숲길　　　337

5. 산은 서민들의 병원

도시 산의 문제점은 무엇일까? 348
악몽의 우면산 산사태 353
서울의 새로운 산길, 서울둘레길 363
관악산이 되살아나다 368
내가 사랑하는 수락산 무장애숲길 372
불암산힐링타운의 탄생 378
서울시 최초의 자연휴양림 수락휴 384
불암산에 태동한 산림치유센터 388
불암산의 누수식 생태보 399
불암산의 철쭉을 잇는 초안산수국동산 403
수성동 계곡과 청운공원 406

에필로그 412

월드컵공원 하늘공원에서 열린 '서울별빛캠핑' 공연 (서울시 제공)

1
도시공원을 만드는 사람들

'녹지직'이 뭐예요?

현재 서울시에서 사용하는 '녹지직綠地職'이 처음부터 이 이름을 가진 직명은 아니었다. 도시의 산과 공원, 조경 등을 담당하는 공무원들은 1989년부터 임업직이라는 직명으로 불리고 있었다. 2006년에 다른 명칭으로 변경하거나 직렬을 신설해야 한다고 주장한 사람들은 대학의 조경학과 교수들이었다. 당시 전국 23개 대학에서 조경학과 학생들을 배출해내고 있었다. 그들이 공직에 입문하려면 임업직렬로 들어가야 했는데, 조림학이나 임업 경영학 등 대학에서 배우지 않던 과목으로 시험을 보고 입사해야 하는 어려움이 있었다.

이에 조경학과 교수들이 후학들의 불만을 모아 대책 마련에 나섰고 조경학회와 업계 사람들이 뭉쳐서 대안을 찾기 시작했다. 답은 간단했다. 조경직렬 하나를 더 신설하는 것이었다. 그들의 주장은 당연한 것이었지만, 현장에서 임업직과 유사한 조경직의 신설은 그렇게 간단한 문제가 아니었다. 일반직원들은 조경직렬 하나가 새로 생길 수도 있다는 사실을 거의 모른 채 일이 진행되었다. 나는 당시 서울시 공원과장으로 근무 중이었는데, 전혀 모르고 있다가 누군가에게 이 사실을 전해듣고 심각성을 깨달았다.

행안부(현 인사혁신처)의 담당 국장은 쉽게 만날 수 있는 사람이 아니었고 만나주지도 않을 사람이었다. 당시 서울시 푸른도시국장인 최용호 국장에게 상황을 알렸다. 그도 임업직이었다. 최 국장은 행안부의 담당 국장 옆방의 국장을 알고 있으니 그분을 찾아가서 소개받는 방법으로 면담을 해보라고 했다.

우여곡절 끝에 담당 국장을 면담했다. 그의 첫마디는 의견수렴이 이미 끝났다는 것이었다. 나는 당사자들을 대표해 조경직 신설에 관해 전해들은 바 없다고 항의했다.

결국 행안부 담당 국장은 담당 과장을 불렀다. 어떤 절차로 누구를 대상으로 의견을 청취했느냐고 따져 물었다. 임업직 직원들의 큰 분열을 가져올 수도 있는 조경직의 신설을 당사자들에게 한마디 상의 없이 진행하는 것은 말도 안 된다고 강하게 주장했다. 결국 산림자원학과 및 조경학과 교수 등과 업계 대표들이 모여 회의를 갖기로 했다. 그것만으로도 큰 진전이었다. 임업직들의 밥그릇 지키기 게임이 아니었다. 일 자체를 합리적으로 할 수 없는 조직이 되어버릴 수 있다는 절박한 심정으로 나도 그 회의에 참석했다.

하나 예를 들어보자. 전기직, 기계직, 화공직은 대학에서 어려운 이공계 공부를 하고 공직에 입문하지만 소수 직렬로 손해를 많이 본다. 서울시에서 이들은 승진할 때마다 '공업직'이라는 카테고리 안에서 전쟁을 치른다. '이번에는 전기직이 올라간다', '지난번에 전기직 사무관이 승진했으니 이번에는 기계직 사무관이 승진한다', '아니다, 이번엔 화공직 차례다' 하는 식으로 러시안 룰렛이 벌어진다. 3개의 직렬을 공업직 하나로 묶어서 승진시키다 보니 이런 서러움을 받는 것이다. 임업직을 임업직과 조경직으로 쪼갠다면 전기직, 기계직, 화공직들이 받는 불이익을 똑같이 받게 될 터였다.

2개 분야 양측에서 10여 명씩 행안부 회의실에 모여 회의가 시작되었다. 각자의 주장이 펼쳐졌다. 결국 조경을 전공한 학생들은 배우지도 않는 조림학이나 임업경영학 등을 별도로 공부하여 시험 준비를 해야 해서 공직 진출에 장애가 되니 조경직을 신설하자는 주장이었다. 나는 임업직과 조경직을 손에 비유했다. 손가락은 여러 개라도 손은 하나라야 물건을 잡을 수 있다. 임업직과 조경직을 하나의 손에 붙어 있는 손가락처럼 만들어야 한다는 점을 강하게 주장했다.

　　막상 공직에 입문하면 산림과 사방, 수목 병해충 등은 임업직이 하고 공원과 도시조경은 조경직이 맡게 된다. 그러나 구청 단위로 1개 과 규모의 조직에선 일이 깔끔하게 나뉘진 않는다. 승진 자리를 놓고도 직원들끼리 과열 경쟁만 부추기게 될 것이다. 게다가 당시 임업직은 산림자원학과, 조경학과, 원예학과 출신뿐 아니라 역사학과, 국사학과, 경영학과 출신도 상당수 있었다.

　　결국 나뉘어서는 안 된다는 데까지 합의를 했다. 임업직류 외에 조경직류를 신설해 시험과목을 조경학 과목에서 출제하면 된다고 했다. 그렇다면 이들을 하나로 묶어주는 상위개념인 직렬을 무엇으로 할 것이냐를 놓고 거센 논란이 이어졌다. 산림자원학과 교수님들은 '산림조경직', 조경학과 교수님들은 '조경산림직'으로 하자는 주장이 좁혀지지 않고 2시간 이상 팽팽한 줄다리기를 했다. 서로 양보할 기미가 전혀 보이지 않는 평행선이었다.

　　10분간 휴식 시간을 가졌다. 나는 '토목직이 무슨 뜻이지?' 생각했다. 건축직은 건축을 짓는다는 말에서 온 것 같은데 토목직은 헷갈렸다. 여기에 해결책이 숨어 있었다.

　　'흙(土)과 집 지을 때 쓰는 죽은 나무(木)?'

　　그게 직렬명이 될 수 있을까? 가급적 두 글자이고 상위개념이 아니더라도 양측이 모두 만족할 만한 이름이 떠올랐다. '녹지綠地'였다.

회의가 속개되었다. 다시 지루한 진영논리가 이어졌다. 나는 행안부 담당 과장에게 물었다.

"과장님, 대부분의 직렬이 두 글자죠?"

"네, 대부분 두 글자입니다."

"교수님들, 토목직이 무슨 뜻이겠습니까? 둘로 쪼개져선 안 된다는 전제하에, 어느 특정 전공에 구애됨이 없이 '녹지'라는 명칭으로 가는 것이 어떻겠습니까?"

일시에 양측 교수님들이 눈을 반짝거리면서 그게 좋겠다고 전격 합의를 했다. 만장일치였다.

7급을 예로 들면, 현재 지방직 공무원 녹지직의 시험은 이렇게 구성되어 있다.

- 산림자원 직류 7급 – 필수과목(5): 국어(한문 포함), 생물학개론, 조림학, 임업경영학, 조경학
- 조경 직류 7급 – 필수과목(5): 국어(한문 포함), 조경계획 및 설계, 조경사 및 이론, 조경재료 및 시공, 생태관리 및 식물

현재 녹지직은 도시에서 주로 쓰고 산촌이 대부분을 차지하는 지자체나 산림청에서는 임업직을 그대로 쓰고 있다. 서울에선 위와 같이 직류를 나눠 적절한 인원을 선발한 후 녹지직으로 통합해 운영한다. 다양한 전공자들이 녹지직으로 영입되어 일사불란하게 일하고 있다. 산림관리와 생태, 사방관리, 공원재산 관리와 신규 공원 조성 및 관리업무, 가로수 및 도시 조경계획과 관리 등 각광받는 일을 하면서 보람을 찾는 직렬로 거듭나고 있다. 하나의 손에 여러 손가락을 잘 붙

여놓은 셈이다.

  2개 분야 대학교수님들을 한자리에 모아 회의할 수 있게 배려한 행안부 담당 국장과 담당 과장이 고마웠다. 공무원에게 승진이란 목숨을 거는 일이다. 합의가 잘되지 않았다면 승진 때마다 '그 자리는 임업직 자리다', '아니다, 조경직 자리다.' 하며 싸움이 벌어지는 걸 지긋지긋하게 보게 되었을 것이다. 그러고 나면 직원들끼리 앙금이 남아 조직의 화합도 망가진다. 지금 생각해도 직렬에 관해 합의를 끌어내는 데 역할을 한 것이 뿌듯하다.

숲과 공원을 살리는 공원 안내체계

서울의 공원과 산이 많이 푸르러지고 깨끗해졌다는 이야기를 자주 듣는다. 숲 자체가 성장한 결과이기도 했지만 지난 30여 년 동안 꾸준히 숲을 먼저 생각하는 전략들을 실행해온 결과다.

산이나 공원을 도시숲이라고 해보자. 산림청 담당자는 '산불 조심' 같은 문구를 적당한 규격과 글씨체를 정하여 숲에 설치한다. 환경부도 '자연보호' 같은 홍보 문안을 보내고 국립공원의 안내체계를 도시 숲에도 적용한다. 그러다 보면 숲은 숲 본연의 아름다움을 잃어버린다. 여기에 국정원의 안내판도 공원 입구에 설치된다. '간첩 신고'부터 '산업스파이 신고'까지 큼지막한 안내판이 도시공원이나 산 입구를 가로막는다. 경찰은 경찰대로 공원 입구에 큼지막한 안내판으로 안내 문구를 설치한다. 여기에 디자인은 없다. 혼란스럽고 무성의한 홍보와 경고성 안내판이 대부분이다.

소방청에서는 국가지점번호라고 해서 숲 곳곳에 철봉 위에 노란색 육면체 통을 달아놓았다. 조난당했을 때 이것이 구조 좌표가 된다. 서울의 숲에서 과연 얼마나 많은 사람이 조난신고를 할지는 모르겠다.

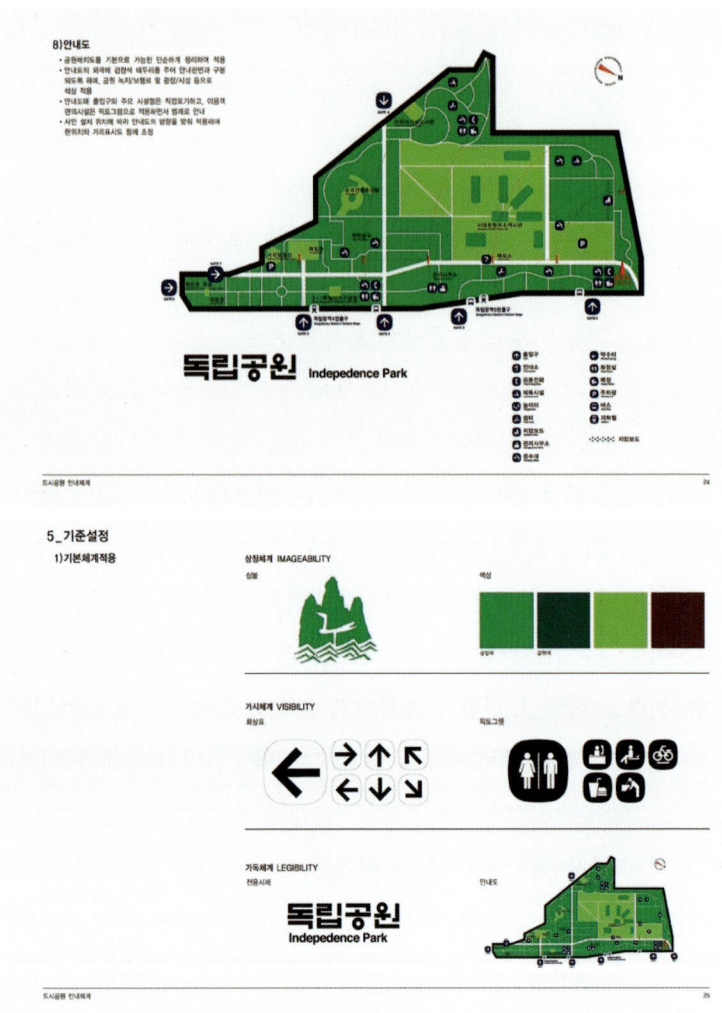

서울시 도시공원 안내체계 매뉴얼 (서울시 제공)

　　공원 안내체계를 적용하는 지방자치단체와 사전에 협의해 숲의 경관을 해치지 않게 해야 한다. 별도의 시설을 만드는 대신, 방향 안내판 등에 병행하여 설치하는 등의 세련된 조치가 필요하다. 각자도생各自圖生이란 말이 현실이다.

중앙정부만 탓할 일은 아니다. 서울시에서도 공원 설계안을 받을 때 안내판에 '지정색채指定色彩', '지정문안指定文案'이란 표시를 해 적당히 납품하려 드는 사례를 너무나 많이 보아왔다. 돈을 주고 설계를 맡겼는데 우리더러 정하든 말든 알아서 하라는 식의 설계 납품이 어디 있단 말인가? 그런 안내판을 공원에 마구 설치할 순 없는 노릇이었다.

약 30년 전 공원과 공원관리계장 시절에 홍익대 대학원 산업디자인과 유진형 교수 주관으로 1차 안내체계 용역을 실행해 틀을 잡기 시작했다. 1998년 여의도공원에 적용했던, 나름 종합적인 틀이었다. 이후 한 번 더 유진형 교수에게 의뢰해 현재 쓰는 안내체계로 업그레이드시켰다. 글씨체와 규격 등 유형별 안내판의 기준이 정해진 셈이다. 두 번의 용역을 거치면서 배운 것은 도시숲에는 가급적 안내판은 없을수록 좋고 꼭 있어야 할 곳에만 두어야 한다는 것이다.

종합안내판이나 구역안내판은 도면에 번호를 써놓고 오른쪽 하단에 범례를 표시했다. 해당시설 위에 그대로 시설명 등을 표기하여 범례와 시설 위치를 번갈아 보다가 놓치는 일이 없게 개선했다.

노원구에 근무하면서 종합안내판의 원고를 만드는 법도 개선했다. 겨울철 숲 상공으로 드론을 띄워 촬영한 후, 시설의 위치와 산책로 루트를 정확하게 표시했다. 포토샵으로 숲에 녹색과 연두색 등을 섞어 계절을 봄이나 여름으로 바꿔 원고를 완성해 종합안내판에 붙이면 정확한 좌표를 확인할 수 있었다.

방향 안내판의 경우 시설이나 장소의 방향을 정한 후 그 밑에 미터 수를 표기한다. 이를 위해 시공사와 현장에서 롤러가 달린 거리 측정기를 굴려서 직접 가보고 거리 표시가 정확한지 확인한 후 감독관이 서명하고 제작 오더를 주었다. 제작 후 현장에 설치할 때 시설이나 장소의 방향을 정확하게 바로잡아 설치하는 것까지 감독했다. 이런 식으로 정확히 일을 하게 되면 시비 붙을 일이 전혀 없다. 도시숲을 이용하는 사람들은 숲과 조화되는 안내서비스를 받는 것이다.

서울시 시설 중 색채나 글씨체가 가장 안정적으로 통일되고 질서가 잡힌 것은 공원녹지분야라는 말을 듣는다. 공원의 안내체계에 꾸준히 관심을 갖고 방향을 잡아온 탓이다. 서울시의 공원 안내체계를 잡는 데 약 30년이 걸렸지만, 지금 생각해봐도 뿌듯하다. 숲 안의 펜스

개선된 종합안내판 예시

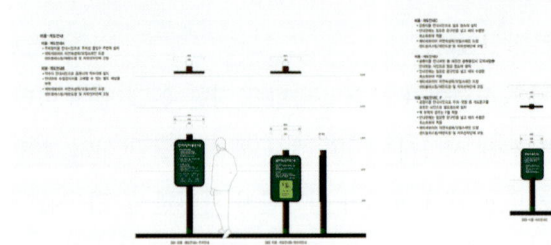

서울시 도시공원 안내체계 매뉴얼 (서울시 제공)

불암산 힐링타운 입구 대형 입체 글씨

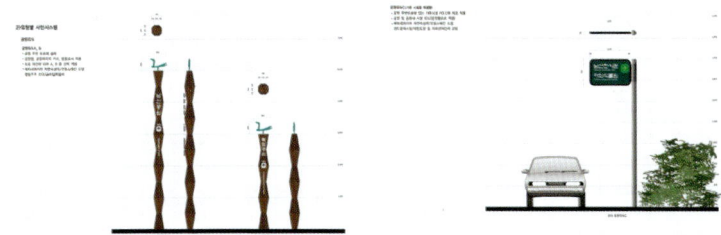

서울시 도시공원 안내체계 매뉴얼 (서울시 제공)

나 운동시설 등을 기와진회색으로 통일시키니 숲이 더 넓고 깨끗해보이는 효과를 보기도 했다. 지금은 전국적으로 서울의 안내체계를 적용해 설치하는 지방자치단체가 많아졌다.

서울의 도시숲에 자연이 풍부해진 첫 번째 이유는 숲 자체의 성장이다. 두 번째는 공원 입구에 늘어서 있던 무질서한 안내판과 홍보판을 과감히 줄이고 통합한 덕이다.

로마에서는 로마법을 따라야 한다. 중앙정부의 힘센 부서에서 설치한 안내판을 치우려면 과감해야 한다. 담당 직원들에게 일단 안내판을 창고에 갖다놓고 한 달 이상 보관한 후 폐기 처분하라고 지시했다. 그런 안내판을 설치한 직원은 어딘가로 발령나 사라지고 새로 온

담당자도 관심조차 없는 경우가 대부분이기 때문이다.

공원등에 관리용 번호를 부착하는 방식은 잘 개선되지 않는다. 단순하게 가로등에 번호를 붙여 공원등에 불이 안 들어오면 신고하는 기능만 하면 된다. 그러나 직사각형의 스테인리스 판에 해당구청의 이름과 로고만을 써넣는다. 부서명을 쓰고 공원 이름과 전화번호도 적어 스테인리스 밴드로 원기둥 전주에 붙여놓는 경우도 있다.

하지만 그럴 필요 없다. 평균 신장을 가진 사람들의 눈높이에 간단하게 번호만 쓰고 필요한 전화번호 정도만 표기해놓으면 그만이다. 일련번호나 구역별로 나눈다면 A1, B1 정도만 쓰면 되는 일이다. 구청 당직실은 핸드폰으로 검색하면 1분 안에 알 수 있는 세상이다.

도시숲에서는 쓸데없이 눈길이 가는 시설을 피해야 한다. 도시숲을 숲답게 관리하는 기본 원칙은 자연 이외에는 눈에 띄지 않게 정리해주는 일이다. 이 원칙으로 개선되었으면 좋겠는데 그게 잘 안

입식 공원명패 설치 사례

공원명 등 다양한 정보와 이질적인 재료(위)
공원명 생략, 관리용 번호만 표기(아래)

된다.

도시숲에 설치된 펜스는 직립시설로 눈에 잘 띈다. 낭떠러지 같은 곳에는 철제 펜스를 설치해야 하겠지만 이 또한 기와진회색으로 설치하면 숲에 묻혀 눈에 잘 띄지 않는다. 펜스는 없는 것이 좋고 있어도 없는 듯이 설치하자는 원칙 하나만 기억하면 숲은 한결 깨끗해진다.

남산 하얏트호텔 건너 이탈리안 식당 위쪽에 산의 경사가 올라가는 곳에 설치한 목책이 있다. 숲을 잘 드러내면서 들어가지 말아달라는 표시를 하기 위해 발목과 종아리 사이 높이로 만들었다. 2024년 옛 개포1단지에 있던 개포중학교를 헐고 다시 지으면서 적벽돌과 징크판넬로 멋지게 건물을 지어놓고 눈에 확 들어오는 연두색 메시펜스를 높다랗게 친 사례가 있었다. 펜스에 관한 기본 원칙을 서울시교육청 공무원들에게 알려주고 싶은 심정이다.

꽃을 예쁘게 심어놓고 꽃을 지킨다고 흰색 줄을 둘러친 경우가 있다. 꽃도 망치고 경관도 망치는 일이다. 사진 찍을 동선을 내주면 그만이다. 도시의 직립시설은 주변과 조화를 이루게 하든지 그렇지 못하면 자기 색을 드러내지 않아야 한다. 도시숲의 직립시설과 안내체계만 잘 잡아도 숲이 확 살아난다는 교훈을 신중하게 받아들이기를 바라는 마음이다.

발목 높이 패들링Paddling으로 설치한 팔각 목책

공원 이름을 제대로 붙여주자

1991년 8월 서울시 환경녹지국 공원과 공원관리계장으로 발령받았다. 서울시 전체의 공원 관리를 총괄하면서 강남 소재 자치구의 공원개발업무를 맡은 자리였다. 그야말로 일로써 제대로 덤터기를 쓰는 자리였다. 이때 개발계획은 '개별 계획'이고 관리계획은 '총괄계획'이란 것을 느꼈다.

개발계획을 공원개발계로 모두 넘기는 합리적 업무분장을 해달라고 주장해 관철시켰던 기억이 난다. 당시 공원관리계 직원들은 일당백을 하는 분들로 구성되어 많은 일을 슬기롭게 처리해내고 있었다. 그러던 중 故 한시종 주사가 발령받아 왔다. 당시 암 투병 중이어서 무리하지 않도록 몇 가지 일을 업무분장해드렸다.

한시종 주사가 스스로 해보겠다고 맡은 일이 공원명칭 개정이었다. 공원관리계장으로서 반드시 필요한 일이었다. 사람들은 아이가 태어나면 평생 부를 이름을 고민해서 지어준다. 수십 번 불러봐서 놀림감이 되지 않게 신중을 기한다. 공원관리계장으로 발령받아 정신없이 일을 하던 와중에도 이상한 공원 이름들이 많다는 생각을 했다.

도시가 팽창하면서 새로 개발되는 지역이 많아지고 도시기반시설로서 공원이 갖추어졌다. 이때 구획정리사업의 경우 일정 크기의 개발부지를 ○○블럭 등으로 표시해 그대로 준공 처리했다. 그리하여 '반포1226블럭 어린이공원' 같은 이름이 생겼다. 기성 시가지라고 해도 제1어린이공원부터 제44어린이공원까지 일련번호로 공원 이름을 붙였다. 아이들이 나무판에 세로 각자刻字로 만든 '화곡제18어린이공원'의 명패를 보고 낄낄대었을 것을 생각하면 어른으로서 세심하지 못했던 게 미안했다.

양천구 목동 신도시 개발로 지어진 공원들의 이름은 신정1, 2, 3, 4, 목1, 2, 3, 4공원 등으로 단순하다. 공원명패까지 큼지막하게 달아놓았다. 각 구청에 공문을 시달해 명칭을 개정해야 할 필요가 있는 공원의 예시를 들어주면서 일제히 조사하게 했다. 향토사나 지명 등을 참고해 자치구 지명위원회를 거쳐 2개의 명칭을 보고해달라고 했다. 이를 토대로 서울시 지명위원회에 상정해 공원명을 개정한 후 고시하고 이를 국립지리원에 보낸다. 향후 지도를 만들 때 개정된 공원 이름으로 바꿔 인쇄하면 공원의 이름이 바뀐다.

내가 했던 많은 일이 그랬듯 공원 명칭 개정작업도 상부에서 시켜서 한 일이 아니었다. 나와 계의 직원들이 뜻을 모아 절차를 밟아 나갔다. 한시종 주사는 몸이 아픈데도 열심히 구청을 독

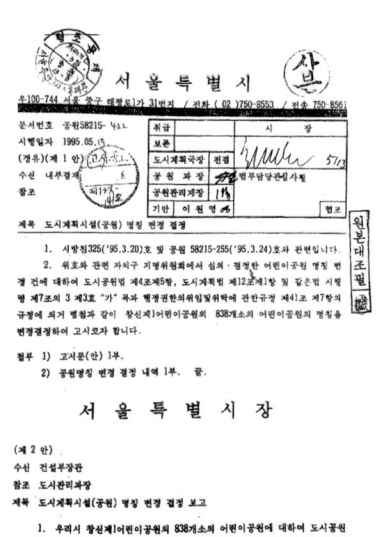

화곡어린이공원 명칭 변경 방침서

구별	위 치	당 초 명 칭	변 경 명 칭
강서	화곡동 61 - 96	화곡 제11어린이공원	비둘기공원
	화곡동 46 - 41	화곡 제12어린이공원	큰 별공원
	화곡동 98 - 22	화곡 제13어린이공원	자 목공원
	화곡동 24 - 128	화곡 제14어린이공원	공들이공원
	화곡동 29 - 31	화곡 제15어린이공원	소나무공원
	화곡동 99 - 99	화곡 제16어린이공원	빛 꽃공원
	화곡동 978 - 18	화곡 제17어린이공원	아람공원
	화곡동 1088 - 16	화곡 제18어린이공원	초 롱공원
	화곡동 922 - 10	화곡 제19어린이공원	효 심공원
	화곡동 409 - 84	화곡 제20어린이공원	대 추공원
	화곡동 1061 - 36	화곡 제21어린이공원	범바위공원
	화곡동 772	화곡 제22어린이공원	산 새공원
	화곡동 1016 - 34	화곡 제23어린이공원	바탕골공원
	화곡동 75 - 3	화곡 제24어린이공원	개나리공원
	화곡동 906 - 26	화곡 제25어린이공원	호돌이공원
	화곡동 900 - 46	화곡 제26어린이공원	곰 돌이공원
	화곡동 865 - 1	화곡 제27어린이공원	돌 샘공원
	화곡동 883 - 3	화곡 제28어린이공원	하 머터공원
	화곡동 1044 - 31	화곡 제29어린이공원	수 병공원
	화곡동 783 - 1	화곡 제30어린이공원	날 빛공원
	화곡동 1088 - 32	화곡 제31어린이공원	미리내공원
	화곡동 468 - 1	화곡 제32어린이공원	능 금공원
	화곡동 792 - 9	화곡 제33어린이공원	두 레공원
	화곡동 994 - 5	화곡 제34어린이공원	새 달공원
	화곡동 56 - 25	화곡 제35어린이공원	박 장공원
	화곡동 892 - 17	화곡 제36어린이공원	모 태공원
	화곡동 819 - 5	화곡 제37어린이공원	종 달새공원

- 18 -

화곡 제18어린이공원을 초롱공원으로 변경한 고시문

려하여 명칭을 개정해야 할 공원을 모았다. 무려 124개 공원에 달했다.

서울시 지명위원회를 관장하는 행정국 행정과장 김순직 씨를 미리 찾아갔다. 공원명칭의 개정 필요성과 자료들을 보고하고 상정을 의뢰하겠다고 하니 호통을 치듯 물었다.

"다음 지명위원회는 지하철 5호선 개롱역 등 지하철역 4개의 이름을 붙이는 것인데, 도대체 이렇게 많은 것을 어떻게 위원회에 상정하자는 것입니까?"

나는 지난 6개월여 몸이 아픈 직원이 열심히 정리하여 애쓴 일이라고 설명했다. 몇 회에 나눠서 해도 좋으니 명칭을 개정하게 해달라고 사정을 했다. 행정과장은 단호하게 안 된다고 했다.

며칠 후 행정과 직원이 전화를 했다. 도시공원 명칭 개정을 이번 회의에 올려서 처리하는 것으로 결정이 났으니 자료를 준비하고 정해진 날에 와서 안건을 설명하라는 것이었다. 도대체 어찌된 일인지 알아보았다. 행정과장이 지하철명 제정을 위해 지명위원회를 개최하는 와중에 공원명칭도 개정해달라고 안건이 접수되었으나 이것은 다음으로 유보하겠다고 이원종 시장에게 보고한 모양이다. 이원종 시장은 공원명칭 개정이 필요한 이유를 보고받더니 "지하철 명칭은 나중에 하고 공원명칭들부터 바꿔야겠다."라고 하여 일의 순서가 뒤집어졌다. 말 그대로 시장의 특별명령이 떨어진 것이었다.

처음 참석하는 지명위원회였다. 서울시 발전에 기여한 명망 높은 분들로 구성된 위원회였다. 25명 정도 되는 분들 앞에서 안건을 설명하는데 주눅이 들었다. 공원명칭을 왜 바꿔야 하는지 간략하게 설명하고 건별로 설명에 들어갔다. 구청에서 건의해온 명칭을 참고해 위원들이 새롭게 결정해주는 이름도 상당히 많았다. 2시간 40분가량 회의가 길게 이어졌다. 3시간 가까이 서서 설명하고 위원들의 의견을 듣고 있자니 발이 붓고 발바닥에 불이 날 것 같았다.

위원회의 안건처리 속도가 점점 빨라졌다. 안건이 처리되어 다음 절차를 진행하던 중에 행정과의 지명위원회 담당 여성 직원이 찾아와서 조심스럽게 이야기했다.

"방금 전에 처리된 이름 하나가 잘못 통과된 것 같습니다. 양천구에서 올린 '달거리공원'이 원안 통과되었는데, 달거리는 여자들이 한 달에 한 번 겪는 월경을 말합니다. 이대로 통과되어서는 안 될 것 같습니다."

"그게 그런 뜻이었군요. 일단 통과된 것이니 나중에 제가 알아서 처리하겠습니다."

안심을 시키고 회의를 마무리했다.

다음 날 보도자료를 내고 널리 알리는 작업에 들어갔다. 여러 신문에서 사회면 톱기사로 공원명칭 개정을 다뤘다. 달거리공원은 사인펜으로 두 줄 긋고 내 사인을 해놓은 후 옆에 '직권삭제'라고 적어놓았다. 다음 기회에 상정해 처리하기로 했다. 지명위원회에 여성 위원도 있었지만, 빠르게 처리하는 과정에서 놓친 모양이었다.

이런 과정을 거쳐 120여 개의 공원명칭이 제대로 개정되는 성공을 거두었다. 처음에 안건이 상정되지 않는다고 하니 손바닥으로 이마를

초롱어린이공원 표지석　　　　　　초롱어린이공원('화곡 제18어린이공원'에서 개정)

짚으면서 의자 뒤로 머리를 기대던 한시종 주사가 생각난다. 지금은 세상을 떠났지만 그분 덕에 오늘날 서울의 공원들이 제대로 된 이름을 찾을 수 있었다. 이후 어린이공원 명칭을 정하는 원칙이 만들어졌다. 서울시 지명위원회에 올리지 말고 구청 지명위원회에서 결정하되 구청 경계를 넘을 경우, 중복되는 이름도 가능하게 한다는 것이었다. 아이들의 눈높이에 맞게 딸기공원, 잠자리공원, 나리공원, 참새공원, 꾀꼬리공원 같은 귀여운 이름도 허용하기로 했다.

국립지리원에 고시문을 첨부해 보고했다. 일정기간이 지나 각종 지도에 새로 바뀐 이름들이 반영되었다. 요즘은 티맵 등 지도앱으로 확인할 수 있는 지명도 바로 바뀌어 나오는 신기한 일이 벌어진다.

공원의 이름을 제대로 붙이는 일은 사실상 공원행정의 출발점이다. 공원의 이름도 아이들의 이름처럼 놀림감이 되어서는 안 된다. 이런 일은 누가 시켜서 하면 참 재미없지만, 담당 공무원들이 마음먹고 추진하면 얼마든지 의미 있게 할 수 있다.

그러나 다음에 이런 일이 벌어질 때에는 3시간을 내리 서서 설명하는 젊은 사무관 혹은 직원에게 의자라도 하나 가져다주고 앉길 권하는, 작지만 울림 있는 배려를 기대한다. 그들은 자기가 맡은 일을 성실히 하고 더 나은 세상을 만들기 위해 열심히 일하는 공무원들이다.

동네 구석 쓰레기장이 공원용지로

지금은 많이 정리가 되었지만 동네의 야트막한 야산 주변이나 마을 경계부는 늘 지저분했다. 몰래 버린 쓰레기가 산더미처럼 쌓여 있던 곳, 네 땅도 내 땅도 아닌 버려진 부지가 대부분 공원으로 지정만 해놓고 보상 없이 방치해두던 미집행 공원용지였다.

1970년대 공공이 우선이라며 사유재산을 공원용지로 결정해놓고 보상도 하지 않던 땅에 대해 헌법재판소의 판결이 있었다. 지나치게 사유재산의 권리를 침해하니 2020년 7월 1일까지 보상계획을 수립해 보상을 진행하든지 아니면 공원용지에서 해제하라는 판결이 내려졌다. 대략 20여 년의 여유를 주고 조치를 하라고 한 일이지만 엄청난 예

공원에 방치된 각종 쓰레기와 무단침입 방지막   노원구 철쭉동산 조성 전 쓰레기가 적치된 모습

산이 소요되는 일이었다. 지방자치단체로서는 엄두를 내지 못하고 뜨거운 감자처럼 뒤로 미루기만 하던 시기가 있었다.

공원을 지정한 국토부에 지자체의 보상 관련 예산지원을 요청하니 국토부에서는, 공원업무는 지자체의 일이니 국가에서 보상하는 일은 없을 것이라는 점을 강조했다. 보상을 하든 해제를 하든 알아서 하라는 식으로 모르쇠로 일관한 것이 중앙정부였다. 더욱 기가 막히게도, 중앙부처의 관할부서에서 공원 내 국유지를 공원에서 제외해달라는 말도 안 되는 요구를 서슴지 않았다. 적어도 공원용지에 대해서는 국가이기를 포기한 듯한 행태를 보여 지자체 공무원들의 공분을 샀다.

중앙정부가 미보상 공원용지를 소유한 국민은 둘째치고 지자체에도 모범을 보이지 못할 만큼 정의롭지 못했다. 서울시 예산부서도 공원용지를 보상해야 한다고 예산을 요청하면 얼씨구나 하고 보상해주지는 않았다. 예산의 우선순위가 있다는 등 사기를 팍팍 꺾는 말만 하는데 딱히 할 말이 없어 한 해 두 해 세월만 가고 있었다.

공원용지 보상은 오세훈 시장 시절에 물꼬를 트기 시작했다. 이들 미집행 공원용지 중 동네 인근에 방치된 땅들은, 2020년까지 공원을 보상하지 못하고 해제할 경우 사회적 파장이 큰 아이템이었다. 투기꾼들이 이들 토지 중 경매에 나온 땅들을 마구잡이로 사들인 뒤 시의원들에게 로비를 해 막대한 보상을 받음으로써 몇 배의 수익을 올릴 수도 있었다.

그냥 세월만 지나가서는 안 되는 일이었다. 구청 직원들을 불러 수시로 대책회의를 했다. '동네 뒷산 공원화'라는 사업명으로 일제히 조사를 해보자고 아이디어를 냈다. 동네에서 버려진 땅처럼 방치되어 온 공원용지를 찾아보자는 것이었다. 해제가 되면 곧바로 건축허가가 들어올 만한 땅들이었다. 엄청난 면적이 조사되었고 집행 우선순위도

정했다. 물론 비밀리에 이루어진 작업이었다. 당시 공원과장으로서 체면도 있는 일이었는데, 구청직원들은 괜히 힘들게 조사만 하라고 일을 부려놓을 뿐 도대체 무슨 예산으로 보상을 하겠다는 것인지 모르겠다는 비판의 목소리도 나왔다.

나는 2002년 뚝섬 경마장을 오늘날의 서울숲으로 만들기 위한 비밀 기획을 담당했다. 현재 갤러리아포레, SM엔터테인먼트 본사, 디뮤지엄 등이 들어선 땅은 2002년 즈음 대략 1조 2천억 원에 매각되었다. 서울시가 땅장사를 너무 심하게 했다는 언론의 비판도 거셌다. 그러나 서울숲의 면적을 충분히 확보하고 수인분당선 서울숲역 바로 인근 역세권을 상업용지로 개발하려는 비밀전략은 대성공을 거둔 셈이다.

미집행 공원용지는 우선 동네 뒷산 공원화 사업이라는 타이틀로 보상하기로 구상을 하였다. 동네공원으로 제공할 토지를 정리하고 한 장짜리 분석자료를 만들어 당시 최령 기획조정실장을 찾아갔다. 분석자료는 간단했다. '공원용지의 공시지가만 해도 지난 5년간 매년 14.25%씩 상승하고 공원용지를 감정평가해 보상하려면 평균 200~300%가 상승한다. 공원용지를 이런 식으로 방치해서는 안 된다. 동네 뒷산 공원화 사업을 추진할 테니 보상비 편성 등을 투자해달라.' 그렇게 담판을 지으러 찾아간 것이었다.

최령 실장은 딱 잘라 말했다.

"그럴 예산이 없다."

나는 그런 말이 나올 거라고 예상하고 대답했다.

"제가 벌어놓은 돈에서 투자해주십시오."

서울숲을 기획하면서 인근 역세권 토지를 상업용지로 계획하여 매각한 돈이 1조 2천억 원이었다. 이를 도시개발특별회계(약칭 '도특자금')로 시 금고 은행에 넣어놓아도 기껏해야 2.2~2.4%의 이자를 공

노원구 월계동 초안산수국동산 조성 전 주민들 텃밭으로 이용되던 모습 (노원구 제공)

금리로 받게 된다. 공원용지 보상을 이런 식으로 방치하다간 어떤 낭패를 당할지 모르니 내가 벌어놓은 매각대금에서 투자를 시작하자고 강하게 주장했다.

"이야, 요 친구 봐라? 알았다. 얼마나 필요한데?"

"우선 500억 원만 선투자해주십시오."

예산과 자금을 관할하는 기획관리실장이 투자할 의향이 있다고 하니 다른 부시장 등은 동네 뒷산 공원화 사업에 이의를 달지 않았다. 오세훈 시장에게 전자결재를 올려놓았는데 승인이 안 나고 시간만 지나갔다. 직접 찾아가서 설명하니 오 시장은 씩 웃으면서 "며칠 후에 정책회의에 안건을 올려 논의합시다."라고 했다.

모든 참모들이 결재한 서류를 시장이 왜 정책회의에 올리라고 하는 것인지 의아했다. 아무튼 이틀 후 부시장단과 기획조정실장, 재무

동네 뒷산 미보상 공원용지가 초안산수국동산으로 탈바꿈된 모습 (노원구 제공)

국장 등 10여 명이 모인 정책회의에서 설명을 하게 되었다. 오 시장은 다 듣고 난 후 의견을 이야기하라고 했고 참모들은 특별한 의견을 제시하지 않았다. 오 시장은 최령 기조실장에게 물었다.

"실장님, 이 사업을 하는 것은 필요하다고 보지만 예산 조치는 가능합니까?"

"예, 가능합니다."

간단하게 의견을 주고받고 회의가 끝이 났다.

미보상 공원용지를 전부 보상한다는 것은 불가능하다. 우선 동네 뒷산 공원화 사업을 통해 주택가 인접 토지 중 공원해제 시 대부분 난개발이 이루어질 토지들을 선별하면서 공원용지 보상이 본격화되었다. 단순하게 보상만 하는 것이 아니고 보상한 토지에 동네 쉼터와 야외 운동시설 등이 들어서기 시작했다.

이후 약 10여 년 동안 1조 원 정도의 토지를 보상했다. 사실상 서울시가 선제적으로 보상한 것이다. 경사가 있고 숲으로 이루어진 안쪽의 공원용지들은 추후 '도시자연공원구역'이라는 구역제로 변경했다. 완벽하지는 않지만 나름 안정적 제도를 만들어 대처했다. 사실상 서울의 숲 주변 공원용지를 보상하여 다양한 동네쉼터를 만들고 지저분한 쓰레기 적치장을 치워 살 만한 동네를 만들어내는 성과를 거둔 것이다.

산과 공원을 지키는 색은 녹색이 아니다

우리는 도시의 긴장된 일상에서 숨을 쉬기 위해 산과 공원을 찾는다. 공원의 녹색은 심신의 피로를 풀어준다. 자연에서 가장 많이 볼 수 있는 녹색. 그렇다면 과연 산과 공원을 지키는 색은 녹색일까?

녹색도 100가지가 넘는다. 나뭇잎이 새롭게 피어날 때의 노릇노릇한 파릇함은 녹색의 시작이다. 한여름으로 접어들면 녹색은 점점 짙어진다. 가을이 되면 노랗고 빨갛고 갈색이 된다. 낙엽이 지고 나면 나무의 수간과 가지만 남아 겨울을 맞는다.

산과 공원을 지키는 색은 녹색이 아니다. 결국 나뭇잎이 다 떨어진 겨울산의 나무가 약간의 비를 맞아 젖어 있는 색이야말로 공원의 변하지 않는 색이다.

그러니 비가 온 후 나무의 수간樹幹의 색깔이 숲을 지키는 색이다. 난 그 색을 어두운 갈색을 머금은 기와진회색으로 본다. 이 색으로 무광 페인트를 칠하면 펜스는 사라지듯 숲속으로 빨려들어간다. 공간도 넓어지고 투명한 펜스를 친 것처럼 자연이 앞으로 튀어나오는 마술의 색이다. 나는 공직생활 약 40여 년 중 20여 년 동안 쇠기둥이나 펜스에 기와진회색을 적용했다. 그러다 보니 별명이 기와진회색이 되었

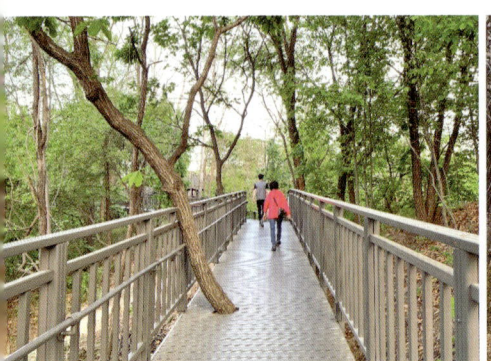 

기와진회색으로 된 영축산 무장애숲길의 데크와 난간 | 숲의 주인색은 비 온 후 나무의 수간 색깔

다. 나쁘지 않은 별명이다. 얼마나 떠들고 다녔으면 그런 별명이 붙었을까?

처음에는 대부분의 철물업체 펜스가 연두색이었다. 깔끔하고 좋구나 생각한 적도 있지만 시간을 두고 숲이나 자연을 바라보니 차라리 훼방색이라는 느낌이 들었다. 공원관리청 직원들이 주문할 때부터 펜스를 무광 기와진회색으로 제작해 설치하라고 하면 세상은 달라진다. 기설치된 연두색 펜스를 기와진회색 페인트로 칠하는 경우 우레탄 도료에 경화제를 섞어서 칠하면 잘 벗겨지지 않고 오래 버틴다. 하지만 새로 기와진회색 펜스를 설치하는 것만큼 비용이 들어서 아예 새것으로 바꾸는 경우가 많다.

공원의 안내체계 분야를 서울의 공원녹지분야에서 선도하게 된 것은 지난 20~30년간의 줄기찬 노력 덕이다. 목재 데크에 기와진회색이나 고궁갈색을 채택하는 과정에서 독일의 기업 헤펠레가 개발한 아우로AURO라는 오일스테인을 알게 되었다. 원래 오일스테인은 목재 데크 등에 칠하는 도료이다.

이 도료는 칠을 하다가 남은 것을 버려도 토양오염 없이 비료가 된

여름철 기와진회색 메시펜스와 녹지의 어울림　　숲에서 지나치게 눈에 띄지 않고 숲과 동화되는 색채의 겨울철 데크길 (ⓒ오창종)

다. 게다가 먹어도 전혀 해롭지 않다는 데 감탄을 금치 못했다. 친환경 재료에 식음 테스트Edible Test(먹어도 되는지 검사하는 일)까지 통과한 제품이라 무척 매력적이었다. 여주시 소재 중부목재유통센터에 부탁해 낙엽송에 칠해보고 색감을 테스트했다. 샘플로 만들어 구청에도 널리 알렸으나 구청직원들은 저렴한 오일스테인을 썼다.

　1990년대 초 1차 도시공원 안내체계 개선 설계가 시작되었다. 이때는 철제 프레임을 기본으로 사용했고 박공 형태의 끝마감을 기본으로 했다. 가장 본격적으로 시공한 곳이 1998년 준공된 여의도공원이다.

　그러나 철제 가공이 쉽지 않고 내용의 변화에 적응이 빠르지 못한 단점이 있었다. 결국 2010년대 2차 도시공원 안내체계 작업을 하며 목재를 기본으로 한 모래 분사Sand Blasting 기법으로 글자나 문양을 파내는 방식을 썼다. 앞서 말했듯 2차 도시공원 안내체계는 급속도로 확산되어 산과 공원 안내체계의 혁신을 이루었다.

　공무원 조직은 빠른 변화를 싫어한다. 그래서 이 작업에 20여 년이 걸린 것이다. 공원의 주출입구에 배치되는 전체 안내판을 보면 적당히 공원 형태와 동선을 그려놓고 알아서 찾아가라는 식으로 된 곳이 많다. 이 안내판은 공원을 대표하는 초대장이자 공원의 수준을 판가름하는 척도다.

정리하면 산과 공원에서 3가지 일을 했다. 첫째, 직립시설인 펜스를 정리하고 기와진회색으로 처리했다. 둘째, 경찰, 국정원, 산림청, 환경부에서 시달된 큼지막한 계도간판을 정리했다. 셋째, 공원 안내판을 사람과 자연 중심의 디자인으로 통일해 정리했다. 산과 공원을 이용하는 시민들은 군더더기가 없어졌다고 싱글벙글했다. 기본만 잘 지켜주어도 산과 공원은 제 모습으로 우리를 반긴다.

시유지를 왜 팔려고 하나요?

　민선 1기로 당선된 조순 서울시장은 경제학자이다. 대학에서 경제학을 가르치던 분이고 그의 『경제학원론』은 경제학의 기본서다. 당시 서울시 재산을 총괄하는 부서장인 관재과장이 몇몇 작은 시유지를 팔겠다고 조순 시장에게 건의했다가 한마디 들었다.
　"시유지는 더 사도 모자랄 판에 왜 팔려고 하나요?"
　담당 과장은 숨이 턱 막힐 지경이었을 것이다. 조시장은 '이들 토지 중 마을의 작은 공원으로 쓸 만한 토지는 제외'라고 방침서 표지에 직접 글을 썼다.
　그 시기에 나는 유럽 출장을 다녀온 터였다. 용산가족공원에서 육림의날 행사를 한다고 해서 나가봤다. 당시 조경과장은 故 류만수 씨였다. 과장이 나를 보더니 관재과에서 체비지替費地를 몇 개 팔려고 하다가 시장 때문에 브레이크가 걸렸다고 했다. 그러면서 이들 토지 중 한두 개를 쌈지공원(작지만 긴요한 공원을 뜻하는 말로, 쌈지마당이라고도 부름)으로 골라보고 나머지는 대상지가 아니니 정리하라 지시했다. 나는 그 말이 정확하게 조순 시장의 의도를 파악한 말이라고 보지 않았다. 아니나 다를까? 당시 홍종민 도시계획국장은 이렇게 말했다.

배재공원의 가을 (ⓒ심현보)   소공원의 효시인 뉴욕의 페일리 파크Paley Park
(ⓒYeal Koren)

"이 사람들아, 시장이 나서서 소공원을 만들라고 할 때 다 챙겨서 소공원 내지는 쌈지마당을 만들어봐."

이후 국장의 판단에 따라 1995년 11월 6일부터 관재과에서 매각하려던 26개 토지를 전부 조사해 소공원을 만드는 작업에 들어갔다. 이 계획은 마을마당, 쌈지마당, 소공원 정책 등의 이름으로 파급되기 시작했다.

원래 소공원의 역사는 뉴욕의 페일리 파크Paley Park와 관련이 있다. 뉴욕시의 로버트 모스Robert Moss 국장과 주민들간의 논쟁에서 시작되었다. 그는 당시 뉴욕의 공원레크레이션 국장으로 상당한 영향력을 가진 사람이었는데, 뉴욕시의 현대적 공원을 거의 다 기획한 파워맨이었다.

그는 적어도 규모가 2,000~3,000m^2 정도는 되어야 공원이라고 할 수 있고 관리가 가능하다고 주장했다. 페일리 파크처럼 작은 규모는 공원으로서 가치가 없다는 것이었다. 그러한 논리가 확산되자 상업용지의 비중이 크거나 땅값이 비싼 뉴욕 같은 도시에서 공원이 사라지는 부작용이 일어났다.

작지만 긴요한 공원이란 집을 나서서 잠시 걸터앉아 책을 읽고 커피 한잔을 마실 수 있는 공간이다. 출근길에 생각을 정리하고, 점심을 먹고 나서 잠시 동료들과 대화를 나눌 수 있는 공원이다.

서울도 도시계획을 수립할 때 소공원을 고려하지 않은 도시다. 게다가 체비지는 원래 팔아서 다른 시설을 개발하는 용도로 비축해놓는 매각 대상 토지다. 도시를 디테일하게 개발한다는 것은 휴머니즘에서 시작해야 하는 것인데 서울은 건물 짓는 데 여념이 없었다. 그렇다 보니 체비지의 매각이 조순 시장 시절부터 올스톱이 된 것이다.

작은 공원을 만드는 것은 더 어려운 일이다. 페일리 파크처럼 도심을 걷는 사람들의 긴요한 쉼터가 꼭 필요한 지점에 만들어진 것이 쌈지마당, 소공원, 마을마당이다. 이후 이러한 소공원들을 '마을마당'으로 통칭하게 되었다. 배재고등학교 이전 후 공원으로 기부채납된 배재공원이 이와 비슷한 역할을 한다. 이곳을 이용하던 필자는 도시의 작은 허파라는 느낌으로 애착을 느꼈다. 그러나 이 공원도 헐고 뭔가를 짓는다고 하니, 토지가 없는 도심에서 소공원은 잘 지켜지지 않는

당초 매각대상 체비지였던 양재쌈지공원 　　옛 삼성본관 뒤편 도심 소공원

실정이다. 시유지를 팔지 말고 미래를 위해 토지를 더 사둬야 한다는 조순 시장의 생각은 세월이 갈수록 빛을 발하고 있다.

이후 마을마당은 현상공모를 통해 작지만 소중한 공간으로 제공되기 시작했다. 서울시로서는 소공원 조성에 힘을 쏟기 시작한 계기가 되었다. 작지만 긴요한 소공원 정책은 서울과 같은 대도시에서 소중히 다뤄야 할 시책이다.

업무협의로 결판나는 공원 확보업무

　서울시의 공원과는 원래 공원녹지국 내지는 환경관리실, 도시계획국 등 이리저리 붙였다 떼어내는 조직이었다. 그 시절 공원녹지 파트의 주무계장은 공원관리계장이란 행정직이었다. 행정직 주무계장 자리가 새로 만들어지면서 녹지직으로 처음 앉게 되는 자리가 공원관리계장이었다.

　1991년경의 일이었으니 꽤 오래된 일이다. 공원관리계장은 관리업무를 총괄하면서도 강남권역의 공원개발계획까지 맡고 있었다. 당시 공원관리계는 6급 직원 6명에 7급 직원 2명으로 구성된 큰 조직이었는데, 업무를 하나둘 익혀가면서 이상한 것을 발견했다. 타 과에서 업무협의로 오는 문건을 가장 신참인 7급 직원에게 맡겨놓은 것이다. 공원업무에서 업무협의는 사실상 가장 주요한 일인데 소홀한 듯 처리되고 있었다.

　공원 관련 업무협의는 어떤 일이었을까? 공원을 신규로 확보하고 배치하는 일, 저소득층 거주지역의 불량건축물을 정비하면서 공원을 재배치하는 일, 학교개설을 위한 공원용지 해제를 협의하는 일, 공원 내 도로 관통을 위해 공원용지와 도로의 중복결정을 하는 일 등 다양했다.

 이 일을 처리하려면 개발부서에서 A0 전지(841×1189mm) 크기의 도면을 A4 크기로 여러 번 접은 협의문서가 오기 마련이다. 담당 직원이 협의사항을 확인하기 위해 여러 번 접힌 서류를 펼쳐야 하는데, 그럴 경우 대부분 오른쪽에 앉아 있는 6급 주임의 책상을 침범하기 마련이다. 자기 책상을 침범하면서 남의 부서 업무협의에 열심인 하급 직원을 곱게 봐주질 않았다. 회의에 가면 입을 꽉 다물고 있다가 오고, 남의 부서에서 업무협의가 오면 '별도의견 없음'으로 처리하라고 선임들이 가르쳤다. 상급자의 책상까지 넘어가는 서류를 펼쳐놓고 들여다보는 후배 직원은 부담스러울 수밖에. 아무튼 환영받을 일이 아니었다.

 그러나 대부분의 공원 확보와 감소에 관한 가장 중요한 일은 이 업무협의에 의해 판가름난다. 대부분의 개발계획은 제한된 토지에 부가가치를 극대화하는 구상이다. 건물이면 건물, 아파트면 아파트 위주로 배치하고 외곽에 선형으로 법정 공원면적 확보기준에 간신히 맞춘 협의안이 온다. 선배들이 눈치를 줘도 도면을 펼쳐놓고 열심히 검토하는 직원이 기특했다. 그 옆에 앉아 함께 들여다보면서 직원의 생각을 물었다. 그는 대부분 개발에 쓸 토지를 반듯하게 정리하고 나서 쓸모없는 땅에 녹색이나 연두색을 칠해놓고 '공원이다, 녹지다' 하며 협의를 보내온다고 말했다. 그들이 엄청난 설계비를 들인 계획안이라 의견을 달 수도 없고 안 달 수도 없어 고민이라고 털어놓았다.

 나는 그 직원과 함께 협의가 들어온 대상지 현장에 나가보았다. 깜짝 놀랐다. 외곽 기존공원과의 경계부에 적당히 선형으로 확보해야 할 공원인데 수직으로 깎아 옹벽을 치게 되는 윗부분의 땅이었다. 마치 딱따구리 머리털 같은 모양의 공원으로 짓겠다는 계획이었다. 이렇게 개발하고 남은 자투리땅을 모아 법정 면적을 형식적으로 맞추어 공원을 만드는 것은 큰 문제라고 판단했다.

이후 개발 담당 부서에 공원 협의에 따른 지침을 만들어 통보했다. 공원은 개발이 완료된 후 입주민들이 휴식을 취하고 운동도 할 수 있는 공공의 토지임을 명시했다. 조성 후, 기부채납을 하게 된다면 공원 관리청(대부분 구청)에서 담당하면서 유지관리비를 투입해야 하는 것이다. 그러므로 확보 때부터 신중하게 위치와 형태를 결정하여야 한다는 지침이었다.

아파트로 가려진 곳에 공원을 배치하는 것은 아파트 입주민만을 위한 것이다. 일반 주민도 지나가다 쉴 수 있는 공동의 공간이 되어야 했다. 비탈이나 절개지로 형성되는 외곽 공원은 공원으로 인정하지

상계주공4단지와 신상중학교, 산수초등학교 사이의 원터공원

않겠다고도 했다. 공동의 자산인 공원을 개방적으로 끌어내야만 기부채납 후 유지해줄 가치가 있다는 점을 명시했다. 근본을 바꾸는 일이었다. 이후 개발부서에서 공원과 녹지에 대한 지침을 준수하면서 공원의 배치가 달라지기 시작했다.

노원구 상계동은 당시 한국주택연구소 연구원들이 르코르뷔지에의 이론을 도입한 지역이다. 공원은 사람들이 쉽게 접근할 수 있게 아파트 중심에 배치해야 한다는 것이었다. 그 명분 아래 대부분의 공원이 아파트단지 안에 있다. 구청에서는 아파트단지 안에 숨어 있는 공원을 기부채납 받아 세금으로 유지관리해 주는 이상한 일이 수십 년간 이어져오고 있었다.

당시엔 그것이 이상적인 배치였는지 모른다. 그러나 한국주택연구소 계획에 참여했던 경원대 최정권 교수는 어딘가 이상한 도시가 되어가고 있다는 것을 나중에 인식했다며 후회했다.

큰 가로변의 아파트 담장을 헐고 녹화사업을 강하게 추진한 결과 가로변 녹지가 풍부해졌다. 그러나 애초에 공원 자체를 가로변에 배

아파트단지 안에 위치한 원터공원 내 어울마루

아파트 주차장을 지하로 배치한 후 상부를 공원으로 조성한 사례

치했으면 더 좋았을 거란 아쉬움은 있다.

2010년쯤 와서 아파트의 조경 수준이 아파트의 가치를 판가름한다는 인식이 강해졌다. 조경의 측면에서 고급스럽고 짜임새 있는 공원과 녹지 배치계획이 도입되기 시작했다. 아파트가 준공되어 입주하는 사람들이 자연 속에서 사는 기분을 강하게 주문하기 시작한 것이다. 이후 생선 서더리탕 같은 공원과 녹지 배치계획은 사라져갔다.

어느 날 업무협의 담당 직원이 관악산 공원용지를 해제해 학교를 짓겠다고 업무협의가 들어왔는데 어쩌면 좋겠는지 내 의견을 물었다.

당시 관악산 자락 불량주택이 밀집했던 지역에 우후죽순으로 아파트가 들어섰다. 시흥1지구부터 여러 개 지구를 잘게 썰어서 학교용지를 확보하지 않아도 되는 300세대 규모 이하로 난개발하던 지역이었다. 토지의 가성비를 극대화하며 개발을 해오다 보니 아이들이 갈 학교를 짓지 못했다. 결국 시흥대로 건너에 있는 기존 학교에서 학급 수를 늘려서, 아이들이 약 800m 거리를 통학해야 하는 일이 벌어진 상황이었다. 도시계획과에서 온 협의 사항이었다. 담당직원과 둘이서 회신문 초안을 잡았다. '공원용지라 함은 난개발로 인해 학교용지 등이 부족할 때 쓰는 유보 토지가 아님을 알려드린다.'

나는 도시계획과장에게 불려가서 한참 훈시를 들었다. 나는 이런 식으로 난개발하는 상황에서 공원용지를 유보 토지처럼 써버리면 남을 공원용지가 없을 거라고 바른말은 하고 왔다. 부득이한 경우 토지를 정형화하거나 일부 공원을 물고 들어가는 일이 벌어질 수 있다. 허나 공원용지의 절대적 감소를 막기 위해 대체 부지를 확보하는 지침도 있다. 그런데 이번 업무협의는 그냥 공원용지를 통째로 학교 용지로 끊자는 이야기라서 말도 안 된다고 이야기한 것이다.

이 모든 것이 업무협의라는 절차로 일어나는 일이었다. 그러니 업무협의가 어찌 중요한 일이 아닐 수 있겠는가.

서울시는 공원용지의 절대적인 감소를 억제하기 위해 공원용지를 타 용도로 쓰는 데 매우 엄격하다. 그 결과 1996년 기준 $152.5 km^2$였던 공원용지는 꾸준히 증가하여 2023년 말 현재 $173.02 km^2$로 유지되고 있다.

동네공원의 재탄생

'동네공원'이라고 하면 보통 근린공원을 말한다. 근린공원은 일본 말이다. 우리는 공원 관련 법령에서 동네 근처의 공원을 근린공원이라고 큼지막하게 쓰곤 한다. 사실 근린이란 말을 빼고 공원명을 입구에 써놓는 것이 맞는 것 같다.

서울시에서는 어린이공원과 10만 제곱미터 이하의 근린공원을 구청에서 조성하고 관리한다. 하지만 구청 단위에서는 주민들을 위한 공원시설의 개선에 필요한 재원을 마련하는 것이 쉽지 않다. 필자는 구청의 재정여건상 구 관리공원을 업그레이드시키기는 어려우므로 서울시에서 일정 비율의 재정지원 프로그램을 운용해야 한다고 꾸준히 제안해왔다. 그러나 서울시에서는 구청의 문제라고 할 뿐 지원책을 마련하지 않고 있다. 구청 단위로 공원 분야의 재정투자를 더 늘릴 수 있도록 10만 제곱미터의 재정지원 기준을 축소하자고 해도 일단 정해진 것을 개정하려 들지 않는 것이 서울시다. 어느 시장이 정해진 지원기준을 확대해가며 구청의 공원을 업그레이드해주어야 한다고 생각하겠는가? 사실상 관심이 없다.

노원구의 경우 아파트가 82% 이상을 차지하는 주거방식상 모두 재건축이 이루어지기를 기다리면서 손을 놓고 있을 수만은 없는 실정이다. 그래서 구민들의 삶의 질을 개선할 수 있는 방법 중 하나로 단계별 동네공원 재생사업을 벌이는 일에 착수하게 되었다. 서울시의 재정지원을 기다릴 수만은 없는 일이라면, 구의 재정상황을 살펴 연도별로 몇 개 공원이라도 재생사업을 하느냐 마느냐는 순전히 구청장의 의지에 달려 있었다. 주거지 주변에 배치된 공원은 주민들의 삶의 질을 높여줄 수 있는 직접적인 서비스다. 이 사실을 인식한다면 구청장의 의지로 동네공원을 개선할 수 있다.

나는 노원구의 부구청장으로 근무하던 시절에 노원의 번화가에 위치한 삿갓봉공원에 주목했다. 이 공원을 만들 때 동산처럼 일정한 높이로 흙을 올리고 그 위에 나무를 심는 조산형 식재 기법이 유행했던 모양이다. 나무가 자라면서 그늘 밑에 자라는 식생이 없어져 맨땅만 남았고, 비만 오면 흙이 쓸려내려가 산책로를 덮는 일이 빈번했다.

결국 공원을 구조적으로 잘못 만들었다는 것을 알 수 있었다. 산책로가 낮은 곳에 있다 보니 산책로 밑에 하수관을 묻어 물을 모아 배수시키는 방식이었다. 그런데 주변 녹지대에서 흘러내린 흙이 배수구를 막아서 허구한 날 배수로를 뚫어주어야 했다. 주변에서 흙이 흘러내리는 통에 목재 등으로 적당히 둑을 쌓아 흙이 산책로로 밀려내려오지 않게 붙잡아두기도 했다. 엉성한 공원이었다.

이런 공원을 개선하기 위해 당시 저녁시간에 주민들을 불러모아 주민설명회를 하면서 개선방안을 찾고자 노력했다. 오승록 현재 노원구청장은 당시 노원구 출신 서울시의원으로 주민설명회에 참석했기 때문에 주민들의 요구사항과 개선방안에 대한 논의 내용, 지역 주민들의 공원 개선 의지를 잘 알고 있었다.

그는 노원구청장으로 선출된 후 구민을 위한 서비스 개선을 기획

삿갓봉공원 재생사업 전 산책로의 모습

했다. 그가 하고 싶었던 일은 동네공원 재생사업이었다. 나는 서울시에서 정년을 마치고 노원구에서 힐링도시국장으로 다시 일을 하게 되면서 구청장과 뜻을 맞춰 이들 공원 재생사업을 지휘하게 되었다.

노원구에는 체육공원을 포함해 총 28개 공원이 있다. 이들 공원 중 16개 권역별 공원들이 재생사업을 거쳐 새롭게 태어났다. 공원을 재생하면서 몇 가지 원칙을 새로 정하여 적용하기도 했다. 그 원칙은 다음과 같다.

첫째, 기존의 산책로가 주변 동산보다 낮은 것을 들어올려 산책로를 재구성하면서 경계석을 없앤다. 산책로변을 일정 깊이로 파고 산책로를 따라 쇄석을 깔아주면서 주변의 물이 산책로변에 모여 점차 시간을 두고 땅속으로 스며들게 한다.

둘째, 주민들이 새벽이나 저녁에 공원을 돌며 산책, 조깅 등을 즐길 수 있게 공원 외곽에 순환산책로를 조성한다. 바닥 포장은 코르크 포장 등 탄성 포장으로 처리한다. 연세 많은 어르신은 쿠션 포장을 매우 큰 서비스로 받아들여서 즐거운 마음으로 산책을 즐긴다. 순환산책로에는 가급적 볼라드 등을 설치해 저녁에도 이용할 수 있게 배려

경사지를 게비온 옹벽으로 보완하고, 코르크 포장의 순환산책로를 도입한 온수공원의 사례

한다.

셋째, 공원 내 여기저기 무질서하게 설치된 야외 운동시설은 산책로변 몇 개소를 정해 가지런히 재배치한다. 주민들이 원하는 거꾸리 같은 운동기구도 추가 배치한다. 이 경우 업체별로 다양한 색상의 운동기구를 기와진회색으로 통일해 시각적으로 편안하게 정리한다.

넷째, 공원 내 낡은 화장실을 최신식 화장실로 다시 짓는다. 요즘은 화장실을 조립식으로 시공한다. 상당부분 미리 만들어서 현장에서 조립해 앉히는 건식 스타일이다. 비용도 절약되고 깔끔하게 완성되면 주민들로부터 호응도 좋다.

다섯째, 공원 입구 등 적정한 위치에 '마을정원사'를 투입해 다년생 꽃과 나무로 힐링정원을 만들고 유지관리까지 맡게 한다. 이 정원사들은 노원구에서 재정지원을 통해 1년여 간 삼육대에 위탁해 전문교육을 받은 인력이다.

여섯째, 반려견과 함께 공원을 이용하는 주민이 많아짐에 따라 작은 규모로 반려견 보호자 쉼터를 조성한다. 기와진회색 메시펜스로 구획을 해놓은 곳에서 목줄을 풀고 반려견이 뛰놀 수 있게 한다. 보호자들은 벤치에 앉아 쉬거나 반려견과 자유롭게 놀 수 있는 곳이다.

일곱째, 설계안이 준비되면 이를 이용하게 될 인근 주민들과 주민설명회를 통해 추가적인 요구사항 등을 논의해 공원 설계안을 완성한다.

여덟째, 야외무대가 있는 광장 같은 곳은 무대를 사용할 때 외에는 비어 있으므로 평소엔 잔디광장(필요 시 잔디보호매트 시공)으로 만들어 피크닉존으로 조성한다.

이렇게 몇 가지 원칙을 정하고 실력 있는 설계자들을 구해 논의하면 명쾌한 원칙하에 공원 재생 설계가 마무리된다.

노해공원 야외 운동시설 / 비석골공원 입구 휴가든 (ⓒMin Soon Han)

온수공원 조성 전(왼쪽). 사면에 애기잎줄사철을 심어 정리한 조성 후(오른쪽)

    재생하는 공원 내 어린이 놀이시설이 있을 경우 최신식 놀이시설로 교체하는 것도 함께 진행한다. 집에서 도보로 5~10분 이내에 있는 공원이야말로 자신의 공원이다. 아무리 크고 좋다고 해도 차를 타고 멀리 가야 하는 공원은 일상적으로 누릴 수 없다.

    나는 공원 재생 현장을 10~15번씩 방문해가며 시공 품질을 살폈다. 마을정원사들이 힐링정원을 직접 만들고 관리하는 현장도 살폈다. 이렇게 현장을 둘러보다 보면 설계 때 놓친 부분을 보강할 수 있다. 중계본동에 있는 양지공원의 경우도 그랬다. 양지공원은 주공8단지와 접한 공원으로 단지에서 바로 진입할 수 있는 출입구가 있었으나, 공원 서측 롯데우성아파트에서 공원으로 접근하려면 상당한 거리를 돌아야 했다. 이 경우 나무그늘 운동시설지 위로 곧바로 올라갈 수 있는

원터공원 잔디광장

계단을 추가로 설치해 접근성을 개선했다. 양지공원은 운동시설과 쉼터, 순환산책로가 조화롭게 갖춰진 재생 성공 사례지이다.

또한 당고개공원의 재생 시 인공암벽 부근 광장에 야외 운동시설을 집중 배치하면서 보니 현장에 그늘이 부족했다. 그래서 운동시설지 중앙에 멀티파라솔을 배치해 휴게공간을 만들었다.

노원구 하계동 서울온천 옆의 골마을공원을 재생할 때에는 공원 내 농구장에 대한 새로운 시설 원칙을 적용했다. 농구장에선 공을 골대에 던지다 보면 백보드 뒤로 공이 날아가 인근의 녹지를 훼손하는 일이 수시로 발생한다. 이 경우 무광 기와진회색 원형 폴Pole과 검은색 격자형 나일론 그물망을 설치해서 공이 밖으로 튀어나가지 않게 했다.

그리고 출입문을 2군데 정도 만들면서 그 부근에 40cm 높이의 통벤치를 2~3군데를 놓았다. 이 벤치는 운동을 하다 잠시 앉아 쉬기도 하고, 입고 온 점퍼나 가방을 던져놓을 수 있는 곳이기도 했다. 공릉동 소재의 공릉공원 농구장에도 이 방식을 적용해 일반 이용객들과의 트

양지공원 순환산책로와 쉼터　　　당고개공원 운동시설과 그늘 쉼터

골마을공원 출입구 부근의 통벤치(청소년들이 주로 옷과 가방을 던져놓는 곳)와 외곽 네트 펜스

러블을 해소한 바 있다.

비석골공원을 재생할 땐 급경사 지역을 데크길로 보강해 경사도를 줄여주었다. 문화유산으로 가치가 있는 석물인 문인석과 그 주변 영역은 울타리로 닫아놓지 말고 이를 관통하는 산책로를 쇄석 다짐으로 처리해 석물과의 조화를 이루게 조치했다. 이 또한 현장을 살피면서 보완하게 된 일들이다.

노원구 상계동의 갈울공원을 재생할 때에는 기존의 숲을 가로지르는 동선을 내주고 쉼터를 만들었다. 동네 사람들이 산책하다가 쉴 공간이 필요하다고 현장에서 판단해 설계를 보강한 사례였다.

갈울공원 산책로

사실상 설계란 3차원의 현실을 2차원의 도면으로 눌러놓고 들고 다니면서 누군가에게 설명하고 보관하기 좋게 만든 것일 뿐이다. 그러므로 사무실에 앉아서 설계에만 의존해서는 좋은 공원이 만들어질 수 없다. 현장을 찾아 꾸준히 문제점을 찾고 보강하려는 꾸준한 노력이 필요하다. 현장에 답이 있다는 말을 자주 하는 이유다.

공원을 재생하면 마을이 달라진다. 헬스장을 가지 않더라도 야외 운동시설이 다양하게 마련된 공원에서 이웃과 함께 아침 운동을 하고 순환산책로를 몇 바퀴 걸을 수 있다. 저녁에 일터에서 돌아와 부부 간에 함께 순환산책로를 몇 바퀴 돌고 나서 저녁식사를 하는 여유가 생기는 것이 동네공원의 재생이 주는 큰 장점이다.

공원 재생은 많은 예산이 투자되는 사업이므로 서울시의 재정 지원과 구청장의 정책적 판단이 촉구된다. 도심공원이 우범화되지 않기 위해서도 공원 재생은 꼭 필요하다. 서울시에서 각 구청의 공원 재생을 활성화할 수 있는 지원책을 만들고 시의원의 발의로 동네공원 재생 활성화 조례 같은 것을 만들어 구청의 재정 분담과 지원이 이루어지길 바란다.

땅이 없으면 옥상녹화하세요

서울을 위성사진으로 보면 외곽의 산 안에 건물과 도로가 가득 찬 도시처럼 보인다. 땅값이 오를 대로 올라 땅을 사서 새로운 공원과 녹지공간을 만드는 것은 가성비가 떨어진다. 예산부서에서 손사래를 치는 일이다. 새로 만들어진 대부분의 대형 공원들이 서울시 소유지에

대법원 옥상정원 (서울시 제공)

만들어지는 이유도 엄청난 토지 비용을 감당할 수 없기 때문이다. 난지도 일대의 월드컵공원, 뚝섬 경마장이던 서울숲, 5.16 광장이었던 여의도공원, 정수장이었던 선유도공원과 서서울호수공원 등이 서울시 소유의 토지였다는 사실에 주목할 필요가 있다.

그렇다고 공원녹지 정책을 담당하는 사람으로서 비싼 땅값만 탓하며 두 손 놓고 있을 순 없었다. 다행인지 불행인지 서울에 있는 집들은 대부분 옥상이 있다. 옥상이 있는 빌라는 기존 구 시가지를 구성하는 대표적인 주거 형태. 그리고 빌라 밀집지역 대부분에 공원과 녹지공간이 매우 부족하다.

토지를 보상하지 않고 도시를 녹화하는 방법으로 옥상녹화가 있다. 옥상이란 대부분 도시에 날아다니는 먼지가 고스란히 내려앉는 곳이다. 바람이 불어 먼지가 다시 날면 공기질을 악화시킨다.

보통 아스팔트는 검은색이기 때문에 복사열을 더 강하게 받아들

노원구청 별관 옥상정원 (노원구 제공)

성동구청 옥상정원 (서울시 제공)   노원구청 본관 옥상정원 (노원구 제공)

인다. 한여름 외기 온도가 34도 정도일 때 아스팔트는 70도 정도로 기온을 끌어올린다. 일반 건물 옥상도 이에 못지않게 열을 뿜어낸다.

평소 방치되어 있는 옥상에 녹지를 얹을 수 있다면 그 공간은 연립주택에 사는 사람들의 공동 쉼터가 될 수 있다. 건물이 태양열을 받아 열기를 뿜어내는 것을 어느 정도 막을 수 있다면 냉방비도 절감할 수 있다. 옥상녹화가 도시의 녹지 부족 문제를 해결할 수 있는 좋은 대안이 될 것이라고 판단했다.

옥상녹화를 시행하면서 옥상 토양 속에 온도센서를 묻어 토양 속의 온도를 측정했다. 녹화하지 않은 일반 지붕 평면의 온도와 비교하니 옥상녹화 후 옥상 토양의 10cm 속은 24.5도 이상 올라가지 않는 것을 확인했다.

옥상에 어느 정도의 토양 또는 인공토양이 깔리고 그 위에 풀이나 나무, 잔디 등이 깔리면 홍수 때 한꺼번에 물이 도로나 하수도를 통해 하천으로 빠져나가는 시간도 줄일 수 있다. 도시 홍수의 문제를 어느 정도 해결해줄 수 있는 묘책이 될 수도 있다고 자신했다.

식물의 표면에는 곤충의 공격을 방어하기 위한 왁스층이 있다. 호흡을 담당하는 잎의 뒷면에는 잔털이 있어서 대기에 떠다니는 먼지들을 흡착한다. 옥상에 내려앉는 먼지들은 이런 식으로 식물에 흡착되어 비가 오거나 낙엽이 떨어지는 방식으로 지상에 내려앉는다. 서울시 건축조례에는 도시녹화와 옥상녹화를 권장하는 것처럼 보이는 조항이 있다. 하지만 내용을 들여다보면 정반대다. 원래 건축법상 지상부에 녹지면적을 확보하도록 규정하고 있다. 그러나 지상에 확보하기가 어려운 경우 옥상에 녹지를 확보하면 절반 비율로 지상에 확보한 것처럼 인정해주는 제도다.

옥상녹화의 정확한 기술 지침 없이 적용된 옥상녹화는 대부분 몇 년 지나지 않아 맨바닥으로 변한다. 건축주가 설계 단계부터 신경을 써서 잘 관리하는 곳도 있지만, 상당수는 법적 요건을 맞추기 위한 요식행위로 끝난다.

옥상녹화는 도시의 새로운 녹지공간 확보의 수단이지만 간단한 일은 아니다. 기존 건축물에 추가적인 하중을 올리게 되면 반드시 건물에 대한 구조적 안전점검을 해야 한다. 여기서 불합격 처리되는 건물이 많다. 특히 '집장사' 용도로 지어진 건물들은 추가로 토양을 얹이 녹지공간을 만드는 것이 불안하다.

또 다른 걸림돌은 방수문제다. 옥상에 올라가보면 방수 몰탈이 깨진 건물이 많다. 태양에 장기간 노출되어 콘크리트가 백화현상을 보이면서 크랙이 간 곳도 많다. 방수문제가 있는데 그 위에 녹화를 하면 치명적인 하자가 생긴다. 옥상의 방수를 전면적으로 다시 한다는 생각으로 설계해야 한다. 방수전문가의 설계 참여도 필수적이고 반드시 난간 부벽체(파라펫)까지 충분히 방수를 해야 한다. 방수가 완료되면 전면적에 5~10cm 이상 물을 담아 24시간 이상 담아두고 관찰하면서 아래층에 누수가 되는지 관측해야 한다. 그래도 이상이 없을 시 다음 공정을 진행시켜야 한다.

강남 엠스페이스빌딩 옥상정원 (서울시 제공)

　이후 건물이 감당할 수 있는 흙과 나무의 무게를 계산해 안전한 범위 안에서 중량형, 경량형으로 분리해 시공해야 한다. 옥상녹화에서는 하중문제로 경량토양을 적극 사용한다. 옥상을 사람들이 이용하게 할 경우 안전 난간도 1.2~1.3m 이상 확보해야 한다. 특히 학교의 경우 난간이 1.3m 이상이라고 하더라도 장난을 치는 아이들을 감안해야 한다.

　옥상녹화에 1년에 200여 억 원을 투자하던 해가 있었다. 민간 건축물일 경우 50%의 본인 부담금이 있어 쉽지 않은 일이지만 대대적인 홍보를 통해 사업이 활발하게 추진되었다.

　옥상녹화를 단순 녹화사업으로 인식해서는 공감을 얻어내기 어렵다. 기업의 빌딩 같은 경우 다양한 정원과 공원 기능이 적극 도입되어 휴게공간으로 각광을 받았다. 탁 트인 옥상은 도심의 작은 정원 역할을 할 수 있다. 다만 개인주택의 경우 외부인을 무방비로 받아들일 순 없다. 자금을 지원했으니 무조건 개방해야 한다는 식의 지원책은 수정되어야 한다.

태양열 보급사업이 대유행하던 시기엔 옥상녹화도 태양광 우선으로 급선회했다. 정부차원에서 권장하고 신규로 짓는 아파트에 태양광을 설치할 경우 인센티브까지 지원하면서 보급에 열을 올렸다. 태양광 시설을 설치한다면 거기서 생산되는 전력이 얼마인지 눈으로 확인할 수 있어야 한다. 이로 인한 공동전력비가 얼마나 절감되는지 주민들에게 알려야 한다. 과학적 데이터를 근거로 태양광 시설의 효율성을 보여준다면 기술은 더욱 힘을 갖게 된다.

가장 바람직한 모델은 옥상녹화를 경량형으로 설치하고 그 위에 조사각도를 감안하여 태양전지판을 얹는 것이다. 하지만 사람들은 번거로운 일로 인식해 도입하기를 꺼린다. 학교에서만 이 방식을 적용해도 엄청난 양일 것이다. 협업이 어렵겠지만 극복해야 할 과제다.

옥상녹화를 활성화하는 과정에서 많은 기술이 개발되었다. 이제 비용을 절감하는 기술이 개발되어야 한다. 도시 환경을 개선하고 건물주에게도 이득이 되는 옥상녹화사업은 행정부나 '인공지반녹화협의회' 차원에서 다시 활성화할 방안을 꾸준히 찾아야 한다.

공원 산책로에서 경계석을 없애자

경의선숲길을 만들 때의 일이다. 이 숲길의 설계자인 동심원의 안계동 소장은 설계도 잘하지만 실제 현장 일에도 관심이 많다. 경의선숲길을 만들면서 이번에는 제발 공원길에 화강석 경계석을 걷어내고 미국식 콘크리트로 포장해보자고 제안했다. 안계동 소장도 그러자고

산책로에서 경계석이 먼저 눈에 띄는 경우

동의했다. 그리하여 시공사와 논의 끝에 멕시코인들로 구성된 미국의 콘크리트 포장 전문팀을 투입하기에 이르렀다.

미국의 전문인력을 투입하면 설계 품도 안 맞고 체재비용까지 무리하게 감당해야 했다. 그러나 우리도 미국식 보도나 산책로처럼 매끄러운 콘크리트 포장을 공원에 도입해보고 싶었다.

그들은 콘크리트를 아주 정성껏 다룬다. 나는 우리도 전문대학에 도로포장학과가 있어야 한다고 항상 주장해왔다. 일본 동경 시내를 보면 보도블록이나 돌 포장이 매우 깔끔하다. 미국 도심 중심가에선 깔끔하게 포장된 콘크리트 길을 볼 수 있다. 탐이 날 정도로 정교하고 매끄럽다. 우리도 이런 기술을 배우면 안 되는 것일까? 전문학교에 도로포장학과를 신설하고 100% 취업을 시켜 활성화한다면, 우리도 35년의 경력을 가진 매끄러운 콘크리트 포장 전문가들을 양산할 수 있다.

공원 내 기존 수림 사이에 설치된 경계석 없는 곡선형 산책로

주변 나대지에서 흙이 흘러내리는 산책로 흙막이와 경계석

경계석을 없애면 단일 재료로 처리된 심플한 산책길을 조성할 수 있다. 공원 산책로는 보통 1.8m를 적정 폭으로 여긴다. 두 사람이 교행하고 휠체어가 한 대 정도 지나갈 수 있는, 넓지도 좁지도 않은 폭이다. 포장 경계에 보통 15cm 정도 하는 석재경계석을 쓰게 되면 공간이 분산되고 경계석만 눈에 집중적으로 들어온다. 포장은 있는 듯 없는 듯한 게 좋다.

퇴직 후 노원구에서 근무하기 바로 전인 2018년 8월, 수락산에서 당현천으로 일시에 많은 양의 물이 흘러내리면서 하천 산책로 상당구간이 뒤집어졌다. 갈라지고 쓸려나간 험한 몰골이 드러났다. 나는 구청장, 치수과장 등과 함께 현장을 방문했다. 그 전에 안계동 소장에게 경의선숲길에 투입되었던 미국의 콘크리트팀을 한국에 다시 부를 수 있는지 물었다. 그러나 구청 단위의 적은 물량으로는 그들을 부르기

경계석 없는 콘크리트 산책로(당현천)

가 매우 부담스러운 일이라고 하여 포기했다.

한국에도 이와 비슷한 수준의 콘크리트를 칠 줄 아는 팀이 있느냐고 물었더니 '아름다운길'이란 회사를 추천해줬다. 구청장과 망가진 당현천을 걸으면서 물과 상극인 기름으로 된 아스팔트 포장을 지양하고 매끄러운 콘크리트로 포장해보자고 조언했다. 결국 구청장의 동의하에 아름다운길의 기술진을 투입해 콘크리트 포장을 해보기로 했다. 물이 차오르는 산책로변은 덕지덕지 붙어 있는 콘크리트를 깨낸 후 그 자리에 수크령 식물매트를 꽂아서 식재하기로 했다.

왜 수크령 식물매트였는가? 수크령은 뿌리가 매우 단단한 식물이다. 옛 논길에서 잎을 몰래 묶어놓고 지나가는 친구들 넘어지라고 장난을 치던 풀이다. 수크령이 제대로 자리 잡으면 물이 들어오며 밀리는 방향으로 눕게 될 때 피막이 형성된다. 그에 따라 하부의 지반유실이 방지되는 원리였다.

이 시도는 대성공이었다. 당현천 산책로는 그렇게 탄생한 콘크리트 포장로다. 초기에는 구청장에게 왜 친환경 하천에 콘크리트 포장을 했느냐고 주민들의 항의가 빗발쳤다. 나는 그냥 무조건 참아내자고 했다.

이젠 제법 세월의 켜가 앉혀져 자연과 동화되는 색조로 변한 그 길은 보행 질감이 아주 좋은 콘크리트 산책로로 각광을 받고 있다. 더 좋은 것은 갈라짐이 거의 없다는 것이다. 경계석 없는 당현천 산책로는 물가 쪽으로는 수크령이 보이고 제방 쪽으로는 계절별 황화코스모스, 코스모스, 백일홍과 메밀꽃, 꽃양귀비 등이 흐드러지게 피는 하천 공간으로 재탄생했다. 여기에 기본 뼈대는 역시 제대로 포장한 콘크리트 산책로였다.

공원 내 골프연습장 흑역사

1990년대에 '공원의 공공성'과 '사익추구'라는 상반된 개념이 크게 충돌하면서 파란을 일으킨 시대적 사건이 있다. 바로 서울시 공원 내 골프연습장 건설이다.

원래 공원 내 시설들은 이익을 추구할 만한 것이 거의 없다. 오로지 골프연습장만이 황금알을 낳는 거위로 인식되면서 서울시의 공원행정을 뒤흔들었다. 골프연습장은 도시공원법상 공원시설의 한 종류로 취급되기 때문에 설치를 거부하거나 통제할 명분이 없었다. 그래서 골프연습장을 두고 온갖 로비가 이루어졌다.

나는 1991년 8월 서울시 공원과의 공원관리계장으로 발령받으면서 골프연습장을 실무로 다루기 시작했다. 이미 상당부분 로비가 진행

강남구 청담공원 내 골프연습장

된 상태였던 것 같은데, 나로서는 강남권역의 공원개발계획까지 주관하는 것으로 애매하게 업무분장을 받으면서 덤터기쓰듯 이 일을 맡게 되었다.

강남구 청담공원 내 골프연습장 설치 건은 지뢰밭에 뚜벅이처럼 걸어들어가야 하는 일이었다. 안건을 만들어 책임을 져야 하는 실무 계장이 바로 나였기 때문이다. 도시공원위원회에 안건을 올리기 전에 현장을 나가보니 토지주 입장에서 보면 골프연습장을 만들고 싶을 법한 땅이었다. 그것이 고난의 시작이었다. 나중에 주민들의 반대 여론에 시달리게 되었다.

1991년 5월 14일자로 서울시 공원조례가 개정되어 도시공원위원회가 운용되기 시작했다. 나는 그로부터 3개월 후 발령받아 가서 업무를 맡게 되었다. 담당 공무원 입장에서 도시공원위원회는 안건에 대한 가부를 판단하는 방패막이가 되어준다. 당시 도시공원위원들은 골프연습장 안건에 대해 눈만 껌뻑껌뻑할 뿐 별다른 반대 의견 없이 통과시켰다.

그런데 공사를 실행하는 단계에서 인근 주민들의 거센 반발이 일어 난리가 났다. 극심한 집단 민원이 발생했고 감사원에 감사 청구가 들어갔다. 감사원에서 각종 자료를 요구해왔고, 급기야 죄인처럼 불

청담 골프연습장 입구

연습장 타석

수서동 대모산 불국사로 오르는 숲길. 이 일대에 골프연습장이 들어설 뻔했다.

려 가서 쪼그리고 앉아 왜 골프연습장을 승인해줬느냐, 절차는 잘못된 것이 없었느냐 취조를 받았다. 나는 법과 절차상으로 아무런 하자가 없으며, 인근 주민들을 위한 소음방지책 등 추가 보완책을 마련하겠다고 답변했다. 도시공원위원회는 절차를 준수했다며 대외적 방패로 삼기에는 유효했다.

당시 나는 토지 소유자가 누군지 모르고 얼굴을 본 적도 없었는데, 막강한 주변 인맥을 가진 여장부라는 소문이 들려왔다. 민원은 꽤 오랫동안 제기되다가 사업시행자 측에서 주민들과 어떻게 타협을 했는지 몰라도 어느 순간부터 잠잠해졌다.

해당 토지는 숲이 울창하지도 않고 대부분 나무가 없는 평지라서 골프연습장이 들어서기 적합한 땅이었다. 다만 인근 주민들의 불편함이 변수라서 상당기간 협상이 진행된 케이스다. 강남 요지에 엄청난 규모의 토지를 가진 소유주 입장에선 그 땅을 그냥 동네 야산으로 방치하기보다 돈이 되는 사업지로 구상하고 싶었을 것이다. 결국 골프연습장은 건설되었고 성공을 거두었다.

청담공원은 강남구 금싸라기 땅인 청담동 한가운데 있으며, 7호선 청담역과 근접해 있다. 공원이라기보다는 동네 뒷산 같은 곳이다. 청담역 부근에는 아동복지센터와 파출소, 산책로 정도만 있다. 그러한 공원에 강남에 흔치 않은 실외 골프연습장이 지어졌으니 많은 인기를 끌었을 것이다.

1992년 말경 어느 날 공원과에 웬 건장한 사람의 호위하에 제주 출신 강희찬 국회의원(제14대 민주당 국회의원)이 나타났다. 그는 무턱대고 강남 대모산 일대의 땅에 골프연습장을 개발할 수 있게 허가해달라고 했다. 여러 가지 절차가 있다고 설명했지만 큰 소리를 지르면서 내 땅을 공원으로 묶어놓고 내가 골프연습장을 하겠다는데 웬 말이냐고 고래고래 소리를 질러댔다. 과장과 주임이 나서서 말려도 봤지만 소용이 없었다. 그는 보좌관에게 담당 주임을 '창밖으로 들어서 던져버리라'는 말까지도 서슴지 않았다. 결국 국회의원을 이런 식으로 대접한다고 씩씩거리면서 사무실을 빠져나갔다. 그는 5년 후인 1997년, 자신이 소유한 주유소의 위법사항을 눈 감아주지 않는다고 담당 공무원을 협박하고 폭행한 혐의로 구속되었다.

그렇게 큰 홍역을 치른 일이었다. 1993년 3월, 故 박용재 과장이 공원과장으로 발령되었다. 박 과장은 당시 백상승 서울시 부시장의 호출을 받아 불려갔다. 백상승 부시장은 임기를 조만간 마무리하고 이직하려고 좋은 자리를 물색하던 시기였다.

박용재 과장은 부시장실에 다녀와서 나를 불렀다. 부시장이 강남 대모산 불국사 올라가는 곳 일대에 골프연습장을 허가해주라고 지시했다는 것이었다. 나는 제2의 '수서사건'[1], 아니 그보다 더 폭발력이

---

1 수서사건: 1991년, 강남구 수서동, 일원동 일대 택지개발지구의 토지를 특정 개발조합에 불법 분양한 사건. '수서비리'라고도 알려져 있으며 당시에는 제6공화국 최대의 비리로 불렸던 매우 큰 사건이다.

큰 일이 벌어질 것이라고 극구 반대했다. 박 과장은 국장급으로 승진도 해야 되는 입장이라 나에게 어떻게 좀 해보라고 했다. 그러나 불과 얼마 전 제주 출신 강희찬 국회의원이 공원과를 찾아와 허가해달라고 난리를 치는 걸 돌려보냈는데, 그의 토지 일부가 부시장이 밀어붙이는 일에 물려 있었다. 이건 폭탄의 뇌관과 같은 일이라고 과장을 설득시켰다. 강희찬 국회의원에게는 안 된다고 큰 싸움까지 벌어졌는데 백상승 부시장의 지시로 허가해준다면 결과는 불 보듯 뻔했다.

전체 사업구역의 3분의 1 이하에 해당하는 토지에 대해 '본 계획이 승인을 받으면 도시계획적 효력을 가지면서 땅을 쓸 수 있다'는 말도 안 되고 사문화한 법 조항을 적용한다는 것은 공무원으로서는 자살행위와 같은 일이었다. 게다가 골프연습장이 들어서면 불국사를 오르내리는 신도들이 골프장 그물망 밑으로 다녀야 했다. 이 또한 말도 안 되는 일이라고 과장을 설득했다.

박 과장은 고개를 푹 떨구고 백상승 부시장실에 다시 가서 사정을 보고했다. 부시장은 창밖을 내다보며 박 과장의 보고서가 담긴 결재판을 바닥으로 내동댕이쳤다고 한다. 알고 보니 유 아무개라는 사람이 수서동 일대 대모산의 땅에 골프연습장을 허가받으려고 국정원장 '빽'을 동원해, 국정원장이 압력을 넣은 일이었다. 말도 안 되는 압력행사였다.

박 과장은 기가 팍 죽어서 다시 과장실로 나를 불렀다. 다른 방법이 없겠느냐고 물었고 나는 이 일을 잘못 건드리면 여럿이 옷을 벗어야 하는 일이라고 강하게 이야기했다. 이후 박 과장은 백상승 부시장을 볼 때마다 괴로움을 당했다. 강남구청 공원녹지과에서 느닷없이 뜨거운 감자 내던지듯 골프연습장 조성계획을 승인해달라는 식의 입안서를 서울시로 보내기도 했다. 이렇게 무책임하게 상황만 모면하면

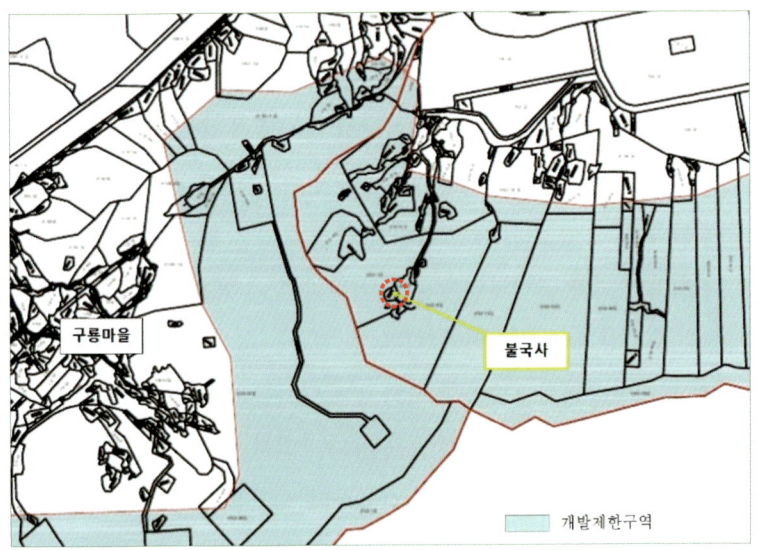

수서동 아파트와 불국사 사이의 골프연습장 계획지

되는 것이냐고 화가 머리끝까지 나서 전화로 다투기도 했다. 적당히 처리할 수 있는 일도 아니었으니 당하면서 버티는 것이 상책이었다. 그렇게 시간이 가고 백상승 부시장이 자리에서 떠나면서 해결되었다.

나름 뚝심으로 버텨서 강남 대모산에 불어닥친 2개의 커다란 회오리바람을 막아냈다.

골프연습장 담당 공무원들의 잔혹사

1993년 어느 날 공원관리계장으로 사무실에 앉아 있는데 오후 퇴근 시간 무렵에 평소 알고 지내던 故 박종성 조경기술사가 나를 찾아와서 호프나 한잔하자고 했다. 저녁 약속이 없어서 무심코 좋다고 하고 밖으로 나왔다. 오늘은 조금 먼 거리의 호프집을 가보자고 해서 고개를 갸우뚱하면서 택시를 탔다.

택시가 한참 가더니 동대문구 장안동 부근으로 진입했다. 나는 아차 싶어서 박종성 씨에게 물었다.

"지금 어디를 가는 것입니까?"

그때서야 장안동에서 큰 호텔을 운영하는 분이 나를 만나고 싶다고 했다는 것이다. 차를 바로 세우게 한 후 말했다.

"내가 오는 길에 전화를 받고 집안에 피치 못할 사정이 생겨서 먼저 가야 한다고 해서 못 데리고 왔다고 이야기하십시오. 나중에 제가 호프 한잔 사겠습니다."

알고 보니 장안동 경남호텔 주인이 도봉구 창동 일대에 공원용지를 크게 갖고 있었던 모양이다. 골프연습장 설계를 자기에게 맡기기로 하고 절차를 진행 중인데 나에게 조언을 얻으려 했던 것이었다. 하지만 내가 직접 관할하는 강남권역도 아니었는데 남의 일에 이러쿵저러쿵하는 것은 위험했다. 결국 그와 둘이 호프 한잔을 마시면서 다음부터는 이런 일로 나를 찾지 말라고 좋게 타일러서 보냈다.

그 일을 까맣게 잊고 지내다가 1998년 8월 24일 서기관으로 승진했을 무렵, 공원조성계획안이 급속도로 도시공원위원회를 통과해 1999년 골프연습장 사업시행 허가를 받아냈다는 소식을 들었다. 이 일로 인해 1998년부터 수년간 초안산 골프연습장 건립 반대 주민 시위가 벌어졌다.

사업시행 허가 이전부터 도봉구 창동 일대 아파트 주민들은 구청을 상대로 행정심판과 대법원까지 가는 행정소송을 벌이며 큰 싸움을 했다. 비록 주민들이 패소했지만 열을 받을 대로 받은 주민들의 분노는 멈추지 않았다. 결국 서울시는 엄청난 민원을 막기 위해 해당 토지를 매입해 공원으로 만들기로 했다.

골프연습장 건립 반대 주민 시위 (도봉구 제공)

서울시에서 토지보상을 하는 것은 사유 공원용지 중 등산로든 운동시설지 등 관습적으로 공공이 이용하는 경우다. 사유지가 공적으로 쓰일 경우 세제혜택을 주거나 임대료 일부를 지급해 보상하는 것이다. 하지만 잘못된 공원조성계획으로 주민들과 큰 마찰을 빚었을 때 이를 해결하기 위해 공원용지를 보상하는 것은 원칙이 아니다. 이는 균형 있는 예산의 투입을 교란시키는 행정행위일 수 있다. 공원 내 골프연습장 설치 여부에 관해선 좀 더 신중한 판단이 필요하다.

태생적으로 그 자리는 골프연습장이 들어가서는 안 되는, 아파트로 둘러싸인 땅이었다. 어떻게 공원위원회를 통과했는지 알다가도 모를 일이다. 이후 담당자들이 큰 곤욕을 치렀다. 조성계획을 입안해서 서울시로 올려준 신기원 도봉구 담당 과장이 몇 달 동안 감사원의 탐문조사와 중징계 요청을 받았다. 징계위원회에서 소명으로 감경받아 경고를 받는 데 그치긴 했지만, 지역 주민들이 그를 상대로 주민들의

골프연습장 취소 후 보상하여 조성한 하늘꽃정원 (도봉구 제공)

정신적 고통을 보상하라는 민사소송을 벌였다. 2~3년여 소송에 시달리면서 재산압류신청을 받기도 했다. 결국 무혐의 처분을 받았으나 개인적으로는 엄청난 암흑 같은 터널을 빠져나온 기분이라고 했다.

이곳은 원래 수영장을 지을 계획이었다. 수영장은 유지관리비도 막대하고 수익률도 떨어지니 이를 골프연습장으로 바꿔달라고 로비가 들어와 추진하다가 불시착한 케이스다. 결국 시민을 이기는 행정은 없는 법이라, 서울시는 2009년부터 157억 원을 시비로 투자해 매입한 후 공원으로 만들었다.

이와 비슷한 시기에 공원위원회에서 조건부로 통과된 골프연습장이 하나 더 있었다. 1999년 7월 24일자 관악산 낙성대지구 골프연습장 공원조성계획 변경건으로, 일명 '은천아파트 부근 골프연습장'이었다. 이 골프연습장 계획은 현장을 좀 더 정밀하게 보고 실무선에서 강하게 반대했어야 하는 경우인데 이를 소홀히 하여 통과되었던 일이다. 인근 은천아파트와 너무 가깝고 토지도 야산 형태라서 상당한 수준의 형질변경이 가해져야 하는 땅이었다.

결국 지역 주민들이 골프연습장이 추진되고 있다는 사실을 알게 되면서 큰 난리가 벌어졌다. 극렬한 반대 민원이 몇 년간 계속된 끝에 결국 골프연습장 건설은 무산되었다. 서울시는 2006년부터 2008년까지 3년간 총 136억 8000만 원의 시비를 투자해 보상하여 민원을 해결했다.

내가 공원관리계장으로 있으면서 몇 차례나 골프연습장 광풍을 맞아보니 정신이 번쩍 났다. 관리계장이 강남북 전체의 총괄적인 관리계획을 맡아서 하면서 강남권역의 개별적인 개발업무까지 맡는 것은 말도 안 되었다. 그러던 차에 업무분장 논의가 있었고, 순수하게 관리업무만 맡겠다고 선언해 개발업무를 떼어냈다. 개발업무라고 해봐

골프연습장이 들어설 뻔했던 은천아파트 주변 숲

야 골프연습장이 주된 업무였다. 그러나 관리업무는 여름철 행락 질서 확립, 공원 내 발효식 화장실 건립, 각종 소송, 관련 부서 협의, 어린이공원 현대화 등 이미 업무 폭주 상태였다. 골프연습장을 설치하느냐 마느냐로 체력 소모할 여력이 없었다.

그렇게 골프연습장의 광풍에서 벗어났지만 이렇게 불안정한 각종 로비와 압력에 마냥 노출된 채로 있을 수 없다고 판단했다. 박용재 과장을 설득하여 국토부에 '골프연습장을 공원법상 공원시설에서 삭제해달라'고 공문을 보냈다. 이 일로 인해 지자체의 각종 압력에 시달리는 공무원들의 입장을 헤아려달라고 국토부 공원관련법 담당 사무관에게 항의도 하고 설득도 했다. 그러나 담당 부처에서는 지자체가 겪는 고통에 모르쇠로 일관하며 골프연습장 삭제는 불가하다는 공문을 내려보냈다.

이도 저도 안 되는 상황이라면 공원 내 골프연습장에 관한 설치기준을 만들자고 논의한 끝에 1999년 4월 당시 도시공원법 시행규칙 별표4를 개정하여 '하나의 도시공원 안에 설치할 수 있는 골프연습장의 수는 1개소로 한다'는 조항이 신설되었다. 이후 2021년 8월 27일자 「도시공원및녹지등에관한법률」 시행규칙 별표에는 '골프연습장은 공원면적이 10만 제곱미터 이상인 경우에 1개소로 하되 10만 제곱미터를 초과하는 100만 제곱미터마다 1개소를 추가로 설치할 수 있다'는 조항이 마련되면서 그동안 공원 내 골프연습장으로부터 받아온 고통이 사라졌다. 1999년 4월 이후 공원조성계획에 반영해달라는 골프연습장은 없었다. 마침내 골프연습장 망령을 잠재운 것이다.

내가 직접 처리한 일은 아니지만 도시경관을 가장 심하게 훼손하는 흉물 골프연습장은 동부간선도로에서 빤히 보이는 초안산의 녹천골프연습장이다.

동부간선도로에서 보이는 초안산 녹천골프연습장

1997년 4월 공원조성계획이 결정된 후 1999년부터 2000년 4월까지 공사를 해서 가사용 중이긴 하지만 토지 소유자와 투자자 간의 소송이 이어지고 있어 준공처리가 보류된 골프연습장이다. 나는 동부간선도로를 오가면서 이런 골프연습장의 외관만이라도 잘 보이지 않게 처리했으면 좋겠다는 생각을 했지만 복잡한 속

사정을 아는 입장에서 외면하고 다녔다. 공원 내 골프연습장 전체의 흑역사를 자주 떠올리게 하는 시설이다.

아직도 이해가 안 되는 일은 왜 골프연습장의 울타리를 녹색 망으로 구성해 멀리서도 눈에 띄게 하느냐이다. 검은색 망으로 설치하면 그나마 숲속에서 주변의 나무 줄기색들과 조화를 이뤄 덜 지저분하게 보일 것이라는 생각이 든다. 숲의 녹색과 같은 색이라서 고집스럽게 녹색을 쓴다는 것인데 겨울이 되면 숲은 녹색을 버리고 기와진회색으로 바뀐다는 점을 재차 강조하고 싶다.

동부간선도로변에 흉물로 드러나 있는 녹천골프연습장의 망이 검은색으로 처리되는 날이 왔으면 좋겠다. 가능하다면 키가 큰 미류나무를 심어 차폐하는 방법도 있다. 이 골프연습장을 없앨 방안을 찾아 주기를 바라는 마음까지 든다.

워싱턴에서 새로운 세상을 보다

2002년 12월 30일부터 2004년 12월 29일까지 2년간 미국 워싱턴주의 공원레크리에이션위원회Parks and Recreation Commission에서 파견근무를 했다. 온 가족이 함께 2년간 미국 생활을 해야 했고, 미국이라는 큰 나라의 공원행정을 배울 수 있는 좋은 기회였다. 초등학교 5학년과 6학년 두 아이에겐 영어 유학이 된 시기였다.

이런 해외 파견근무 시 보통은 미국 소재 대학원에 적을 걸어두고 논문을 써서 학위를 따온다. 하지만 나는 그 길을 택하지 않았다. 1981년 나는 서울대 대학원생으로 학비 전액을 면제받기로 했었는데, 교수님께서 다른 학생과 절반을 나눠 줄 수 있겠는지 물었다. 대학교수가 되겠다고 대학원을 다니는 학생이었다. 난 좋다고 했다. 그러나 나는 그 길을 가지 않았다.

워싱턴주의 행정수도는 시애틀 남부에 있는 올림피아 지역 고속도로I5의 출구 105로 빠져나가는 곳에 위치하고 있다. 행정수도라서 그런지 한국인을 포함한 아시아인, 히스패닉계 사람들이 많지 않은 도시였다. 아이들은 한국사람이 없는 가필드 초등학교Garfield Elementary School에 다녔다. 두 아이는 ESL(English as a Second

Language) 과정을 통해 따로 영어를 배우며 학습진도를 따라갈 수 있었다. 친절하고 배려 깊은 제도였다.

그때의 경험이 도움이 되었는지 작은 아들은 유펜University of Pennsylvania에서 조경학 석사과정을 마친 후 뉴욕의 하이라인 공원 The High Line을 설계한 제임스 코너 필드 오퍼레이션James Corner Field Operations에 픽업되어 근무하고 있다.

워싱턴 공원레크리에이션위원회는 우리나라로 치면 차관급 기관장이 이끄는 기관이다. 올림피아 소재 주정부의 본관 건물이 아니라 별도의 독립청사를 쓰고 있다.

공원레크리에이션위원회에서는 온갖 공원과 레크리에이션에 관한 정책을 입안하고 실행계획을 보고받은 후 확정한다. 위원장을 포함해 총 12명의 위원이 있는데, 전임 주지사가 6명을 선임하고 신임 주지사가 6명을 선임해 주지사의 정치 성향에 좌우되지 않는 시스템으로 운영된다. 위원들이 주요 정책을 승인하면 직원들이 실행을 한다.

아이들이 다니던 가필드 초등학교

얼른 보면 이중적인 보고체계와 업무구조를 가진 듯하지만, 주민들의 뜻을 대변하는 사람들의 다양한 의견을 수렴하여 정책의 방향을 정한다는 측면에서는 좋은 제도로 보인다. 대략 한 달에 한 번 정도 위원회가 열리는

워싱턴주 공원레크리에이션위원회 건물   이사콰 연어 양식장 다목적실 (ⓒPad Scouring)

데 워싱턴주를 순회하면서 개최된다.

나는 공원계획 부서Park Planning Division에 배속되어 근무했다. 나의 멘토는 스위스 출신 이민자 2세인 피터 헤르조그Peter Herzog였다. 미국 근무기간 동안 가장 신세를 많이 지고 끊임없이 물어봐도 웃으면서 대답을 해주던 친절한 사람이었다.

위원장인 렉스 데어Rex Derr도 매너 좋은 신사였다. 나에게 지역사업소를 돌며 서울의 공원시책을 설명해달라고 했다. 내비게이션도 없던 시절 나는 지도를 펼쳐놓고 각 지역사업소를 돌며 서울시에서 기획하고 실행했던 일들을 설명했다. 강의가 끝난 후 쏟아지는 어마어마한 질문들에 진땀을 흘리며 성의껏 답변했다.

피터와 출장을 많이 다녔다. 워싱턴주 북부의 이사콰Issaquah시에는 연어를 부화시켜 치어로 키운 후 하천으로 방류하는 양식장이 있다. 이는 교육적 기능을 겸비한 시설로, 이곳 다목적실에서 스콰크Squak 주립공원 개발 초기에 열린 주민설명회에 참여했다.

주민회의는 보통 오후 7시로 잡는다. 주민들이 오후 5시에 퇴근해 식사를 하고 편하게 도착할 수 있는 시각이다. 이곳의 다목적실은 주민회의 등 다양한 용도로 쓰인다. 담당 부서에 미리 예약하면 열쇠함 비밀번호를 받아 알아서 들어갈 수 있고, 안에 있는 책상이나 의자 등의 비품도 자유롭게 쓸 수 있었다.

피터와 함께 오후 4시쯤 올림피아를 출발했다. 이사콰의 연어 양식장에 도착해 다목적실에 가보니 아직 텅 비어 있었다. 기다리고 있는데 한 중년 부인이 나타나 도움을 요청했다. 나와보니 그녀가 몰고 온 트럭 위에 스프라이트 음료가 몇 박스 실려 있었다. 우린 음료 박스들을 짊어지고 회의장으로 들어갔다. 알고 보니 그녀는 이사콰시의회 의장이었다.

이는 미국식 다목적실의 전형이었다. 난 기회가 되면 서울의 공원에도 도입해보기로 마음먹었다. 그리고 귀국한지 10여년이 지난 후, 노원구 불암산힐링타운의 생태학습장에 이와 같은 건물을 지었다. 그러나 토론문화가 일반화되지 않은 우리나라의 현실에서 주민회의에 쓰이는 사례는 거의 없다. 자연학습 나온 아이들의 학습공간이나 구청의 회의공간 정도로만 쓰이고 있다.

주민회의는 한 번에 끝나지 않고 꾸준히 반복된다. 주민들이 의견을 내면 시의 직원들은 사무실에 가서 이에 대해 논의하고 검토한 결과를 다음 회의에 제시한다. 의견별로 반영 여부와 사유를 친절하게 설명한 후 추가 의견을 나눈다. 이렇게 주민들과 논의를 거듭하는 것이 공원개발의 절차다. 주민을 위한 공원을 만드는 과정이기 때문에 이 과정을 소중하게 생각한다.

이사콰시의 주민설명회는 작은 규모였지만, 규모가 크고 많은 사람이 모이는 경우 피터는 선호도 조사를 하는 도판을 3~4개 준비해갔다. 주민들이 선호하는 안에 스티커를 붙이게 해서 여론을 파악했다. 여러 사람 앞에서 발언하는 걸 꺼리는 주민을 위해 포스트잇에 적어서 붙일 수 있게 하기도 했다. 의견수렴 방법은 매우 다양했다.

　나는 이때의 경험을 서울시 공원행정에 도입했다. 주민설명회를 통해 수집된 주민들 의견을 끊임없이 검토하고 가능성을 찾아가면서 공원 조성의 기본방향을 잡아나갔다. 워싱턴주의 공원행정은 시카고나 뉴욕처럼 고밀도 도심의 공원계획이 아니다 보니 별도의 현상공모 방식으로 설계자를 구하지 않는다. 직원 자체가 전국 공모로 뽑은 공원개발 전문가이기 때문에 우리처럼 대학교수 등 별도의 전문가들을 불러 자문을 청하지도 않는다. 담당 직원이 곧 전문가라는 인식이다. 공사물량 때문에 외부업체를 구해서 일을 진행시키는 경우는 있어도, 공원계획의 기본계획과 설계 자체를 통째로 외부에 맡기진 않는다. 워싱턴주 공원레크리에이션위원회 직원들에게 대학교수 등 전문가에게 공원계획안에 대해 자문을 받지 않느냐고 물어봤다. '내가 전문가인데 왜 대학교수에게 자문을 받느냐?'고 말하는 것을 듣고 깜짝 놀랐다.

　이와 달리 서울시는 대학교수들이 자문이나 학술 용역을 하느라 끊임없이 서울시를 드나들지만, 실은 대학교수의 권위를 방패막이로 사용하는 측면이 크다. 게다가 공무원은 청렴해야 한다는 원칙 때문에 직원들은 몇 년마다 이 부서 저 부서로 사정없이 옮겨다닌다. 한 분야의 전문가가 양성되기는 쉽지 않다.

　시장이 바뀔 때마다 인수위원회에서 활약했다고 해서 자기 전공과도 무관한 부분까지 사사건건 전문가인 척 나서는 대학교수들을 많이 보게 된다. 개인적으로 공직생활을 할 때 보기 싫은 장면들이었다. 우리나라처럼 대학교수들이 극진하게 대접받는 나라도 드물다.

　공원레크리에이션위원회 기관장인 렉스 데어의 배려로 직원을 뽑는 회의에 참석했던 적이 있다. 그곳은 '직위분류제'라는 인사제도를

레이니어산Mt. Rainier의 환상적인 야생화 경관 (ⓒN Sanghera)

도입하고 있었다. 우리나라의 계급제와는 차이가 있었다. 일의 난이도 등에 따라 뽑을 직원의 직급과 구인 사유, 급여를 공지한다. 인사파트의 승인을 받아 전국에 공고문을 띄우면 대학교수도 응모하고 다른 기관의 경험자도 응모한다. 미국 공무원의 연봉도 결코 많지 않다는 걸 알게 되었다. 미국의 대학교수 중에서도 공무원으로 취업하고자 응시하는 사람이 꽤 많았다.

우리나라의 공무원제도는 중앙공급식이다. 공무원 시험에 통과한 인력을 해당 기관에 싫든 좋든 할당해주는 방식이다. 워싱턴 공원레크리에이션위원회에서 직원을 뽑는 회의에 참석해보니 각 부서에 근무 중인 직원 12명 정도가 패널로 구성돼 있었다. 응모자의 자기소개

미국 생활에서 6~7차례 방문한 레이니어산 정상부 건물 (ⓒKarren Meredith-thomas)

서와 포트폴리오를 검토한 후 우선순위를 연번으로 매겨 구인 담당자에게 넘긴다. 그는 다른 사람이 보지 못하는 비밀자료를 갖고 있다. 예전에 근무하던 부서에서 함께 일했던 상급자의 추천서다. 추천서가 없으면 응모자가 일했던 조직에 비밀리에 전화해 그의 업무 능력과 사회성 등 자료를 수집하기도 한다. 신용사회인 미국다운 방식이다.

비밀자료에는 응모자에 대한 가감 없는 평가가 적혀 있다. 실력이 좋아도 사생활이 문란하거나 평판에 문제가 있으면 가차 없이 탈락된다. 다음 순위의 사람의 추천서를 보면 일도 잘하고 머리도 좋지만 직원들과 툭하면 다투는 일이 많다고 적혀 있다. 다시 선을 그어버린다.

그렇게 순차적으로 선을 그어나가다가 '일처리 속도는 다소 늦지만 진정성과 열정을 가지고 잘할 수 있는 우수한 사람이다.'라는 추천서가 있으면 그 사람을 낙점했다고 선언한다. 회의에 참석자들이 모두 동의하고 서명하면 직원으로 뽑는다.

그런데 막상 일을 해보니 추천서의 내용과 전혀 딴판으로, 성실하지도 않고 툭하면 직원들 사이에서 트러블을 일으킨다면? 그러면 추천서를 써준 사람을 고발해버리는 경우도 많다. 그러니 겁이 나서 추천서를 함부로 쓰지 못한다. 미국사회에서 남들의 보이지 않는 평가는 평생 따라다니는 멍에와 같은 것이다. 추천서 제도에 온정주의란 없다. 내 대학 후배라서 뽑았는데 영 시원치 않다? 나까지 무능하다는 평가를 받고 급기야 해고당할 수도 있다. 이처럼 학연이나 지연을 따질 수 없는 공정사회의 기틀 아래 채용이 진행된다. 신용사회란 적어도 그들처럼 강력한 원칙이 있는 사회라야 실현이 가능하다.

공원레크리에이션위원회 건물에는 외부인이 함부로 들어올 수 없다. 직원들이 근무하는 자리에도 접근할 수 없다. 직원을 만나려면 반드시 미리 예약을 해야 하며, 약속된 시간에 한해 청사 입구에 있는 인포메이션 센터에서 만나야 한다. 미팅 전 과정은 CCTV로 촬영된다.

미국에서는 공무원과 일반인의 접촉을 차단하기 위해 인포메이션 센터에 웬만한 업무 관련 정보를 모아두고, 공무원이 민원인을 직접 만나지 않도록 센터 직원들이 전담한다. 우리처럼 민원인이 왕처럼 행세하는 경우는 적어도 미국에는 없다.

내가 미국연수를 마치고 돌아온 후 이명박 시장이 재임하면서 김흥권 행정1부시장 내정자 주관으로 몇몇 서울시 간부들이 서소문 소재 상수도사업본부장 회의실에 모였다. 앞으로 서울시정에서 개선할 일 등을 논의하는 자리였다. 기술직 공무원은 나 혼자였다. 나는 이 자리에서 미국의 시스템을 소개했다. 좋은 아이디어라고 하여 채택하기로 했고, 일이 커지면서 현재의 '서울 다산콜센터 120'이 탄생했다. 내가 처음에 경험한 미국의 시스템과 달리 콜센터는 콜센터대로 있고 민원인은 여전히 공무원들이 일하는 사무실을 드나든다.

　IAC(Inter Agency Commission) 평가회의에 평가자로 참석하기도 했다. IAC에서는 일정한 예산을 놓고 사업공모를 한다. 주정부의 부처든 작은 시 규모의 부서든 상관없다. 예를 들면 100만 달러를 제시하며 '동네 작은 공터를 찾아 공동의 정원으로 만들자'는 프로젝트를 모집하는 식이다. 그럼 응모자는 A4 3장 미만의 기획안을 가져와 20분 이내로 브리핑을 한다. 여러 기관에서 예산을 확보하기 위해 치열하게 경쟁한다.

　회의가 끝나면 그 자리에서 평가가 시작되고, 결과도 그 자리에서 공표된다. 한 군데로 집중되지 않도록 예산을 배분해 몇 개 기관을 선정한다.

　2주 후 내 앞으로 IAC에서 보낸 문서가 도착했다. 관계자 외 열람을 금지하는 비밀 문건이었다. 열어보니 지난 번 평가회의에서 어느 안건에 사람들의 의견이 모아졌고 나의 평가는 어떠했는지 분석한 결과였다. 평가 결과를 객관화해 정규분포곡선을 그려보면 나의 평가는 공통의 의견과 비교할 때 어느 정도 틀린 점이 있었다. 지적을 받으니 얼굴이 화끈거렸다. 기회가 또 주어진다면 상당히 신중하게 평가해야 한다는 생각을 갖게 만드는 평가 피드백 시스템이었다.

　어느 날은 렉스 데어와 피터 그리고 나 셋이서 인디언 보호구역으로 출장 가는 일이 생겼다. 피터는 나에게 미국 내 다른 나라로 가는 것이니 여권을 준비해오라고 농담했다. 가는 길에 렉스 데어가 직접 운전을 했는데, 왜 기관장이 직접 차를 모느냐고 물었더니 자기가 운전을 좋아하고 잘한다며 올 때는 피터와 내가 몰면 된다고 했다. 보통 서울시 기관장이나 국장들은 장거리 출장을 갈 때 직원이나 운전기사를 두고 뒷좌석에서 쉬거나 서류를 보는 것이 일반적인데 생소했다.

기관장이라고 해도 권위적이지 않다는 점이 인상적이었다.

　인디언 보호구역에서 장시간 업무를 논의한 것은 아니지만 그들의 의견을 존중한다는 취지의 방문이었다. 과장 선에서 해도 되는데 인디언 정부를 존중하는 의미에서 기관장이 주지사를 대신해 방문한 것이었다.

2
잘 다듬어야 보석이 된다

출근길에 탄생한 남산의 팔각 목책

　예전 남산은 자연의 이미지보다는 남산 1호터널 옆 옛 중앙정보부의 이미지가 강했다. 그쪽으로 고개를 돌리기만 해도 붙잡혀가는 줄로 알던 으스스한 곳이었다. 서울시청이 이리저리 흩어져 별관을 운영해도 청사가 모자라 푸른도시국은 남산 옛 중앙정보부 자리로 가게 되었다. 내 사무실은 4층 옛 수사본부장 자리였다.
　내가 살던 강남 개포동의 주공아파트가 재건축을 추진하기 시작하기 전, 약수역과 버티고개역 사이의 언덕에 지은 남산타운아파트 대단지에서 전세로 잠시 산 적이 있었다. 남산 북측순환로는 시각장애인들이 가장 좋아하는 길로, 평일 오전 10시경 많은 시각장애인들이 보조인과 함께 마음껏 걸으며 공원의 맑은 공기를 만끽하는 천상의 산책로이다. 차량을 신경 쓰지 않고 가끔 두 팔을 벌려 만세도 부르며 걸을 수 있는 길이야말로 천국의 길이요, 자연이 눈에 들어오는 길이다.
　남산타운아파트에 살 때 옛 타워호텔(현재 '반얀트리 클럽 앤 스파 서울')로 걸어가 길을 건너 국립극장을 지나쳐 북측순환로를 따라 걸어서 출근했다. 산책로변의 남산이 요즘처럼 우리에게 가까이 다가오는 자연은 아니었다. 철조망을 쳤다가 걷어내고 철제 펜스가 둘러쳐 있었다. 지금도 남산 곳곳 석축에는 스프레이 페인트로 철책에 덧칠하며 생긴 흔적들이 남아 있다.

　남산의 펜스가 꼭 필요한 것인지, 과연 지금처럼 펜스로 칭칭 감아놓아야 하는 것인지 고민했다. 콘크리트 수로가 있고 그 옆에는 석축이 있어 누가 등을 대주며 밟고 올라가라고 해도 오르기 힘든 곳마저 1.2m짜리 철제 펜스가 있었다.

　시장단에 보고하여 철제 펜스가 없어도 큰 문제가 없는 곳은 철거해보기로 했다. 대대적인 철거작업이 시작되었다. 남산의 숨은 자연이 깔끔하게 보이기 시작했다. 그러나 아무 곳이나 산으로 들어갈 수 있도록 무방비 상태로 열어놓을 수는 없었다. 사람이 들어가지 말아야 할 곳은 어떻게 처리할 것인지 고민했다. 철제 펜스를 다시 하는 건 아닌 것 같고 목책을 구상해보았다. 여주 소재 목재유통센터(현 중부목재유통센터)에 연락해 북측순환도로 석호정 부근에 2개 경간(經間)(다리, 건물, 전주, 펜스 등의 기둥과 기둥 사이)을 여러 가지 타입으로 만들어 설치해달라고 부탁했다.

　매일 출근길에 잠시 서서 어떤 것이 좋을지 고민했다. 타입을 달리하여 여러 번 설치해보고 나서 내심 확신이 들었던 팔각목을 설치한

시각장애인의 보행 천국인 남산 북측순환도로

중부목재유통센터와 함께 디자인한 팔각 목책

후 오가는 사람들에게 각기 다른 목재 스타일의 펜스들과 비교해 의견을 달라고 했다. 대다수가 팔각목의 부드러움에 후한 점수를 줬다. 경사진 지대에 목책을 설치할 땐 경사를 따라 목재 기둥에 횡으로 끼워넣는 홈 위치를 정확하게 잡아야 하는데, 목재유통센터에서 이를 컴퓨터로 정확히 입력해 번호를 붙여가면서 깎아낼 수 있다고 하니 더욱 신뢰가 갔다.

몇 년에 걸쳐서 예산이 확보되는 대로 펜스를 설치했다. 지금은 10여 년이 지나 이끼가 끼고 자연스럽게 보이지만 이런 지난한 과정을 거쳐 설치된 것이다.

남산의 하얏트호텔 도로 건너에 있는 화장실 근처에서도 새로운 실험을 했다. 목책을 무릎 아래 높이로 낮게 설치해놓았던 것이다. 시민의 의식수준을 감안하면 당연히 그래야 했기 때문이다. 이 또한 성

남산의 용산구 관내 물길 (서울시 제공)

공적으로 자리 잡았다.

"급한 사람은 들어갈 수도 있겠지만, 보통 이런 식으로 경계를 처리하면 안 들어갑니다."

남산공원 현장관리인의 말이었다.

북측순환로에는 충무로역에서부터 발생되는 지하수를 펌핑해 올려 물이 흐르는 계류를 만들어놓았다. 많은 사람이 남산에서 머금고 있던 물이 흐르는 것으로 안다. 산책하면서 졸졸 흐르는 물소리를 듣는 것은 남산이 주는 또 하나의 매력이다. 북측순환로는 행정구역상으로 모두 중구에 속한다.

당시 용산구 시의원이던 이종필 부의장은 이른 아침 그 일대를 산책하다가 나와 자주 마주치곤 했다.

"북측순환도로 쪽에만 시냇물을 만드는데, 용산쪽에도 물길을 만들어주세요."

대략 8억 원의 예산을 확보해주면 옛 이광희갤러리(현 더힐스남산)부터 옛 외인주택 일대까지 만들 만한 구간이 있으니 시도해보겠다고 했다. 오늘날 그 일대에는 잔잔한 수생식물들과 어울리는 물길이 만들어져 많은 사람이 즐겨 찾는다. 남측 야외식물원 주변은 북측 순환로변의 물길보다 훨씬 물길답고 식물들도 잘 자란다. 위치적인 차이 때문이다. 북측순환도로변 물길은 대부분 북향 그늘이고 남측 물길은 양지바른 남향이기 때문이다.

남산제모습가꾸기 프로젝트

　1991년부터 1998년까지 남산제모습가꾸기 사업을 대대적으로 벌였다. 남산 외인아파트 철거 부지에 1995년 '팔도소나무단지', 2002년에 '야생화공원'을 조성했다. 이후 안정화되고 있던 공원을 다시 파헤쳐 커다란 콘크리트 수조를 묻는 공사를 하여 배수지를 하부에 넣고 그 위를 다시 소나무단지로 복원한 바 있다.
　남산제모습가꾸기 사업을 마무리하던 시기에 하얏트호텔 정문 바로 건너에 '이광희갤러리'라는 패션디자이너의 갤러리가 있었다. 적당한 크기의 잔디밭도 갖추고 있어 소설가 김한길 씨와 영화배우 최명길 씨가 이 잔디밭에서 결혼식을 올렸다고 전해진다. 이 건물은 당초 철거하기로 계획되어 상당한 예산을 확보해 보상했다. 그 갤러리는 길 건너로 이전해 운영을 계속하고 있다.
　이광희갤러리는 썩 잘 지은 건물은 아니었다. 이 건물은 1층이 남산순환도로 소월길에서 약 3m 높이로 옹벽을 친 후 흙을 부어 건축부지를 만들고 잔디밭을 만든 것이었다. 건물을 헐면 막대한 복원예산을 추가로 쏟아부어야 할 게 분명했다.
　건물을 공공용으로 재활용해보기로 했다. 그래서 몇 년간 작은 도서관으로 운영해보았다. 하지만 당시 남산공원관리소엔 전문 사서도 없었고, 도서관 업무를 해본 적도 없는 직원들이 책만 잔뜩 보관하는 장소로 쓰이면서 문제점만 생겼다.

여러 대안을 검토한 후, 이 건물의 지하는 공원 관리 근로자들의 쉼터로 하고 지상부는 카페나 레스토랑 등을 운영하기로 했다. 남산을 찾는 시민들과 하얏트호텔에 투숙하는 외국인들이 고객이 될 수 있었다. 그리하여 서울시 최초로 협상에 의한 계약 방식으로 업체를 선정하되, 그 기준으로는 위탁료 30%와 영업구상 및 실천계획 70%를 동시에 평가해 운영자를 구했다. 수익보다는 적정한 가격과 서비스를 제공받을 수 있는 시설로 만들어보자는 구상이었다.

그리하여 식음료 가격과 운영 전반에 공원관리청이 의견을 제시할 수 있는 '카페 리엔'이 등장했다. 이탈리아 음식과 카페를 갖춘 매장이었다. 파스타는 대략 15,000원, 커피는 3,000원 정도로 책정했다.

2013년경에는 결국 최고가 입찰로 바뀌고 말았다. 식당 이름도 한

더힐스남산 이탈리안 식당

2. 잘 다듬어야 보석이 된다

동안 '라 코르테'였다가 최근엔 '더힐스남산'으로 바뀌었다. 음식값이 24,000~27,000원 수준으로 비싼 편이라 시민들이 쉽게 접근하기 어려운 시설이 되었다(최근 운영 중단).

공원의 매점과 음식점이 바가지요금인 이유가 있다. 그 당시 공원 내 매점과 음식점들은 제대로 된 운영 시스템을 갖추지 못한 채 최고가 입찰을 했다. 해당 시설을 운영하려면 일단 되고 보자는 식으로 최고액수를 써내야 했다. 감정평가액 연간 5000만 원이라면 1억 원 정도를 쓰고 낙찰을 받는 사례도 있었다.

그러나 1년 정도 운영해보면 임대료를 간신히 낼 정도의 수입만 얻고 대부분 망해서 나간다. 제도가 그런 것이다. 불법으로 주변을 무단 확장해 좌석을 놓고 술을 팔다가 공원관리청과 큰 싸움이 벌어지기도 한다. 간신히 3년의 위탁기간이 지나면 그냥 나가는 상인은 하나도 없었다. 들어올 때 아무것도 없이 텅 빈 건물에 자기가 돈 들여 인테리어도 하고 창고도 지은 것이니 권리금을 요구한다.

규정상 공공시설의 위탁(임대)에는 권리금을 줄 수 없다. 중도에 포기할 수도 없고 결국 다툼이 이어져 3년씩 소송을 치르는 고약한 상황이 반복된다. 그런 제도적 문제점을 알고 있으면서도 개선이 이루어지지 못했다. 공원은 주변 경관이 좋으므로 시중보다 커피값이 비싸도 된다고 생각할 수도 있다. 그러나 공원의 편의시설이 언제까지나 이런 식으로 운용되어서는 안 된다.

공원을 이용하는 시민들은 일반 편의점보다 훨씬 비싼 값으로 과자나 음료수를 산다. 특히 봄여름 성수기에는 공원 매점의 바가지요금이 언론의 단골메뉴로 도마에 오른다. 예로 서울대공원의 매점들은 배타적 상업시설이다. 임대료를 낸 사람 외에는 아무도 물건을 팔 수 없으니 많은 돈을 벌 것처럼 보인다. 하지만 사실은 임대료를 최고가로 쓰고 들어온 가게다. 임대료를 벌기 위해 매점이 점유한 토지 바깥까지 늘어놓고 장사를 하는 일이 빈번해 주변이 어수선하고 공원관리청 직원들과 다툼도 잦다.

고심끝에 공원 매점이나 음식점들의 서비스를 높이고 잦은 다툼을 해소하기 위해 아이디어를 냈다. 매점 운영자를 선정하는 입찰에서 감정평가 예정가를 미리 공개하고 입찰자의 위탁료를 전체 평가에서 30% 비중으로 두었다. 그리고 나머지 70%는 종업원의 복장, 음식의 종류 및 가격 등을 제시하게 했다. 영업을 위한 인테리어 계획도 제출하게 하고, 공원관리청에서 전문가 검토를 거쳐 비용을 부담해주기로 했다. 일종의 협상에 의한 계약이었다.

낙찰자를 선정하기 위해 전문가들이 평가위원으로 참가했다. 위원들은 입찰자의 영업계획 발표를 듣고 점수를 매겼다. 이때 공원관리청의 직원들이 평가위원 선정에 개입하지 못하게 했다.

시의회에 조례를 개정해 이 제도의 도입을 승인받았다. 이 제도는 성공적으로 안착되기 시작했다. 남산 케이블카 주변 북측순환도로 입구에 '목멱산방'이라는 전통 한식집이 들어섰다. 사실상 감정평가 금액이란 국가가 인정한 자격증을 가진 사람들이 주변 음식점 등을 사례로 들어 적정한 임대료로 판단해준 금액이다. 공공에서 그 이상만 받으면 되는 것이지 사실상 최고가 입찰로 무한경쟁을 시켜 바가지 임대료를 강요할 필요는 없었다.

참고로 남산 하얏트호텔 건너편 더힐스남산의 예정가는 2019년 1월~2022년 1월 3년간 예정가액 9900만 원에 낙찰가는 1억 2100만 원이었으나, 2022년에는 예정가도 3.2배가 높게 평가된 3억 1900만 원, 낙찰가는 3억 2500만 원으로 3년간의 위탁료다. 1년에 1억 800만 원, 한 달에 902만 원의 임대료를 내야 한다. 이는 고스란히 공원 이용객이 지불할 음식값으로 이어진다. 주머니가 두둑한 부자가 아니면 들어오지 말라는 것이다. 공원의 매점이나 식당이 이처럼 공원 이용객들을 상대로 고가의 식음료를 파는 것은 공공성의 원칙에 위배된다. 공유재산법을 개선할 생각을 안 하는 안일함이 공원의 커다란 장애물이 되고 있는 안타까운 실정이다.

안중근의사기념관은 공원 내 건물의 모범이다. 안중근의사는 1909년 10월 26일, 중국과 러시아의 접경지역인 하얼빈역에서 이토 히로부미를 저격했다. 뤼순감옥에 수감되었다가 다음해인 1910년 3월 26일 사형을 당해 순국했다. 여러 애국지사들 중 박정희 대통령의 특별 배려로 1970년 10월 26일에 옛 기념관이 개장했다. 당시 남산을 아끼던 박 대통령이 지을 땅을 그려주며 규모까지 정했다고 하나 숭모할 공간만 네모나게 갖춘 콘크리트식 한옥구조였다.

옛 기념관이 지어진 지 30년이 지난 2010년 10월 26일, 안 의사의 하얼빈 의거 101주기에 맞춰 현재의 기념관이 다시 건립되었다. 새로 지은 기념관은 남산의 지형을 잘 해석하여 3층의 건축물로 들어섰다. 남산에서 지나치게 눈에 뜨이지 않는 자리에 깔끔한 형태로 들어서 있다. 이 건물은 부부 건축가인 김선현, 임영환의 작품으로 2010년 서

예전의 안중근의사 기념관 (서울시 제공)

새로 건립된 안중근의사 기념관. 동상 뒷면은 남산의 원지반을 살려놓았다. (서울시 제공)

울특별시 건축상 공공부문 최우수상을 수상했다.

2005년 기념관건립위원회가 구성된 후 전임 박유철 보훈처장관이 여러 차례 기념관을 지을 장소를 서울시와 물색했다. 당시 나는 서울시 실무책임자인 공원과장으로 근무했다. 새 기념관은 남산의 원지형을 보전하면서 그 아래쪽으로 슬기롭게 배치해 남산의 경관도 살리고 지형차를 이용한 멋진 건물로 지어졌다. 공원이라는 것을 잊고 자신의 건축물이 드러나 보이게 하려는 건축가가 가끔 있지만, 이 경우 남산이 품어주는 건축으로 멋지게 자리 잡았다. 그 상부 광장에는 당시 오세훈 서울시장의 특별 배려로 시비를 들여 안중근 의사 동상이 건립되었다. 현재 기념관은 대표적인 공원 내 건물로서 기능을 손상하지 않고 공원경관도 해치지 않는 가장 잘 지어진 건축물이다.

세대교체가 이루어지는 남산의 시간

　한때 우리나라는 남북한이 대립하는 가운데 유엔 비회원국으로서 국제적인 위상을 유지하기 위해 강력한 외교전을 펼쳤다. 남산에서 가장 향이 좋은 위치, 한남대교를 건너 서울에 진입할 때 가장 눈에 띄는 자리, 사람 얼굴로 친다면 코에 해당하는 자리에 고층으로 외인아파트를 짓게 되었다. 1970년에 착공하여 1972년에 완공된 아파트였다.
　현재 남산야외식물원 자리는 단층 또는 2층의 단독주택단지로서 아프리카나 중남미 등지에서 온 외교관과 그 가족들이 살던 곳이었다. 건설 당시 양택식 시장이 청와대에 관련자료를 보따리로 싸갖고 가서 박정희 대통령에게 보고를 하긴 했다고 한다. 그러나 경부고속도로로 지방을 다녀오던 박 대통령은 엄청난 건물들을 짓고 있는 광경을 보고 저것이 도대체 뭐하는 짓이냐고 화를 냈고 서울시장이 청와대로 불려들어가 자초지종을 설명했다. 사전에 보고했던 건이라서 박 대통령이 참았지, 하마터면 큰 사단이 날 뻔한 일이었다고 한다.
　남산제모습가꾸기의 하이라이트는 이 외인아파트를 철거하여 남북 외교 각축전으로 훼손되었던 남산을 복원하고 숲으로 되돌리는 일이었다. 1994년 11월 20일 외인아파트 폭파 장면이 전국에 생중계되

폭파 직전 남산외인아파트 (서울시 제공) 폭파 직후(1994. 11. 20) (서울시 제공)

기도 했다.

　남산 외인아파트가 철거되고 난 자리에는 고건 시장의 지시로 팔도소나무단지, 전면 부지에는 남산야외식물원이 만들어졌다. 그 이후에도 오랫동안 하얏트호텔과 남산 외인아파트를 차로 드나들던 아치

하얏트호텔과 남산을 잇는 보행전용교량

형 콘크리트 교량은 남아 있었다.

　누구의 지시로 시작한 일은 아니었지만, 당시 하얏트호텔의 인테리어 등을 설계한 건축가 존 모포드John Morford 씨를 물색했다. 그를 아는 하얏트호텔의 이승걸 시설이사를 졸라 존에게서 교각 없이 통으로 건너는 교량의 기초 콘셉트를 얻었다. 그런 뒤 세부 설계와 시공을 하여 오늘날의 보행전용교량으로 만들었다. 당시 콘크리트 교량은 도심으로 들어오는 도로에 존치되어 운전자들의 시야를 가리던 시설이었다.

　남산제모습가꾸기의 마무리 작업은 숭례문에서 남산을 오르는 소월길을 따라 성곽의 흔적을 찾아 복원하고 백범광장을 잔디광장으로 조성하는 일이었다. 지붕이 동그란 옛 남산 어린이회관 건물은 헐어버릴 것을 건의한 바 있으나 서울과학전시관 남산분관이라는 이름으로 남아 있다. 서측 소월로3길과 케이블카 쪽에서 넘어오는 소파로가 만나는 지점 서측에 한옥을 멋지게 지어 호현당을 건립했다. 아이들의 예절교육과 우리 전통을 체험하는 곳으로 쓰이고 있다.

남산 소파길 파형강판 생태통로. 남산성곽 복원 및 생태통로 기능을 한다.

남산식물원 개장 당시 모습 (서울시 제공)

백범광장을 지나 소월로를 덮어 산자락을 잇는 사업이 진행되었다. 이를 남산 생태통로라고도 하는데 약 75m 폭이니 꽤나 넓게 지어졌다. 이 통로는 단 한 순간도 교통을 끊을 수 없는 곳이었다. 여기엔 파형강판공법을 채용했는데 양쪽 입구의 상부는 방부목재로 조각편을 짜듯 정밀 가공해 마무리했다.

남산식물원은 일제강점기 남산 조선신궁이 헐린 자리에 1960년 당시 일본에서 돈을 많이 번 재일교포가 식물원을 짓겠다고 하여 들어서게 된 건물이다. 나는 분수대, 동물원, 식물원 등이 있던 곳을 철거하는 업무를 담당했다.

2006년 당시 이명박 시장에게 남산식물원과 동물원을 철거하겠다는 보고를 했다. 이제 남산식물원을 찾는 시민들도 거의 없고 유지관리가 어려우니 선인장 종류만 가득하여 정리할 시기가 되었다는 이유였다. 동물원은 사슴 등 여러 종류의 동물이 있으나 분뇨로 인해 냄새가 심하고 관리가 어려운 사정을 보고했다. 이명박 시장은 보고를 받고 잠시 머뭇거렸다. 어떤 생각이시냐고 물으니 "거기에 있는 식물과 동물을 잘 옮기라." 하고 마무리했다. 곧바로 본격적인 철거가 시작되었다.

남산공원길에 승용차는 NO!

　미국 파견근무를 다녀온 후 공원과장을 하던 시절이다. 이명박 시장은 일찌감치 남산공원길의 극심한 차량 정체와 무질서를 개선하기 위해 차량통제를 검토하라고 지시했다. 전임 공원과장이 실행하지 않고 미뤄둔 일이었다.

　1998년 덕수궁길을 마무리하고 가족을 불러내 함께 둘러본 후 남산을 올랐다. 당시 83번 버스를 타고 가다가 남산도서관 앞에서 내려 한 줄로 서서 걸어올랐다. 도로변을 걷는데 위에서 빠른 속도로 내려오는 차가 위험해보였다. 큰아이가 앞장섰는데 차가 내려올 때마다 아찔했다. 아이에게 큰 소리로 노란 선 밖으로만 가야 한다고 소리를 지르자, 아이가 뒤를 돌아보더니 "아빠! 길이 없어졌어요." 했다. 노란 선이 없어지고 도로가 바로 배수로에 붙은 것이다. 나는 "그럴 때는 차가 내려오는지 보고 옆으로 살짝 피해서 가."라고 하자, 큰아이는 손목에 힘을 하나도 안 넣고 "아빠, X!"라고 소리쳤다. '아빠 말이 틀렸다'라는 항의의 표시였다. 얼굴이 화끈했다. 국립극장부터 시작해 상부 광장을 거쳐 남산도서관으로 내려오는 길을 '남산공원길'이라고 부르기는 한다. 그런데 이게 과연 공원길이 맞나? 강한 저항감이 생겼다. 남산이 공원인데도 차가 우선이고 사람은 걸어올라갈 길도 없다는 한심한 현실을 직접 겪어보고 알게 된 것이다.

월요일에 출근하자마자 당시 탁병오 환경관리실장을 찾아갔다.

"실장님, 2000만 원만 주십시오."

"무슨 일인가?"

토요일에 아이에게 망신당한 이야기를 털어놓았다. 그리하여 남산공원길에 사람이 걸어올라갈 수 있는 도로선을 긋기로 했다. 이 길은 원래 양방통행으로 차량이 다니던 길이니 보행자가 다니는 길을 충분히 만들 수 있었다. 당시 시정개발연구원의 교통과 환경을 연구하는 박사 두세 분을 초청했다. 국립극장부터 상부 버스 정류장을 거쳐 남산도서관까지 걸으면서 보행로를 긋는 데 따른 문제점을 논의했는데 아무런 문제가 없었다. 옳다구나 생각하고 보행로를 챙기는 도로선을 그었다.

이후 가족을 다시 초청해 남산도서관 부근에서 남산공원길을 걸어 정상부로 올라가다가 난감한 일을 또 당했다. 보행로라고 표시해놓은 보도에 버젓이 주차해놓은 차가 한두 대가 아니었다. 아이에게 또 얼굴이 화끈해서 외면하고 있자니 큰아이가 말했다.

"아빠, 바깥에 친 펜스를 도로와 사람 걷는 길 사이에다 치세요."

또 다시 완패를 당하니 은근히 자존심이 상했다. 다시 사무실에서 직원들과 남산공원의 문제점을 이야기하면서 차를 완전히 막아버릴 방법이 없겠는지 물었다. 담당이었던 김동완 주임이 뭔가를 뒤적뒤적 찾더니 사실 남산의 차량통제는 시장 지시사항으로 나와 있다고 이야기해주었다. 너무 기뻤다. 연속으로 큰아이에게 강펀치를 맞고 대책을 찾던 중, 시장의 지시사항이 이미 있었던 일이라니 의욕에 기름이 부어졌다.

관광버스는 막을 자신이 없었다. 일반 시민이나 관광객들이 남산에 오를 수 있는 시티투어버스 노선을 추가하고 노선버스를 통행시켜야 했기 때문이다. 다만 일반 승용차는 무조건 통제했다. 이때 실수한 것은 외국관광객이 탄 일반택시나 모범택시 출입을 허용했던 것이다. 시의회 상임위와 언론에서 내국인 차별이라고 호된 질타를 받았고 이후 그 제도는 폐지되었다.

남산을 찾는 관광객과 지방에서 올라오는 관광버스가 넘쳐났다. 시내버스나 서울시티투어버스는 천연가스버스만 운행하는데 관광버스는 경유를 쓰며 매연을 뿜었다. 여러 차례 논의 끝에 관광버스는 관광객들을 팔각광장(상부 광장)에 하차시키고 관광이 끝나면 버스를 불러서 다시 타고 내려가는 식으로 보완했다. 불편하지만 혼잡을 줄이는 방식이었다. 힘은 들었지만 김동완 주임과 즐겁게 해낸 일이었다.

'냅둬봅시다!'로 시작된 N서울타워의 재탄생

오늘날 서울 관광의 1번지는 역시 N서울타워다. 누구든 가보고 싶은 명소 1위라는 말이다. N서울타워는 원래 남산타워라고 했다. 남산타워는 체신공제조합이 소유하던 건물이었는데 YTN이 인수하였다. YTN이 인수하긴 했지만 그들도 전문적인 관광이나 볼거리와 먹거리를 세밀하게 준비하는 전문 서비스기업은 아니었다. 돈을 많이 내는 사람 위주로 그때그때 점포를 내주다 보니 전체적인 조화와 퀄리티를 기대하기는 어려웠다. 관람층을 보면 뭔가 잡상인들이 모여 있는 듯한 모습이었다.

브랜드명이나 상호를 밝히지 않고 홍보하며 입소문 전략을 쓰는 마케팅 방식을 블라인드 마케팅이라고 한다. 오늘날 N타워는 이 방식으로 기획하고 운영하는 방식을 도입했다. 그 뒤에는 CJ라는 대기업이 있었다.

공원과장이던 어느 날 담당 국장이 남산타워를 새롭게 리노베이션할 계획이니 검토해달라고 했다. 평소에 남산타워를 가보면 어딘지 모르게 지저분하고 가게들이 아무런 연관성도 없이 마구잡이식으로 운영되던 기억이 강해서 뭔가 고친다는 말에 귀가 솔깃했다. 타워를

N서울타워 (ⓒ황서현)

고쳐서 몇 년 운영하고 돌려주는 것이냐고 물으니 영업비밀에 해당한다면서 정확한 대답은 안 하고 대략 20년이라고만 했다. 더 이상 캐묻지 않고 기본설계안을 검토해봤다.

    아이가 있는 젊은 부부들은 멋진 서울의 야경을 보면서 연애할 때 기분을 내보려고 해도 그럴 수 없다. 3~4살짜리 아이들이 바쁘게 뛰어다니기 때문이다. 새로 계획된 구상안에는 이런 부부들의 바람을 만족시킬 수 있도록 아이들 놀이공간이 따로 있었다. 소비자 중심으로 바라보는 설계안이 신선하고 마음에 들었다. 실제로 상당기간 잘 운영되던 놀이공간은 무슨 일인지 재이용율이 적어지면서 다른 시설로 변경되었다고 한다.

    어쨌거나 당시 구상안은 미국 회사에서 기본설계를 해온 것이라고 했다. 관람층의 1층은 한국음식으로 구성하고 2층은 회전반으로 구성되어 식사를 시작해서 마치면 원래 자리로 돌아오도록 구상한 양식당이었다. 엘리베이터도 개선하고 타워의 아래 1층과 2층 공간도 산뜻하고 통일성 있는 매장으로 바꾸는 구상안이었다. 어차피 남산은 차량통제가 되고 있고 일정 주기로 셔틀버스를 운영하므로 타워 하부의 주차장에서 엘리베이터로 관람층에 올라가게 된다. 셔틀버스가 아니면 천연가스버스로 운행되는 몇 개 노선버스와 시티투어버스를 이용해도 되는 동선이었다. 나는 설계안이 남산타워를 진짜 관광지로 만들어줄 꿈의 설계안이라고 확신했다.

공원 내 시설을 개선하려면 서울시 도시공원위원회 심의를 받아야 한다. 공원과장은 그 위원회의 간사 역할이다. 나는 위원회에서 N서울타워의 설계안 설명을 마친 후 "냅둬봅시다!"라는 다섯 글자로 의원들의 동의를 얻어 원안 통과되었다. 훌륭한 구상안이니 이러쿵저러쿵 토를 달며 원래의 설계안을 흔들지 말고 놔둬보자는 것이었다.

이후 약 6~7개월의 공사를 거쳐 N서울타워가 탄생했다. 나 또한 회전관람층의 양식당을 예약해 아내와 함께 가봤다. 아내도 멋진 경관을 보면서 식사를 하니 너무 좋다고 했다.

그러나 식사를 마치고 계산하려고 하니 영업전무라는 분이 나타나 정중히 계산을 사양했다.

"회사에서 그냥 드시고 가시라는 지시가 있었습니다."

나 역시 사양했다.

"아내와 함께 좋은 시간을 보내려던 것인데 이리 되면 저는 매일 이렇게 얻어먹고 다니는 사람으로 보일 수 있습니다. 오늘 저희가 먹은 음식값은 저희가 내겠습니다."

아내가 저녁값이 얼마나 나왔느냐고 묻기에 그냥 "좀 나왔네요."라고 말하고 N타워 투어를 마쳤다.

남산이 전 세계인의 관광지로 다시 태어나기 위해선 자연경관도 중요하고 탁 트인 전망도 중요하다. 하지만 맛있는 먹거리, 즐길 거리, 볼거리 등 '거리'들도 풍부해야 한다.

세종로공원의 배반

세종문화회관 북측 광화문 쪽에 세종로공원이 붙어 있다. 이 공원 지하는 세종문화회관의 지하 주차장인데 도시계획상 공원도 아닌 땅을 적당히 공원처럼 만들었으나 방치된, 도심 한가운데의 귀한 땅이었다.

세종문화회관 옆 지하 주차장으로 들어가는 입구에 도로가 끝나고 애매하게 남겨진 도로 측면이 있다. 면적은 8,868㎡로 약 2,680평 규모인데, 시민과 함께하는 작은 음악회라도 해보자는 취지로 야외무대도 만들어놓았던 곳이다. 그러나 누구도 그곳에서 공연을 하지 않는다. 온통 이끼만 낀 야외무대로 방치된 것을 보는 순간, '공원도 아니고 광장도 아닌 이 곳을 다시 시민의 공간으로 만들어야겠다'고 생각했다. 2015년 가을의 이야기다.

세종문화회관 지하 주차장 진입부와 전혀 활성화되지 않은 몇몇 상가가 1층 건물 형태로 자리 잡고 있고, 그 앞 공원 중앙에 엄청난 크기의 전기통신 발상지 기념탑이 서 있었다. 원래 이 자리는 한성전보총국 터였고 우리나라 최초의 전보가 개통된 곳이다. 이를 기념하기 위한 것인데, 기념비치고 실로 어마어마한 크기였다. 그 이전에는 조선 시대 사헌부와 병조 터였다.

    나는 공원을 다시 만들 구상을 하면서 이 기념탑을 이전하고 일정한 크기의 사각형으로 일대를 오려내 선큰Sunken 광장을 만들고 싶었다. 2개 층 정도 공원과 연계한 판매와 편의시설을 담는다면 많은 시민과 관광객이 즐겁게 이용할 수 있는 실속 있는 공간으로 재탄생되리라 생각했다.

    당시 오세훈 시장께 구상안을 보고하고 예산을 확보해 사업을 추진하기 시작했다. KT 측과 기념탑 이전에 관해 논의하니 원주 소재 KT연수원으로 옮기면 되겠다는 답을 얻었다. 그러나 기념비를 설계한 조각가가 펄펄 뛰었다. 자기 살아생전에는 절대 못 옮긴다고 했다. 여차저차한 끝에 더 세월이 지나기를 기다려보기로 하고 그 기념탑 일대를 재조성하는 계획은 접어두기로 했다. 2017년에 정보통신역사학회 주관으로 '전기통신 발상지 기념탑' 알리기 행사를 개최했다고

통신사 토지도 아닌 곳에 지나치게 크게 세운 전기통신 발상지 기념탑

세종로공원 내 한글 글자마당

하는데 시민들이 그 기념탑에 얼마나 관심을 갖는지 모르겠다. 이후 매년 기념탑 알리기 행사를 계속해오고 있는지도 알 수 없다.

세종로공원을 새로 만든다는 것이 알려지자 한글학회에서 시장단에 간청해 공원 입구에 한글 글자마당이 설치되었다. 공원을 다시 만들면서 조선 시대 사헌부 및 병조 터를 통신탑 부근에 표시해놓기도 했는데 주종이 뒤바뀐 형상이다.

유럽 출장을 갈 때마다 부럽게 생각했던 것이 차양Awning과 파라솔이었다. 유럽 도시들은 햇볕과 비를 제어하는 장치가 잘 발달돼 있고 골목마다 탄탄하고 깔끔하게 설치되어 있었다. 1989년경 한강관리사업소에 근무할 당시 한강 수영장에 설치할 여름철 파라솔을 기증받아보라는 상부의 지시로 파라솔에 대해 많은 고민을 했다. 당시 남대문시장, 대구 등지로 열심히 돌아다녀봤지만 제대로 된 파라솔을 구하는 것이 어려웠던 기억이 생생했다. 아무 파라솔이나 세종로공원에 설치하기는 싫었다.

점심시간에 나온 직장인이나 보행자들이 잠시 야외 테이블에 앉아 편안하게 커피 한잔 마실 수 있는 공간을 위해 유럽의 멀티파라솔을 수입해오기로 마음먹었다. 이 파라솔은 전 세계 파라솔 시장의 최강자인 벨기에서 만든 탄탄한 프레임에 프랑스산 천을 입혀 만드는 것이었다. 강풍이 불면 관리인이 회전식 버튼을 풀어서 간단히 접을 수 있고 겨울철에는 통째로 떼어 창고에 보관할 수 있었다. 기능적으로 단단하고 심플한 멀티파라솔이었다.

야외 테이블이 있는 카페 등에서 이 파라솔을 많이 도입했다. 세종로공원에 설치한 멀티파라솔이 아마도 우리나라 최초의 유럽식 단단한 파라솔이었을 것이다. 파라솔 안에는 비를 맞아도 상관없는 철망 스타일의 의자와 탁자가 도입되었다. 바닥은 목재 유통센터의 낙엽송

공원 내 과도한 상업시설

데크가 깔끔하게 설치되었다.

세종로공원은 도심의 열린 휴식처를 표방했다. 꽃과 나무가 눈앞에 보이고 도심 한가운데서 편하게 차 한잔을 하며 쉬다 갈 수 있는 곳. 시민들과 관광객들에게 나름대로 멋진 선물이 될 거라 생각했다.

공원의 관리를 '무한책임'이라고 정의한다. 퇴직 후 노원구청에 다시 근무하던 2022년, 시청에 볼일이 있어서 지나가다가 잠시 세종로공원의 카페에서 차 한잔 마실 기회가 있었다. 나는 깜짝 놀랐다. 세종로공원이 2010년 11월 12일 오픈할 때 설치된 멀티파라솔이 12년 동안 한 번도 천갈이를 하지 않은 듯했다. 더러워진 파라솔 그늘 밑에 사람들이 앉아 있었다. 이 공원을 관리하는 중부공원사업소의 운영과장에게 전화해 긴급하게 천갈이를 해줄 것을 강력히 요구했다. 공원 관리는 꾸준한 관심과 정성이 필요하다. 적어도 5년에 한 번 정도는 천갈이를 해줘야 깔끔하게 유지되는데 10년 넘게 방치되어 있었다니, 너무 심한 일이었다.

도심 속의 도심인 세종문화회관 지하주차장 상부의 땅을 밝은 분위기의 세종로공원으로 탈바꿈시킨 것은 매우 값진 일이었다. 토지비용이 90% 이상 차지하는 공원조성 사업비 구성을 감안한다면 음침하

카페의 휴식공간에 멀티파라솔 철거 후 코카콜라 홍보 파라솔이 즐비하게 들어서 있다.

게 버려진 땅을 찾아 적은 비용으로 반짝이는 보석으로 변모시키는 작업은 일종의 마법이라 하겠다. 언젠가는 어마어마한 전기통신 발상지 기념탑을 다른 지역으로 이전시키고 더 좋은 공간이 만들어지길 바란다.

이후 2024년 12월 세종로공원을 방문했다가 또 한 번 분개했다. 세종로가 철저히 상업적인 공간으로 변해버린 탓이었다. 광화문광장 일대에 이런저런 허접한 시설들이 너무 많이 들어서 있었다. 혼잡하다는 인상을 받은 것이 나뿐이었으면 좋겠다.

공원이나 공공의 공간은 비울 줄 알아야 한다. 원래 있던 카페는 물론 최고가 입찰로 들어왔을 것이다. 공원관리청인 중부공원여가센터와 옥신각신 한 끝에 결말이 좋지 않게 마무리되었을 것이다. 코카콜라라는 기업의 상술이 침투해 이상하고 괴기한 장소로 탈바꿈된 것을 보고 공원을 처음 기획했던 사람으로서 서울시에 배신감까지 느꼈다면 과장일까?

오스트리아 비엔나 등 유럽에서는 공원을 함부로 변조하지 않게 당초 설계자의 의견을 들어 보완한다. 우리는 너무도 쉽게 공원을 즉

홍적으로 변형해버리는 나쁜 버릇이 있다.

    매우 실망스러운 세종로공원 겨울 나들이였다. 온통 상업적으로 분칠한 세종로공원을 보면서 앞으로 모든 공원이 세종로공원처럼 망가져갈 것 같다는 생각에 집으로 돌아가는 발길이 무거웠다.

재생을 통해 시민의숲을 미래의 숲으로

지난 30여 년 동안 서울시의 큰 공원들은 대부분 서울시 소유의 토지를 시민을 위해 내어주는 방식으로 만들어졌다. 보라매공원은 공군사관학교가 이전한 자리를 공원으로 만든 사례다. 막대한 이전 자금을 확보하기 위해 보라매병원 길 건너 토지를 끊어내 27,000여 평을 상업용지로 전환했다. 일종의 땅장사를 하여 공원시설비를 충당한 셈이다.

1980년대 중반 강북에 있던 수많은 명문고들이 대거 강남으로 이전하며 강남 개발을 촉진하는 견인차 역할을 했다. 학교 입장에선 비싼 값에 부지를 팔고 싼 토지에 더 넓게 건립할 수 있으니 좋은 일이었다. 그 시절 강남을 개발하는 과정에서 '시민의숲'은 체비지로 남아 있다가 숲이 된 곳이다.

아이들이 초등학교 1~2학년 때 자전거를 한 대씩 사준 후 함께 주말마다 개포동 집에서 시민의숲엘 다녔다. 공원 매점에서 작은 선물을 하나씩 사주니 아이들은 열심히 따라다녔다. 삼성의 자금 조달로 타워팰리스가 지어지고 양재천이 공원처럼 개발되면서 자전거도로도 갖춰졌다. 그러나 서초구 관할 지역은 엉망으로 남아 있었다. 당시 양

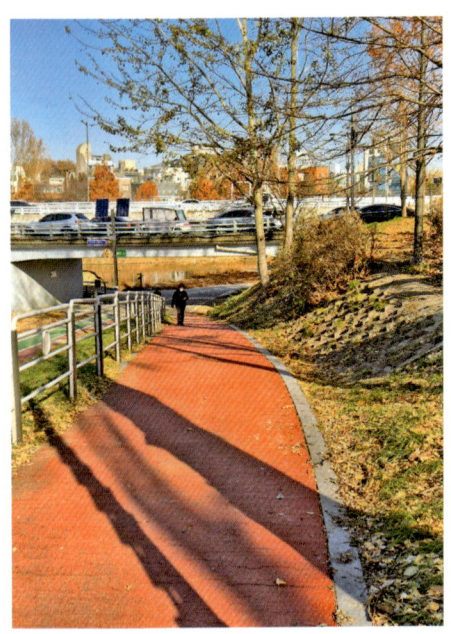
시민의숲에서 양재천으로 이어지는 경사로

재천에서 시민의숲을 가려면 자전거를 끌고 주차장 쪽으로 올라가 교량을 건너야 했다. 그러나 자주 다니다 보니 제방 쪽으로 경사로만 내면 간단히 올라갈 수 있다는 것을 발견하여 서초구에 건의했다. 그리하여 지금의 경사로가 만들어졌다. 공원이 서로 연결되면 이용가치가 월등히 높아진다.

공원이란 토지비용이 막대하게 들어가는 사업이기 때문에 공원을 확보하기 위한 정책 결정은 과감한 결단력을 필요로 한다. 근래 들어 가장 과감하게 토지를 매입해 대형공원으로 만든 사례가 '북서울꿈의숲'이다. 토지보상비 포함 총 3439억 원이 투자된 대형 투자 사업으로, 오세훈 시장이 1기 때 추진했다.

서울시는 그동안 국가시설 이전 적지, 학교이적지의 개발이익 환수, 대규모 예산투자, 기보유 중이던 서울시 토지의 공원화 등 다양한 방법으로 공원을 확충해왔다. 일단 공원을 개발하게 되면 숲세권이라고 하여 집값 상승의 기폭제가 되었다.

조순 시장의 여의도공원, 고건 시장의 월드컵공원, 이명박 시장의 서울숲, 1기 오세훈 시장의 북서울꿈의숲 등 대규모 현대적 공원들은 역대 민선시장들의 주력사업으로서 대부분 현상공모를 통해 만든 공원들이다. 이들보다 오래전 '개포시민의숲'이라 불리던 '양재시민의숲'이 있었다. 굴러온 돌이 박힌 돌을 빼낸다는 속담대로 장소적 연고가 전혀 없는 매헌기념관이 들어오더니 급기야 2022년 10월 13일 '매헌시민의숲'으로 이름이 바뀐 공원이다. 남산의 안중근의사기념관과는 너무 극명하게 비교되는, 공원을 지배하는 기념관이다. 기념관 관계자들이 남산의 안중근의사기념관을 견학해 비교해보기를 바란다.

원래 논바닥이었던 큼지막한 체비지에 급히 나무를 심어 이름을 개포시민의숲이라고 붙였다. 제대로 된 설계도면도 없이 대강 그리고 나무를 심어 시민의숲이라고 이름 붙인 것이다. 위치상으로는 경부고속도로와 양재천으로 2면이 닫힌 상태였다. 접근성이나 편리성 모두 불리한 여건이었다.

양재시민의숲은 258,992㎡(약 78,435평) 규모로 1986년 개장 후 약 40년 동안 제대로 관리되지 않았다. 동북측에는 일명 최부길테니스장이라 불리는 실내 테니스장이 지어졌는데, 이후 소송에 휘말려

어수선한 테니스장 주변

시민의숲 전면을 차지한 윤봉길의사기념관

서울시가 승소했다. 하지만 보수도 안 하고 엉성한 상태의 테니스장으로 사용되고 있는 상태다.

이후 매헌기념관이 들어서고 길 건너 전면 부지에 1987년 KAL기 (대한항공 858편) 폭파사건 희생자 위령탑, 1995년 삼풍백화점 붕괴사고 희생자 위령탑, 6.25 전쟁에 비정규군으로 참전했던 유격백마부대 충혼탑 등이 있다.

예전 한나라당 지역 국회의원이던 고승덕 씨가 곤욕을 치른 적이 있다. 그는 매헌 윤봉길 의사가 서초구 출신도 아니고 지역 연고가 있는 것도 아닌데 뭐 하러 그분의 아호를 따서 공원의 명칭을 바꾸려고 하느냐고 반대했다. 그러자 윤봉길 의사 관련단체들이 기념관 앞에서 망언규탄대회를 하며 사과를 요구했다.

사실 고승덕 전 의원이 틀린 말을 한 것은 아니다. 역사를 전공하지 않은 사람의 눈으로 볼 때 데모하고 규탄대회를 하면 정당한 명분을 갖게 되는 것인지 매우 혼란스럽다. 이제 이름도 매헌시민의숲이라고 바뀐 것을 보면 그런가 보다 하고 넘어가야 할 것 같기도 하다. 그렇게 양재시민의숲은 매헌시민의숲이 되었다.

기념관 뒤에 부속건물처럼 지어진 공원안내센터

윤봉길의사기념관은 지나치게 전면에 나서서 시민의숲을 지배하는 듯한 건물이라고 볼 수 있다. 시민의숲 안에 들어가면 논바닥에 흙을 채워 양묘장의 나무를 한꺼번에 많이 가져다 심은 걸 볼 수 있다. 다소 형식적인 시민 헌수를 받아 시민의숲이라고 이름을 붙이고 세월 가기만을 기다린 숲이다. 숲을 조성한 지 약 40년이 지났지만 아직도 어린아이 팔목 두께의 비실비실한 나무들이 햇빛을 찾아 위로만 자라서 가냘프고 불쌍해보이기까지 한다.

산림학 내지는 조림학의 관점에서 도시의 숲은 그대로 방치하듯 놔두는 것이 아니라, 나무가 자라면서 서로 경쟁에 의해 피압된 것들을 적당히 간벌(솎아베기)해 더 크고 건강한 숲으로 만들어가는 것이 좋다. 큰 나무 밑에서 경쟁에서 밀려난 나무들을 과감하게 베어 정리하고 더 큰 나무가 자라는 울창한 숲으로 키우고자 했으나 실행에 옮기지 못했다. 좀 더 강하게 밀어붙였어야 하는데 재임 중에 실행하지 못했다.

과감히 정리해야 할 숲 내부의 피압목

시민의숲을 건강한 숲으로 만들려면 먼저 시민들에게 널리 알리고 협조를 구해야 한다. 이어서 조림학자, 조경가, 시민단체 등이 모여서 건강한 숲으로 만들기 위한 개조작업을 논의해야 한다. 그런 뒤 피압목(상층목의 압박으로 자라지 못한 나무)을 결정하고 외곽으로 크게 도는 순환산책로, 야외

결혼식장, 피크닉장 등 시설을 따라가는 동선 등을 재구성하면서 기본을 잡는 것이 좋다. 곳곳에 있는 어린이 놀이터와 물놀이장, 실내 테니스장의 철거 및 야외 테니스장의 조성 등 정비방향을 잡아 실행설계를 하되, 전문 조경설계자의 손길로 마무리되어야 한다.

숲 내부의 피압목 등을 과감히 정리해야 미래가 있는 숲으로 다시 태어날 수 있다. 양재시민의숲은 모든 서울 시민의 숲이라기보다는 주로 서초나 강남권역의 시민들이 오는 숲이다. 경부고속도로 건너편에는 문화예술공원이 있는데 서초구의 끈질긴 요구로 현재는 구에서 관할하는 공원이 되었다. 언젠가는 시민의숲과 하나로 이어져 이용할 수 있는 공원이 되어야 한다.

나는 2014년부터 노원구에서 다시 개방직 공무원으로 근무하면서 온수공원, 한내공원, 솔밭공원, 양지공원, 삿갓봉공원, 원터공원, 상계공원, 골마을공원, 비석골공원과 수국동산, 석계문화공원, 당고개공원 등 숱한 근린공원들의 재생사업을 벌였다. 주민들의 격려도 컸다. 노원구의 거점공원은 곳곳에 잘 배치되어 있는 근린공원이다. 2019년부터 하나의 구청으로서는 막대한 예산인 346억 원을 투자하여 2024년까지 공원 재생사업을 추진했다.

재생한 이들 공원에는 경계석 없이 코르크로 쿠션 포장된 순환산책로, 동선을 따라 곳곳에 배치된 야외 운동시설, 화장실의 현대화, 잔디밭 조성, 반려인 쉼터, 피압된 수목 정리, 공원 안내체계의 보완, 공원 입구의 휴가든(마을정원사들이 만들고 가꾸는 정원) 등이 있어 시민들이 즐거운 마음으로 이용할 수 있다. 공원 하나가 준공될 때까지 열다섯 번 이상 현장을 방문해 쪼그려 앉아가며 디테일을 챙긴 결과다. 또한 주거 형태의 82%가 아파트 단지인 노원구를 살기 좋은 동네로 만들기 위해 오승록 구청장이 의지와 신념을 가지고 투자를 아끼

서초구 문화예술공원과 시민의숲을 잇는 기본구상안 (서초구 제공)

지 않은 덕이기도 하다. 서울시청에서 공원녹지 분야에 30년 이상 종사해온 나로선 어떤 것이 합리적이고, 주민들에게 꼭 필요한 공원은 어떠해야 하는지를 실행해본 좋은 기회였다.

서울시도 이제 30년 이상 된 공원들을 재생해야 한다. 만들어진 숲을 파괴하는 것이 아니라 토목공사하듯 급히 만들어진 공원의 허점을 보완해서 보다 많은 시민이 숲과 공원을 쾌적하게 즐길 수 있도록 변화를 주어야 한다. 보라매공원이나 여의도공원도 재생 대상이다. 여의도공원은 외곽을 순환하는 동선을 잘 냈으나 폭이 너무 넓다. 대로변에 쓰이는 25cm짜리 경계석을 쓰고 중앙분리대까지 만든 산책로도 너무나 아쉽다. 투박하기도 하고 경계석 안으로 떨어지는 빗물을 배수시키기 위한 트렌치가 막히면 물에 벙벙하게 잠기는 산책로가 되고 만다.

이런 경우, 경의선숲길의 주된 포장처럼 약 2~5%의 노면 경사를 주면서 경계석이 없는 탄소섬유가 혼합된 콘크리트 거친 솔 다듬기로 처리하면 된다. 기초 콘크리트처럼 친 후 코르크 탄성 포장재를 깔아도 좋다. 공원을 이용하는 시민 중엔 꽃과 나무에 관심이 있는 분이 많다. 시민들이 함께 꽃씨를 뿌리고 키우며 적극적으로 참여할 수 있도록 하는 일이야말로 공원행정의 완성이라는 점을 강조하고 싶다.

장충테니스장의 향방은 과연 어디로?

창포원 북측이자 도봉산역 동측 부지는 남산에 있던 장충테니스장을 이전시킬 부지로 확보해둔 토지로, 서울시에서 부지런히 보상을 해놓은 땅이었다. 1기 오세훈 시장 시절에 시장의 전화를 받았다.

"장충테니스장 사람들이 도봉산역 일대 사놓은 테니스장 부지로 이사를 가겠다고 해요? 다시 잘 알아보세요."

이전해나간다고 하던 대한테니스협회 측이 아무리 생각해도 못 내놓겠다고 오세훈 시장을 압박하고 떼를 쓰는 모양이었다.

대한테니스협회의 입장도 이해가 간다. 남산에서 편리하게 쓰던 테니스장을 동북권 먼 곳으로 이전하면 상당히 불편해질 것이다. 하지만 남산의 허리를 끊는 테니스장은 언젠가 덜어내야 하는 시설이고 남산 재정비 차원에서 추진해오던 일이다.

그들이 절대로 안 나간다고 버티면 조순 시장 시절에 매입해놓았던 이대병원 부지를 활용해 옮기는 방안을 대외비로 보고했던 기억이 난다. 이 토지는 현재 응봉공원 한남테니스장 부지로 쓰이고 있는데 본래 이화여대가 대학병원을 지으려던 땅이다. 이대가 재정적으로 휘청거리던 시절 서울시가 500억 원의 예산으로 매입해놓았던 토지다.

창동역 주변 상업시설 내에서 서울창포원 북측으로 이전한 다락원체육공원 (도봉구 제공)

당시 내가 매입했기 때문에 그 내력을 잘 알고 있었다.

  오세훈 시장이 1기 때 무상급식 투표 문제로 중간에 시장직을 그만두는 바람에 이후 별다른 진전이 없었다. 어렵게 매입해두고 시간을 보내던 장충테니스장의 이전 부지는 현재 다락원체육공원으로 변했다. 박원순 시장 시절에 이동진 전 도봉구청장이 체육공원으로 쓰임새를 바꾼 것이다. 장기적으로 볼 때 남산 장충테니스장은 이대병원 부지로 옮겨 정리해야 한다.

  창동역 북측 일대에 도봉구의 유일한 상업용지가 있다. K-POP의 메카로 만든다는 야심찬 계획으로 현재 돔 공연장인 '아레나'가 지어지고 있다. 역대 도봉구청장들은 상업용지 개발로 도봉구의 부를 창출하기보다는 각종 체육회의 요구대로 만만한 체육시설들을 적당히 배치하는 선거전략을 써왔다. 그런데 체육시설들을 마구잡이로 집어넣어 허접하게 관리되고 있었다. 아레나를 지으려면 이러한 체육시설

서울창포원 북단과 다락원체육공원
(도봉구 제공)

창포가 필 때 많은 시민이 즐겨 찾는 서울창포원
(ⓒ황서현)

들을 다른 곳으로 옮겨야 했다.

이동진 도봉구청장은 어느 날 박원순 시장이 참석하는 '현장시장실'을 열어 여기에 가득 찬 체육시설들을 서울창포원 북측 부지로 옮기자고 건의했다. 박 시장은 그러자고 맞장구치고 주민들의 박수를 받는 식으로 일이 진행되어 현재의 '다락원체육공원'이 들어서게 된 것이다. 나는 이 부지에 대규모로 창포원을 확장해 서울의 명소로 만들어볼 생각이었다. 그러나 창포를 전혀 모르는 관리인력을 믿고 무모하게 확장할 수도 없는 노릇이었다.

언젠가 이동진 구청장을 만난 자리에서 창동역 일대의 체육시설과 다락원체육공원 이야기를 나누다 말했다.

"재주는 곰이 부린다는 속담이 생각나네요."

이동진 청장은 "그러면 제가 곰이라는 이야기네요."라고 받아쳤다. 난 '재주는 곰이 부리고 돈은 되놈이 받는다'는 속담을 말한 것이었다.

서울창포원은 서울둘레길의 제1코스 출발점이다. 서울둘레길을 체험형 트래킹 코스로 다듬어 창포원을 관광상품화할 필요가 있다. 외국인들에게도 감동을 줄 수 있는 임팩트 있는 공간으로 가꿔나가야 한다.

어린이대공원 관리사무소의 변신

2010년 봄 광진구 자양동에 위치한 어린이대공원 관리사무소를 헐고 다시 짓기 위한 설계안을 검토했다. 이 건물에 대한 인상은 4가지로 정리됐다. 첫째, 너무 크고 음산하다. 둘째, 무슨 전시를 해도 흥행에 성공하지 못한다. 셋째, 어린이대공원의 밝은 분위기를 해친다. 넷째, 빈 공간이 너무 많아 유지관리가 어렵다.

어린이대공원의 관리사무소로 쓰기에는 지나치게 큰 건물이고 상당한 부분이 제대로 관리되지 않아 귀신이라도 나올 것 같은 어두운 구석이 많았다. 도저히 그대로 방치할 수 없다는 결론을 내리고 재건축 계획을 세워 설계예산까지 확보해두었다.

서울시는 일정 규모 이상의 프로젝트에 대한 설계의 적정성을 심사하기 위해 기술심사 제도를 운영한다. 당시 새로 짓는 설계안이 마음에 들진 않았다. 절차상 심사에 올렸더니 심사과정에서 현 건물이 건축가 나상진(1923~1973)의 건물 같기도 한데 정확한 자료는 찾을 수 없다는 의견이 있었다. 이 거대한 구조물을 과연 헐고 새로 건물을 짓는 것이 맞는지 짚어봐야겠다는 생각이 들었다. 새로 짓는 설계안이 썩 맘에 들지 않던 터라 고민이 깊어졌다.

나상진 선생은 어떤 분인가? 1950~1973년에 활동한 대표적인 우리나라 1세대 건축가다. 일본의 안도 다다오처럼 대학을 나오지 않은 자수성가형 건축가였다. 나상진 선생 이후 1960~1980년대에는 김수근, 김중업 등 기라성 같은 건축가들이 한국 건축의 기반을 탄탄히 만들었다.

직원들과 회의를 거쳐서 아무래도 이게 보통 건물은 아닌 것 같으니 국회도서관이라도 찾아가 나상진 선생의 작품이 맞는지 알아보자고 했다. 당시 담당 직원이었던 김승렬 주임(추후 사무관 승진)은 공직을 시작한 지 얼마 되지 않은 때였다. 국회도서관에서 자료를 열심히 뒤지다가 성균관대 학위논문 중에서 이행철 씨의 석사학위 논문 〈건축가 나상진과 그의 작품에 대한 연구〉(2002)라는 자료를 찾아왔다.

직원들과 대책회의를 하다가 선유도공원을 재생건축 개념으로 해석해 재탄생시킨 바 있는 원로 건축가 조성룡 선생께 전화를 드렸다. 어린이대공원의 관리사무소로 쓰는 엄청나게 큰 건물을 헐고 규모에 맞는 관리소를 다시 지으려고 하는데 건물을 함부로 건드리면 안 될 것 같아 의견을 묻는다고 했더니 한번 검토해보자고 했다. 대책회의를 중지하고 기존 건물의 자료를 들고 찾아가 자문을 받아오게 했다.

어린이대공원은 1973년 5월 5일에 개장한 공원이다. 조선 순종의 부인 순명효황후 민씨가 산후통으로 요절한 뒤 묻힌 곳으로, 유릉裕陵이라 불렀다. 1904년 조성된 유릉은 1926년 현재의 남양주 금곡으로 이장되었고, 1930년 왕실에서 이곳에 골프장을 조성했다. 군자리 서울컨트리구락부 또는 군자리 코스라고 불리던 이 골프장은 왕가와 일제 고위관료, 부자들이 이용하는 고급 사교장이었고, 1943년 폐장되었다가 6.25 전쟁이 끝난 1954년 재개장되었다. 그러다 1970년에 골프장 클럽하우스인 현재의 꿈마루 건물이 지어졌다. 1972년 골프장은

어린이대공원 개장 기념석

폐쇄되었고 서울CC는 고양 원당에 한양골프장을 지어 이전했다.

1973년 어린이대공원으로 개장한 이후 클럽하우스 건물은 제대로 사용되지 못하고 교양관으로 용도를 바꿔서 40여 년간 전시장, 관리사무소, 식당 등으로 사용되었다. 공원에 맞는 용도로 쓰기에는 교양관이 적당했을 것이다. 당시엔 시설을 제대로 활용할만한 콘텐츠가 없어 애매했다. 한때 큰 인기를 끌었던「인체신비전」을 장기간 전시하기도 했으나, 전시를 마친 뒤로는 어두침침한 흉가처럼 오랫동안 방치되어왔다.

조성룡 선생은 이 건물이 우리나라 1세대 건축가인 나상진 선생 작품이라는 점을 확인해주고, 재생 콘셉트로 방향을 틀어야 할 것 같다고 했다. 진행되던 설계를 중단하고 재생설계로 방향을 틀었다. 조 선생께 기본설계를 진행해달라고 부탁했다.

공원관리사무소와 회의장을 만들고 전망이 좋은 2층에는 북카페를 만들기로 했다. 당초 클럽하우스의 라커룸 부분을 털어내고 골조를 살려 옥외 피크닉장을 계획했다. 1층은 가족 단위로 이용할 수 있는 카페로 구상했다. 그리하여 오늘날의 꿈마루가 탄생했다. 공사하는 동안 조성룡 선생은 제자들과 수시로 현장을 방문해 살피고 전문가 그룹과 토론했다. 작품을 만든다는 생각으로 설계에 담을 수 없는 부분까지 세심하게 마무리했다.

이 일은 당시 한겨레신문 건축전문기자 故 구본준의 책 『마음을 품은 집』에 소개되면서 세상에 널리 알려졌다. 생전에 나도 직접 만나서 인터뷰를 했는데, 그는 어린이대공원의 꿈마루를 '새로 짓는 것만이 건축이 아니라 되살리는 건축, 되살아난 부활의 기쁨, 잊혀지고 사라졌다 돌아온 건물'이라고 재생의 과정을 표현했다. 구본준 기자는 2014년 11월 20일 이탈리아 현지 취재 중 돌연 심장사로 45세에 유명을 달리했다. 꿈마루가 되살아나 아이처럼 좋아하던 맑은 눈의 구본준 기자가 생각난다. 아까운 분이었다.

사무관 시절엔 주6일제라 토요일에도 어중간하게 반나절 근무를

건축가 나상진의 작품인 옛 교양관이 꿈마루로 재생된 모습

하고 퇴근해야 했다. 내가 근무하던 곳은 서울시 서소문1별관 8층에 위치한 사무실이었다. 뒤편으로 덕수궁이 내려다보이고 멀리는 인왕산과 북한산 자락이 보이던 명당 중의 명당이어서 조순 시장이 방문했을 때 "여기가 시장실 자리네." 했던 곳이기도 하다.

사무실에서 내려다보이는 덕수궁 중화전 앞에서 가끔 토요일에 무료로 들려주는 오케스트라 연주가 열리곤 했다. 문화재청에서 일부 예산을 지원받는 고궁음악회였을 것이다. 토요일 오후의 음악회는 감동적인 울림이 있었다. 그렇게 서울팝스오케스트라와 하성호 단장을 알게 되었다.

서울시립교향악단의 지휘자 정명훈은 세계적인 거장이기도 하여 서울시에서 대략 연봉 20억 원가량을 준다는 이야기를 들었다. 이와는 대조적으로 서울팝스오케스트라는 지하실을 임대해 월세 300만 원을 내며 연습을 하고 있었다.

8,000석 규모의 어린이대공원 야외무대. 서울팝스오케스트라를 비롯해 다양한 문화공연이 개최되며 공원 내 문화 접목의 잠재력을 가진 시설이다. (어린이대공원 제공)

2010년 푸른도시국장이 되고 난 후 어린이대공원 야외무대를 나가보고 이를 활성화시킬 묘안이 없을까 고민했다. 그러다 서울팝스오케스트라의 하성호 단장을 만났다. 어린이대공원에 8,000석짜리 야외무대가 있는데 큰 공연 없이 대부분 공간이 비어 있다고 이야기했다. 거기서 한 달에 한 번 정도 공연을 하고 무대 지하에 커다란 공간이 있는데 그곳을 사무실과 연습실로 쓰면 어떻겠는지 물으니 하성호 단장은 크게 반기며 만세를 불렀다.

서울팝스오케스트라가 가난한 오케스트라인지는 몰라도, 공원의 대형 야외공연장을 활성화하고 그들에게 보금자리를 내주는 것은 서로에게 좋은 일일 것 같다는 생각에 제안한 것이다. 절차는 공개경쟁으로 진행했고 당시 1기 오세훈 시장도 좋은 아이디어라고 승낙해 서울팝스오케스트라가 어린이대공원 야외무대 공연의 기틀을 잡게 되었다. 다만 박원순 시장 시절에 서울팝스오케스트라를 내보내려 해서 한동안 시련을 겪었다는 이야기를 전해들었다.

나의 생각은 순수했다. 넉넉지 않은 재정의 오케스트라에게 터전을 제공하고, 공원을 찾는 사람들이 수준 높은 클래식과 팝 음악을 들을 수 있다면 멋진 일이 아닌가. 덕수궁의 토요일 오후 공연처럼 서울팝스오케스트라도 공원 운영진의 일부라는 마음가짐으로 자부심을 갖고 신나게 연주해주길 바란다. 어린이대공원과 서울팝스오케스트라가 한마음 한뜻으로 윈윈하는 좋은 모습을 기대한다.

서울의 가로녹지와 경관, 달라질 수 있다

도시숲길은 산이나 공원에서만 실현하는 일이 아니다. 나는 서울시의 조경과장을 두 번 역임하면서 조경과장만큼 서울 천지에 할 일이 널려 있는 직책도 드물다고 생각했다. 어딜 둘러봐도 조경과 일이니 말이다. 이 표현은 일이 보이는 사람에게만 해당되는 말일 수도 있다. 아무튼 가장 열성적으로 일하던 시절, 나는 "서울시 전역에 할 일이 깔렸다."라는 말을 달고 다녔다.

사람은 필수적으로 거리를 걷거나 차를 타고 다녀야 한다. 도로변의 가로수와 가로수 사이는 소화전이나 한전 변압기 등이 차지하는 공간이 사람이 걸을 때 쓰이는 공간이 아니다. 이런 공간을 찾아 띠녹지란 이름으로 나무를 많이 심는 일이 조경과장 때 임무로 주어졌다. 고건 시장의 '천만 그루 나무심기'의 효자 아이템이었다. 말이 천만 그루이지 큰 나무로만 심는다면 서울이 터져나갈 숫자였다. 사실상 가로변에 풍성한 녹지가 있으면 도시 자체가 푸르게 변한다. 물론 띠녹지를 만들다 보면 자꾸 죽는 나무가 있다. 그래서 강하게 살아남는 나무 위주로 심는 일도 벌어진다.

가장 잘 살아남아준 관목은 화살나무, 황매화, 사철나무이고 기후

보도 양측의 나무들로 그늘진 쾌적한 보도. 띠녹지와 아파트 담장녹화의 효과 (서울시 제공)

온난화 영향으로 남부 수종인 남천도 제법 큰 역할을 해오고 있다. 번듯한 땅은 아니지만 나무를 심어 도시를 밝고 푸르게 만들 수 있는 것이 가성비 높은 띠녹지 조성사업의 특징이다.

폭 25m 이상의 도로는 서울시 관할이기 때문에 이에 편승하여 각 구청에서 요구만 하면 띠녹지 조성사업비를 과감하게 내려주었다. 가로변에 녹색이 많아지면서 외국에 나가 살다가 4~5년 만에 서울에 온 사람들에게 '갑자기 서울이 푸르러졌다'는 말을 들을 때 기분이 좋았다. 중구나 강동구 같은 곳은 구청 과장들의 열정으로, 단순 관목 식재를 넘어 다양한 사계절 꽃도 심고 튤립도 미리 심었다.

이 사업은 서울시 조경과의 예산 확보과정상 개별 사업들로 진행된다. 도로변에는 아파트들이 많다. 특히, 30여 년 전 노원구는 도심으로 출퇴근하는 일종의 베드타운이었다. 주거의 82% 이상이 아파트이다 보니 동일로변에도 아파트가 가득했다. 당시 아파트 담장을 없애고 경계부를 회양목, 철쭉, 사철나무, 화살나무 등으로 만들어주는 아파트 담장녹화사업도 조경과의 주력사업이자 개별 사업이었다. 노원구는 아파트 담장녹화사업의 최대 수혜 구청이었다.

현재 동일로는 대부분 아파트 담장이 없고 녹지로 조성되어 있다. 아파트 시공사 이름을 따서 아파트 이름을 짓는 우리나라의 문화가 이상한 것은 사실이다. 그래서인지 적벽돌로 쌓은 담장, 방음을 위해 벽돌로 공극을 주면서 쌓아올린 담장, 콘크리트 벽돌로 쌓은 담장, 철조망으로 둘러 친 담장 등 각양각색의 통제되지 않은 담장이 도로변 경관을 형성하고 있었다. 특히 블록담장의 경우 도둑이 담을 넘어 들어가기만 하면 외부에서 보이지 않게 도둑의 뒤를 가려주는 역할만 한다. 가림벽까지 있으니 도둑은 아파트 문을 여는 데만 집중할 수 있다.

사실상 아파트 담장은 큰 틀에서 보면 마을을 차단하는 장치일 뿐이다. 시공사별로 내 땅 네 땅을 가르는 장애물일 뿐이다.

학교 담장을 헐고 나무를 심는 사업도 강력하게 추진되었다. 정리하면 가로변에 띠녹지도 만들고 아파트 담장도 헐고 학교도 녹화했던 것이다. 이것들이 개별 사업들로 진행되다 보니 사업 간에 경계막이 있었다.

당시 노원구 유영봉 조경팀장(후에 서울시 푸른도시국장 역임)은 서울시 사업비를 받아 구청에서 집행하면서, 개별 사업마다 설계심의 절차를 거치도록 한 통제시스템에 따라 시로 설계심의를 받으러 와서 나에게 건의했다.

"지금 하려는 일은 아파트 담장녹화사업이긴 한데 인근에 학교 녹화사업과 연계하면 더 임팩트 있을 것 같습니다."

조경과장으로서 각 팀장들을 소집해 유 팀장을 앉혀놓고 긴급회의를 했다.

"지금까지 우리가 예산편성상의 문제로 각 팀별로 개별 사업들을

띠녹지, 벽면녹화까지 곁들인 다층구조의 녹화거리

동일로변 벽산건영아파트에 띠녹지와
아파트 담장녹화를 통합 시행한 사례

도로변 유휴공지에 걸이화분을 도입한 도시경관
증진 사례 (관악구 제공)

단편적으로 해온 것 같습니다. 학교 녹화사업과 함께 도로변의 띠녹지도 연동시켜봅시다."

"보도는 왜 항상 직선으로만 만들어야 하나요? 도시숲길 내지는 공원 산책로를 걷듯이 약간 웨이브를 줘서 만들 수도 있지 않을까요?"

팀장별 예산 배정 잔액을 모두 확인한 후 보도를 도시숲길로 만들어보기로 했다. 하계동 벽산건영아파트와 인근의 중평초등학교 구간이었다. 팀장들의 적극 동의하에 사업비를 끌어모아 3개의 개별 사업을 하나의 사업으로 재구성했다. 주민들은 이럴 경우 아파트 땅이 그냥 공출당하는 것인 양 걱정한다기에 이렇게 말했다.

"신주(황동) 있잖아요? 그걸로 동그랗게 고압가스 지나간다는 표시처럼 바닥에 경계선을 설치해준다고 하고 진행해보세요."

이런 식으로 주민을 안심시키며 실험을 해나갔다. 이후에도 이런 식으로 사업을 해야 하는 것이 원칙이지만 예산부서에서는 용납을 하지 않는다. 그렇게 많은 돈을 한 군데 털어넣을 수 없기 때문이다. 맞는 말인데 아쉬웠다.

은퇴 후, 서울시의 '도시숲 등 조성·관리 심의위원회' 부위원장으로 참여했다. 인근 아파트가 재건축되는 과정에 교통영향평가위원회에서 도로 1차선을 추가 확보하면서 가로수를 심을 수 없는 안타까운 상황이 벌어지곤 했다. 도시를 재편하는 효과를 제대로 발휘하지 못하는 경우였다.

아파트 측에서 만드는 외곽녹지와 도로변 가로수 식재를 동시에 생각하여, 보도를 약간 휘어진 곡선형 도시숲길로 만들어볼 좋은 기회를 놓치지 말아야 한다. 주민들 동의를 일일이 받아가면서 만드는 것보다 훨씬 쉬운 기회를 놓치지 말자는 것이다. 시 조경과에서 시와 구의 도시계획위원회나 건축심의위원회에 지침을 보내 확산시키자고 주장하여, 방침을 결정한 후 시행하게 되었다.

노무현 대통령 시기에 스쿨존에서 일어나는 교통사고를 방지하자는 취지로 스쿨존에 무단횡단방지책을 설치할 것을 권고한 적이 있다. 당시 경찰청에서 요청해 대통령지시사항으로 만들어진 것인데, 과유불급이다. 이 지시사항을 신호탄으로 아무 곳에나 이중 삼중의 철제 펜스를 쳐서 도시를 철창으로 만들어놓았다. 펜스의 종류도 지나

교량에 걸이화분을 설치한
영등포구 서울교 (서울시 제공)

옹벽면 경관 개선을 위해 걸이화분을 설치한
경춘선숲길

사각 가지치기로 다듬어 녹시율(눈에 보이는 나뭇잎의 비율)이 매우 높은 동일로 (노원구 제공)

치게 다양하다. 동네 철물업체에서 아무렇게나 만들어 도로변에 설치해온 것이다. 전 세계에 무단횡단 사고를 막겠다고 이렇게 도로변을 철통 수비하는 도시는 없다. 빈대를 잡겠다고 초가삼간을 태우는 격이다.

    펜스는 구청에서 설치하고 도로 중앙의 플라스틱 횡단방지책은 경찰에서 설치하고 있다는 슬픈 현실은 사라져야 한다. 가로수 밑 쓰이지 않는 공간에 띠녹지를 만들었으면 그것으로 무단횡단은 방지된다.

    도시는 열린 공간이어야 한다. 도시를 가로로 스캔할 때 나무와 꽃이 우선으로 보여야 하는데 삭막한 펜스만 보인다. 펜스는 직립시설이라 가급적 없는 것이 낫다. 도시 경관을 고려해 재정비되는 시대가

도로에 이중 삼중으로 둘러쳐진 무단횡단 방지 펜스

오기를 기대한다.

아무튼 도시의 거리는 토목, 조경, 건축 등 어느 한 분야의 시각으로만 봐서는 안 된다. 큰 틀에서 거리를 해석해내고 큰 눈으로 스캔하여 바라보아야 한다. 눈에 거슬리는 것을 순화시키고 보다 밝고 푸르른 거리를 만들어가자는 약속이 이루어져야 한다.

건축분야에서는 건축후퇴선으로 확보되는 토지에 대한 공개념을 정확하게 도입해야 한다. 그렇게 확보되는 공개공지 개념의 토지로 도시의 거리가 만들어진다는 것을 명심하자. 이 토지는 건축주 소유이긴 하지만 공공이 이용하기 위한 토지라는 개념을 강력히 도입하고 관리해야 한다.

이런 개념이 가장 강한 도시는 싱가폴이다. 미국이나 유럽의 도시들은 이 공개공지 또는 건축후퇴선으로 확보되는 토지를 공공에서 관리한다.

서울시의 토목직 공무원들과 대화를 하다 보면 토목시설에는 '이상하게 디자인이 잘 적용되지 않는다.'는 말을 듣곤 한다. 아스팔트 포장이나 보도블록뿐 아니라 거리 자체를 큰 틀로 인식하고 관리해야 한다. 그러기 위해서는 그들에게 도시의 경관과 디자인을 배울 수 있는 기회를 마련해주어야 한다. 녹지직 공무원들은 전 세계 여러 도시의 도시경관과 거리의 품격을 높일 수 있는 사례를 끊임없이 조사하고 연구하여 발전적인 도시경관을 창출하려는 노력을 게을리하지 말아야 한다.

경기가 침체되면 거리의 꽃을 심는 예산부터 자른다는 말이 있다. 잘못된 생각이다. 그럴수록 가성비 있는 화사한 꽃들로 거리를 장식하여 시민들에게 밝고 희망찬 기운을 북돋아줘야 한다. 서울시나 자치구의 예산으로 쾌적하고 화사한 거리의 경관을 만들어주는 것이 예산낭비라고 주장하는 사람들이 의외로 많다. 답답하지만 이들도 통 크게 도시의 거리를 읽어주는 멋진 시대가 오리라고 기대한다.

우리나라에도 미국식 오토캠핑장을

워싱턴 주정부에 근무하면서 주말에는 가족들과 부지런히 캠핑을 하러 다녔다. 자주 가던 공원은 트와노주립공원Twanoh State Park이었다. 해변도 있고 공원에서 고기도 구워먹을 수 있는 곳이었다. 공원이라기보다는 자연 그 자체였다. 인공시설은 목재로 외관을 처리한 화장실, 주차장, 바비큐용 입식 그릴 정도였다. 하루 반나절 쉬기는 딱 좋은 공원이라 캠핑장비와 아이들 자전거를 차에 싣고 다녔다.

그보다 조금 먼 웨스트포트West Port로도 꽃게를 잡으러 자주 갔다. 잡은 게는 바로 자로 재야 한다. 규격보다 작은 것을 잡으면 여지없이 인근 주민이 나타나 꺼내서 크기를 보자고 오지랖을 부린다. 그런 식으로 서로 감시하고 신고하는 문화가 널리 퍼져 있다. 게를 잡으려면 'Recreational License'라고 해서 물고기를 잡을 수 있는 면허가 있어야 한다. 면허증이라고는 하지만 시험을 보는 것도 아니고 운동용품을 파는 가게에서 돈 주고 사는 것이었다.

미국의 다양한 캠핑장을 둘러보고 오자마자 중랑캠핑숲 조성사업에 투입됐다. 이때 미국식 오토캠핑장 시스템을 국내에 도입하고자 노력했다. 특히 미국의 올림픽국립공원Olympic National Park이 인상적이었는데, 관리인Ranger 한 사람이 캠핑장 내 200여 사이트를 효율적으로 관리하는 시스템을 보고 놀랐다. 캠핑장은 기본적으로 루프Loop 스타일로 배치된다. 메인 주차장이 있고 거기에 화장실과 세면장 등이 마련되어 있다. 주차장 전면에 있는 큼지막한 캠핑장 배치도에 일련번호로 캠핑 사이트 번호가 적혀 있다. 좌측에는 사이트 번호가 쓰인 ㄷ자형 아크릴 꽂이가 있다.

　사이트에 가면 우체통처럼 생긴 예쁘장한 함이 놓여 있다. 그 안에는 비를 피할 수 있는 아크릴 덮개와 캠핑장 이용 안내문, 이용료 등이 적힌 봉투가 있다. 그 봉투에 캠핑장 이용료를 넣고 밀봉한 후 겉면에 차량번호, 이용자 서명 등을 적는다. 그 뒷면엔 글씨가 배기는 먹지가 있어서 복사본이 생긴다. 그중 한 장을 떼어내 아크릴 꽂이에 꽂아놓

주말에 가족과 함께 자주 찾아가 피크닉을 즐기던 트와노주립공원

는다. 이 사이트는 내가 쓰기로 한 것이라는 표시다. 다른 한 장은 캠핑 사이트에 주차한 차의 앞 유리창에 놓아둔다. 이 자리는 내 자리라는 표시다. 이렇게 무인 시스템으로 하루 묵을 캠핑장을 확보할 수 있다. 지금은 인터넷으로 처리하겠지만 당시엔 인건비를 확 줄일 수 있는 좋은 방법이었다고 생각한다.

이런 캠핑장은 대부분 전기를 사용하지 못하는 원시형 오토캠핑장Primitive Auto Camp Site이다. 중요한 것은 관리인 한 사람이 이런 유형의 캠핑장 내 200여 사이트를 관리할 수 있다는 것인데, 사실 관리할 것도 별로 없는 시스템이다. 쓰레기는 메인 주차장 건물 옆에 이용객들이 갖다놓는다. 미국은 찌개류가 없다 보니 국물이 흐르는 음식물 쓰레기가 거의 없다는 게 장점이었다.

관리인은 아크릴 꽂이에 꽂혀 있는 종이를 보면서 사이트 지도에 표시를 하고 난 후 이용객들의 돈 봉투를 회수한다. 또 예약하지 않고 주차된 차량이 있으면 메인 주차장에 가서 사이트를 예약하고 오도록 안내한다. 차량 앞 유리에 종이가 없는 경우에도 꽂아놓도록 안내한다. 그것이 캠핑장 운영을 담당하는 관리인이 하는 일이다.

숲속 오토 캠핑장   어린이들과 함께 온 가족을 위한 캠핑장 내 오두막집

우리나라의 산림청에서도 이런 방식으로 인건비를 최소화해 캠핑장을 운영하면 좋겠다. 인건비를 최소화해 운영하면 고객도 저렴하고 편리하게 이용할 수 있을 것이다. 미국과 달리 캠핑장이 많지 않은 우리나라 특성상 인터넷 사전예약 시스템도 갖춰야 한다. 여름철 성수기엔 산림청장도 숙박시설을 구하기 어려운 현실이니 말이다. 물론 인터넷 약자를 배려한 공공성을 확보하는 것도 필요하다.

가족 단위 외에도 더 많은 계층이 캠핑의 즐거움을 맛볼 수 있게 하려면 휴양림 스타일의 숙박시설보다는 가격대별로 다양한 스타일을 선택해서 쓸 수 있게 해야 한다. 전기를 쓸 수 있는 유틸리티 캠핑장Utility Camp Site도 있어야 하고 전기를 쓸 수 없는 원시형 캠프장 Primitive Camp Site도 있어야 한다. 영유아를 동반한 캠핑 가족을 위해 자그마한 오두막집Cottage도 몇 동 있다면 금상첨화다. 캠핑장에도 다양성이 필요하다.

미국 워싱턴주 파견근무를 하며, 공원이란 자연을 즐기는 공동의 자산이며 따라서 인공시설은 최소화해야 한다는 점을 느꼈다. 워싱턴주 공원레크리에이션위원회 직원들을 보며 몇 년 동안, 심지어는 10

오두막집 실내. 부모 침대와 아이들의 이층 침대

야생화가 피는 계절에 다시 찾아가 보고 싶은 레이니어산 (ⓒRainier)

여 년 간 신중하게 공원기획을 한다는 점이 부러웠고, 주민 의견을 청취하는 방식도 흥미로웠다. 서울시 공무원은 시장 재임기간인 4년 안에 공원을 뚝딱 만들어야 한다는 씁쓸함이 있다.

　미국 근무를 마친 후 귀국하기 전 렉스 데어와 그의 참모들이 우리 가족을 모두 불러 식사를 대접했다. 우린 레이시Lacey에 있는 캐피털시티 골프클럽Capitol City Golf Club의 레스토랑에서 공원레크리에이션위원회에서의 경험을 함께 나누며 이야기꽃을 피웠다.

　귀국할 무렵 함께 근무하던 동료들에게 신세를 갚기 위해 한국인이 운영하는 중식당에 피터를 포함해 6명을 불러 저녁을 대접했다. 자기들이 2차로 술 한잔을 사겠다고 하여 내 차를 집에 두라고 데려다준 후 인근의 펍에 가서 마시게 되었다. 그들은 1년에 3~4번 술자리를 한다고 했다. 퇴근시간이 되면 곧바로 집으로 퇴근하여 집안일을 와이프와 함께 돕고 아이들도 돌봐줘야 하기 때문에 동료들과 함께 술을 마시는 일은 거의 없다는 것이었다.

"Split or together?"

점원이 나타나 영수증 처리를 어떻게 하느냐 묻자 동료들이 합창했다.

"Split!"

그러곤 나만 빼주었다. 한 동료는 내가 조니워커 블랙 온더락을 주문하자 자기 영수증에 술값을 적어넣었다.

내가 이들처럼 할 수 있을까. 서울의 공원 시스템을 배우러 온 나 같은 외국인이 있다면 이들처럼 멘토를 붙여주고 다양한 경험을 할 수 있게 배려해줄 수 있을지 잘 모르겠다. 그들의 친절과 배려에 감사하는 마음을 안고 귀국했다. 이후 서울에서 일하며 미국에서 배운 것들을 적용해가며 즐겁게 일할 수 있었다. 워싱턴 주정부 파견근무는 무척이나 값진 선물이었다.

도심의 캠핑장이 갖춰야 할 조건은?

중랑캠핑숲은 서울에서 최고의 오토캠핑장, 5성급 캠핑장 등의 명예를 얻긴 했지만 사이트 계획은 실패한 캠핑장이다. 이외에도 서울에는 서울대공원 캠핑장(150면), 노원 초안산캠핑장(53면), 한강난지지구 난지캠핑장(155면), 월드컵공원 노을캠핑장(134면), 강동 그린웨이캠핑장(67면), 구로구 천왕산캠핑장(30면), 은평 앵봉산캠핑장(32면), 우이동 가족캠핑장(31면) 등이 있다.

서울대공원 캠핑장은 과천 국립현대미술관 동측 계곡을 따라 올라간 곳에 위치한다. 1986년 11월 23일 건립 당시 청소년수련장 주변에 지어졌었다. 캠핑장에서 나오는 음식물 찌꺼기나 하수가 계류로 흘러들면 그 물이 결국 서울대공원 호수로 들어간다. 장기적으로는 서울대공원 호수를 오염시키게 될 상황이었다.

당시 기획관리실 기술심사과 조경심사계장(사무관)으로 근무 중이었는데, 이런 식으로 캠핑장을 설치해서는 안 된다고 강력히 주장했다. 꼭 만들어야 한다면 산에서 내려오는 계곡 물에 오수를 흘려보내지 말고 별도의 개수대와 하수관을 묻어서 대공원 하수처리장으로 보내자고 주장했다. 결국 땅속의 바위를 깨는 고된 작업 끝에 별도의

숲속 캠핑장으로 변한 중랑캠핑숲 (서울시 제공)

하수관을 묻어 설치했다.

지방자치단체에선 캠핑장을 경쟁적으로 만들고자 노력하고 있다. 예를 들어 서울시가 토지를 보상해 지은 초안산캠핑장의 경우, 1호선 녹천역에서 100m 정도의 근거리에 위치한다. 노원구에 소재하긴 하지만 노원구민에게 돌아가는 예약 편의나 인센티브가 없어서 구민들

캠핑장 이용자들에게 편리한 오토캠핑장 (서울시 제공)

의 불만이 많다.

그래서 묘안으로 경기 포천 소재 민간 캠핑장을 임차하여 운영도 의뢰하면서 노원구민의 힐링 캠핑장으로 제공했다. 주말에는 노원구민만 예약이 가능하게 하고 사이트가 비는 평일이나 겨울철 장박(비교적 저렴한 가격에 장기간 이용하는 방식)의 경우 서울시민이나 경기도민도 이용할 수 있게 운영했다. 노원구민들의 만족도가 매우 높은 캠핑장이었다.[2]

캠핑장은 잠시 집을 떠나 자연을 만끽하며 숯불에 고기도 구워먹고 쉴 수 있는 도시인의 필수시설로 자리 잡아 가고 있다.

중랑캠핑장을 오픈하던 2010년 시의회에서 이용요금이 너무 비싼 것이 아니냐는 지적이 있었다. 캠핑장은 예약을 하는 사람들이 혜택을 보는 시설로 저렴한 것만이 최선은 아니라고 설명했다. 당시 사이트당 25,000원으로 결정되었고 전기 사용료는 3,000원이었다. 이후 10여 년 이상 캠핑장 이용료는 오르지 않았다. 나는 이 같은 현상을 관의 위선이라고 말하고 싶다. 불특정 다수의 시민들이 이용하는 것도 아니고 동작 빠른 사람들이 초 단위로 예약 경쟁을 해서 차지하는 캠프 사이트인데 가격을 13년 동안 동결한다는 것은 넌센스라고 생각한다.

안산 소재 안산화랑오토캠핑장의 경우, 평일(일~목) 4만 원, 금요일, 토요일, 공휴일 전일은 10만 원을 받는다. 천안 성거산 일대 몽키캠핑장은 스탠다드 글램핑장이 198,000~259,000원이다. 미국에서는 찾아볼 수도 없는 호화 글램핑장이 성황을 이루는 것에 비하면 서울시가 운영하는 캠핑장은 터무니없이 낮은 가격을 받고 있다.

놀라운 것은 서울시가 건립하고 노원구에 운영을 맡긴 초안산캠

---

[2] 2024년 말까지 운영하고 폐쇄했다.

평장이 적자를 보고 있다는 것이다. 초안산캠핑장은 구 시설공단에서 운영 중인데 7명의 공단 직원들이 근무하고 있다. 인력을 줄이고 이용요금도 민간과 비교해 어느 정도 인상하는 것이 필요하다.

조례에 캠핑장의 이용가격을 정해놓은 것도 문제다. 그런 것은 시대적 여건에 맞게 서울시가 자율권을 갖고 조정할 수 있도록 조례시행규칙으로 위임할 필요가 있다. 적어도 캠핑장은 서울시가 지어 운영한다고 해도 적극적인 영업 마인드로 접근해야 할 영역이라고 보는 것이 나의 입장이다. 적자 보는 캠핑장은 지을 필요가 없다는 것 또한 내 소견이다.

3
서울은 공원 전성시대

여의도공원, 민선 시대가 공원을 만든다

조순 시장은 민선시장으로서 그동안 청와대 눈치만 보던 관선시장들의 행보를 탈피하려 애썼다. 그가 취임 초부터 역점을 둔 일은 서울 시민을 괴롭히던 교통 문제 해결이었다.

그러나 횡단보도 하나 긋는 것도 중앙정부 경찰의 통제하에 있었다. 의욕 있게 만들어진 교통개혁안은 남산1호터널 유료화만 남기고 사라졌다. 조순 시장은 교통정책이 중앙정부를 넘어서 성과를 낼 수 없다는 것을 알고 좌절했다. 참모들은 공원과 녹지 확충사업이 시장의 의지에 따라 성과를 낼 수 있는 사업임을 건의했고, 곧 계획 수립에 착수했다.

여의도광장은 젊은이와 어린이들이 자전거와 롤러스케이트를 타는 명소였다. 조순 시장은 햇볕으로 이글거리는 아스팔트 광장이 부담스럽다며 광장 외곽에 나무를 심어 그늘을 보강하기로 했다. 그것이 일의 시작이었다. 당초 일정한 깊이로 모래를 파고 나무를 심었는데, 토양역전 현상(모래와 흙이 뒤집히는 현상)이 발생해 모래밭으로 바뀌고 나무의 성장도 시원치 않았다. 비가 오면 흙은 가라앉고 모래만 수북했다. 그야말로 이것도 저것도 아닌 허름한 녹지에 빈약한 나무가

들어찬 형국이었고, 그늘을 만들어주는 역할은 기대하기 어려웠다.

초기의 구상은 광장 주변의 녹지 폭을 넓혀 그늘을 보완하는 것이었다. 구상안을 만들어 기초 보고를 하자, 조순 시장의 입에서 무의식중에 일본말이 튀어나왔다. "오모이 깃데" 이 말은 과감하게 해보자는 강한 신호가 되었다.

1996년 6월 29일 발표한 공원녹지확충 5개년계획의 핵심사업이 여의도광장의 공원화 사업이었다. 강원도 태생인 조순 시장은 '강원도의 숲처럼 훌륭한 숲을 만들어보자'는 개인 의견을 여러 차례 피력했다.

조순 시장은 공원녹지확충 5개년계획을 발표한 후 '조경계획과'를 신설해 직원들의 사기 진작에도 힘썼다. 단순한 조경과가 아니라 서

여의도공원 내 연못 주변 전경

울시의 각종 개발사업에 과감하게 개입해 보다 나은 조경계획을 통솔하는 부서로 만들려는 의도였다. 그러나 건축과 토목 등 대규모 개발을 담당하는 부서에서 조순 시장의 마음처럼 호락호락 협조해주지 않았다. 당시 우리나라에는 공원설계 현상공모 사례도 없었다. 조경계획과에는 서울의 전역을 대상으로 조경계획과 개발사업의 밸런스를 맞춰나갈 만한 인재도 의욕도 없었다. 항상 새로 생긴 부서는 찬밥 신세를 면치 못한다. 우린 사무실이 없어 옛 대법원의 보안과 청사(현재 서울시청어린이집)에서 근무했다. 일제강점기 때인 1928년에 지은 건물이었다. 나무로 만든 창호를 통해 바람이 숭숭 들어와서 비닐을 덧대고 사무실을 오픈했다.

1996년 10월 중순으로 기억하는데, 야간에는 기온이 급강하하면서 상당히 춥고 손이 시린 사무실이었다. 당시 나는 조경과의 조경기획팀장이었고 팀원은 박율진 주사보(추후 전북대 교수로 이직)와 김현팔 주사(추후 사무관으로 승진) 두 사람이었다. 팀장이 밤을 새워 방침서의 끝장을 보겠다고 일을 시작하니 이들은 집에 갈 수도 없고 그 일을 대신할 수도 없어 주변에서 안절부절못했다. 집에 들어가라고 여러 번 권해도 소용없었다.

11시쯤 되어 믹스커피 몇 잔 탕비실에 타놓고 가라고 해서 보낸 후 사무실에 혼자 남았다. 추울 때마다 박율진 주임이 탕비실에 타놓고 간 커피를 마시며 손을 호호 불었다. 방침서를 최종 탈고한 것은 다음날 아침 7시 즈음 동창으로 동이 터오는 무렵이었다. 두 팔 벌려 만세를 부르듯 기지개를 켜면서 강한 성취감을 느꼈다.

출근시간이 되어 과장의 결재를 받고, 저녁 퇴근 시간 전까지 총 23명의 서울시 관련 간부 협조결재를 받았다. 그 후 조순 시장의 최종 결재까지 마무리했다. 결재과정에서 가장 애를 먹인 사람은 당시 임동국 기술심사관이었다. 그는 '이런 일을 왜 임업직이 하느냐?'고 트집을 잡았다. '공원다운 공원을 잘 만들어보고 싶다'는 강한 의지로 버텨 결재를 받아냈다. 시장의 강한 의지가 담긴 사업이다 보니 토목분야에서 자신들이 하려고 브레이크를 걸 만도 한 일이었다.

현상공모는 순조롭게 진행되었다. 국제현상공모의 타이틀에 맞게 모 설계사는 미국 유수의 설계진과 조인트하여 공모작을 만들고, 어떤 설계사는 일본의 설계팀과 공동작업을 거쳐 작품을 준비하기도 했다. 총 8개사가 각축전을 벌인 끝에 일본설계사와 한수종합조경 공동설계팀이 당선되었다. 공모전에 많은 투자를 했던 낙선자들은 과연 공정한 심사였는지 문제를 제기하다 조용해졌다. 현상공모는 평가자들이 주관적 판단을 하고 다수의 의견을 모아 채점 형식으로 당락을 결정하는 시스템이다. 낙선한 팀들의 불만도 많았고, 안타깝게 느껴지기도 했지만 어쩔 수 없는 일이었다.

당선작을 놓고 설계안을 다듬어나갈 때에도 조순 시장은 재차 울창한 숲을 만들어달라며 강하게 주문했다. 시장실에 서너 차례 설계안을 보고했고 최종안이 확정되어 실시설계가 진행되었다.

공사를 진행하는 과정도 순탄치 못했다. 전두환 전 대통령의 친동생인 전경환 씨가 새마을중앙회장을 하면서 여의도광장 내 자전거와 롤러스케이트 임대사업권을 아무런 법적 절차와 기준도 없이 '새마을 협의회 영등포지회'에 주었다. 당시 지회장 김창석 씨와 숱한 대화를 통해 설득과정을 거쳤다. 심지어는 쌀까지 사주면서 끈질기게 회유한 끝에 정리했다. 조순 시장이 착공식을 개최하는 날에도 일부 불만이 있던 지회원들이 웃통을 벗어 칼자국이 선명한 배를 내보이며 저항하기도 했다. 착공식 이후 공사는 지체 없이 시작되었다.

거대한 모래밭 위에 공원을 짓는 일이었다. 5.16광장이라고 명명

5.16광장(여의도광장) 시절 자전거와 롤러스케이트를 타는 시민들 (서울시 제공)

하여 숱한 대형집회와 군사 퍼레이드가 진행되던 여의도광장은 중앙이 낮고 양끝이 완만하게 올라간 형상이었다. 모래 위에 대규모 아스팔트를 깔아 탱크 등으로 군사퍼레이드를 하면서 가운데가 완만하게 내려앉은 땅이었다.

아스팔트 위에 조성한 탓에 어떻게 나무를 심을 것인가. 당시 장석대 토목과장(추후 서기관 승진)과 김용운 주사(추후 사무관 승진), 이성주 주임(추후 사무관 승진)이 아이디어를 냈다. 토양역전 현상을 막기 위해 약 2m 깊이로 아스팔트를 걷어내고 부직포를 깐 후 흙을 채워 나무를 심어보았다. 대성공이었다.

여의도광장은 모래가 50m 깊이로 퇴적된 땅이다. 밑의 모래를 파서 팔면 공사비가 나올 수 있을 거라는 상부기관의 조언이 있어 시추작업을 해보니 그랬다. 그러나 침적토가 섞여 있는 고운 모래층이라 쓸모가 없었다. 만일 양질의 왕사(굵은 모래)가 50m 깊이로 묻혀 있었다면 당장 공사를 중단하고 모래를 파서 돈을 만들자는 여론이 비등해졌을 것이다.

전국에 수소문해 잘생긴 나무들을 대거 심고 양재시민의숲에서 잣나무나 측백나무 등을 솎아다가 심어보라는 상부의 지시에 따라 옮겨심기도 했다. 사실 어느 공원에서 퇴출되는 나무들을 가져다 심는 것은 잘못된 판단이다. 이런 일이 우리를 특히 애먹였다.

　공원을 만드는 도중 조순 시장은 대권에 출마한다는 명분으로 서울시장 자리를 내려놓으며 큰 사회적 파장을 일으켰다. 조순 시장 부재중에 강덕기 시장 직무대리가 시장 역할을 대신했다. KBS 앞 일대에 대형광장을 다시 만들라는 지시가 내려왔다. 임시정부 요인들이 여의도공항으로 타고 온 비행기를 전시하는 대략 5,000평 규모의 광장을 만드는 것으로 급히 설계를 변경할 수밖에 없었다. 공군에 요청하여 비행기를 가져다 설치했고 대형 태극기를 광장 동측에 설치하는 등 그야말로 공원이 엿장수 마음대로 변형되어갔다.

　내겐 화장실만큼은 최고 수준으로 만들어보자는 신념이 있었다. 3~4살짜리 남자아이가 소변이 마려운 경우, 엄마는 아이 혼자 어른들이 쓰는 남자화장실에 들여보내기 난감하다. 엄마가 남자아이를 데리고 여자화장실에서 소변을 볼 수 있게 해주자는 생각이었다. 또, 여자화장실에 기저귀 갈이대도 도입했다. 유모차에 아이를 태운 엄마가 화장실에 갈 때 유모차에 밖에 두고 혼자 화장실에 들어가야 하는 상황을 해결하기 위해서였다. 공사를 마치고 일반에 개방하는 날 여자화장실에 남아용 소변기가 있어서 여자들이 깜짝 놀라기도 했지만 점차 자리를 잡았다.

　요즘은 남자화장실에도 아기 기저귀 갈이대가 설치되어 있지만 서울의 공용화장실, 특히 공원 화장실에 기저귀 갈이대를 설치한 것은 이때가 최초였다. 아쉬운 것은 화장실 칸마다 두루마리 화장지를 공급하는 것은 두 손 두 발 다 들어버린 채 실패로 끝났다. 두루마리 화장지는 최상의 화장실이 기본 조건이라고 생각하고 잠실 롯데백화점까지 가서 견학을 했는데, 백화점에서도 고객들이 화장지를 들고

가버리는 양이 더 많았다. 요즘은 그런 일이 거의 없지만 그땐 그랬다.

故 심재덕 수원시장의 노력으로 '세계화장실협회'가 만들어지면서 수원이 화장실 개선의 선두주자가 되었으나, 수원시보다 여의도공원 내 화장실이 먼저 업그레이드된 게 사실이다. '화장실에서 인심 난다'라는 말이 있다. 유럽을 여행해보면 얄궂은 화장실 인심에 눈살이 찌푸려지는 경우가 한두 번이 아니었다.

여의도공원 내 화장실은 택시 운전자들로부터 '엄지 척 화장실'이란 찬사를 받은 바 있다. 이후 월드컵을 준비하고 치르는 과정에서 우리나라의 화장실은 세계 최고 수준으로 발전했다. 물론 아직도 폐쇄적으로 사용되는 개인이나 가게 화장실이 많지만 화장실 문화만큼은 인심이 좀 더 후했으면 좋겠다.

또한 공원에서 잔잔한 음악을 들을 수 있도록 음향 설비도 마련하고, 공원 곳곳에 CCTV도 설치했다. 당시 CCTV 설치가 사생활 보호에 위배된다는 비판적 여론이 거세게 일었고 상부에서도 철회하라 했지만, 숲으로 조성된 큰 공원에서 안전을 담보하기 위해서는 설치해야 한다고 강하게 주장해 관철시켰다. 지금은 CCTV가 설치되지 않은

남자화장실 내 설치된 아기 기저귀 갈이대

여자화장실 내 아이를 앉혀놓을 수 있는 안전 좌석

곳이 없는 세상이 되었지만 그런 시절도 있었다.

조순 시장에 이어 고건 시장이 선출되었다. 그는 임기를 시작하기 전 당선자 신분으로 예고 없이 여의도공원을 방문했다. 고건 시장은 태극기광장 주변에 3분의 1 줄 떼로 잔디를 심는 인부들에게 "왜 잔디를 이렇게 성글게 심는 것이냐"고 물었다고 한다. 눈치 빠른 한 분이 현장사무실로 급히 와서 전했다.

"웬 키가 훌쩍 큰 분이 와서 잔디를 왜 그렇게 부실하게 심느냐고 묻습니다."

토목과장이었던 장석대 과장이 급히 달려나가보니, 고건 시장 당선자가 거기에 서 있었다. 원래 설계대로 심는 중이라고 잘 해명해서 별 문제는 없었다.

고건 시장이 취임하고 난 후 김대중 대통령이 갑자기 서울시에 연두 순시를 한다고 하여 서울시가 분주해진 적이 있었다. 지금 생각하면 고개를 갸우뚱할 일이었다. 순시에서 나온 대통령의 첫 마디는 "여의도광장을 공원으로 만드는 것은 상식적으로 이해를 하지 못하겠다."는 것이었다. 나도 생방송으로 시청 방송을 들었다. 당시 공원을 만드느라고 땀을 흘리며 애를 쓰던 우리로서는 날벼락 같은 말이었다. 대권에 도전하겠다고 나선 조순 시장에 대한 감정이 여의도공원으로 번진 것인지는 몰라도 이후 6개월여 동안 서울시 조사과의 특별감찰을 받았다. 양재

공원 내 CCTV 및 음향 설비

시민의숲에서 이식해다 심었던 꽁지 빠진 측백나무들까지 일일이 자로 재는 등 탈탈 털어 뒤졌으니 당시 직원들로서는 큰 고통이었다. 뭔가 꼬투리를 잡아 징계를 주려고 단단히 벼른 모양새였다. 다행히 잘못을 지적당해 징계를 먹은 직원은 한 명도 없었다. 하지만 지금 생각해도 기분이 언짢은 기억이다.

여의도공원은 민선 시대의 선물이기도 하다. 1999년 1월 개장식 없이 쓸쓸하게 문을 연 여의도공원도 벌써 25년이 지났다. 공원 재생을 해야 할 시기가 온 것이니 세월이 빠르다.

공원이 다시 군사 퍼레이드를 하는 아스팔트 5.16광장으로 되돌아갈 일은 없다. 그러나 제2의 세종문화회관을 영등포 어딘가에 추진하다가 실패하고 여의도공원에 건립하겠다는 계획이 발표되었다. 땅값을 안 들이고 그런 시설을 만들겠다는 서울시의 결정이 나를 슬프게 한다. 도시공원이란 토지에 대한 투자비용 없이 이런저런 시설을 넣어도 좋은 공터가 아니다. 공원을 함부로 헐어서 더 나은 것을 만들겠다는 생각은 아예 하지 않는 시대를 살고 싶다.

여의도공원은 입지상 평일에는 주변 오피스타운과 빌딩에서 쏟아

아스팔트광장이 도시숲으로 변모한 모습
(서울시 제공)

차도 블럭 순환로. 경계석 없는 산책로로 개선이 필요하다.

져나오는 직장인들의 산책 코스로 쓰인다. 이들은 긴장된 업무 스트레스를 조금이나마 해소하고자 공원을 찾는다. 주말에는 자전거를 타는 연인들과 가족들의 나들이 명소로 제 역할을 하고 있다.

내가 여의도공원을 만들고 난 후 가장 후회스러운 일은 주 순환동선에, 일반도로에서 쓰는 25cm 규격의 석재 경계석을 써서 자전거도로와 보행동선을 설치했다는 점이다. 공원에서 가장 중요한 것이 순환동선인데, 경계석 없이 약 2% 내외의 경사를 준 경의선숲길과 같은 미국식 콘크리트로 시공했다면 얼마나 좋았을까 생각하곤 했다. 그 시절은 콘크리트를 경계석 없이 친다는 것은 엄두를 못 내던 시절이었다. 앞으로 공원을 다시 짓는다면 반드시 경계석 없는 순환동선으로 만들고 싶다. 공원의 품격은 인간적인 배려에서 출발한다.

공원 구조를 개선하여 휴먼스케일의 공원시설로 개선하고 싶은 마음이 간절하다. 광장은 정작 공연에는 쓰이질 못하고 있다. 공연이 가능한 광장을 만들어 놓았으나 KBS 바로 옆 동측에 2007년 준공한 528세대의 더샵아일랜드파크라는 주거시설을 영등포구에서 아무런 생각 없이 허가해주는 바람에 조그마한 공연만 있어도 와글와글 민원

산책을 즐기는 시민들. 광장을 공원으로 만든 일이 과연 상식적으로 이해 못 할 일이었을까?

점심시간 공원으로 몰려드는 주변 직장인들

이 제기된다. 이는 창호기술로 충분히 해결할 수 있는 문제였는데 말이다.

일본 동경의 우에노공원 주변의 비즈니스호텔은 철로와 접해 있다. 아침에 일어나 창문을 열면 그르릉 하고 고가 위로 열차가 지나가는 소리가 들린다. 공원과 면해 있는 더샵아일랜드파크의 창을 일본 동경처럼 최신형 3중창으로 설치하도록 유도했어야 한다.

서울은 공연장이 매우 부족한 도시인데 여의도 공원도 본래 목적으로는 쓰이지 못하는 게 안타깝다. 국토부에서는 UAM(도심항공교통)의 서울착륙장으로 쓴다는 명목하에 광장 안에 착륙장을 만드는 이해하지 못할 일들을 기획하고 있다. 공원을 엉망으로 만드는 일들을 뜯어말리고 싶다.

만년필 공장이 천호공원으로

　서울이 발전하는 과정에서 도심 내 남아 있던 공장들은 아파트 개발사업자들의 좋은 타깃이 되었다. 영등포구의 오비맥주 공장터도 아파트를 건설하기 위해 협상이 진행되던 토지였다. 이를 조순 시장이 1996년 공원녹지확충 5개년계획 중 하나의 아이템으로 정해 도심공원으로 만든 것이 오늘날의 영등포공원이다.

　이와 동시에 강동구 천호동 소재 파이롯트 만년필 공장터도 도심공원으로 만들어졌다. 원래 천호동 일대엔 공원이 전혀 없었다. 지하철 5호선과 8호선이 만나는 천호역 현대백화점을 지나 올림픽대로변 도심 한가운데 파이롯트 만년필 공장이 있었다. 우리가 한 번쯤 써보았을 유명한 문구 상호다. 당시 만년필 공장을 팔고 다른 곳으로 이전한 후 그 자리에 아파트를 짓는다는 소문이 무성했다. 그런데 서울시가 공장 부지를 사서 1998년 6월 20일 천호공원으로 개원했다.

　초기에는 '파이롯트공원'이라고 불리다가 지금의 천호공원으로 정식 명칭이 붙여졌다. 26,696m^2(8,075평) 규모의 크지 않은 동네 공원이지만 서울시가 부지 매입부터 조성까지 한 후 지금도 시 직영으로 관리하고 있다. 그러다 보니 공원에 이것저것 시설을 넣어보려는 구청과 지역 출신 시의원들에게 많이 시달린다. 짜임새는 많이 흐트러졌지만 그래도 동네 공원 역할은 톡톡히 하고 있다.

설계가 끝나고 기반공사를 하던 중 투서가 날아왔다. 부지 북측 길 건너에 있던 강동구 환경운동연합 지회에서 제기한 민원이었다. '지금 성토 작업이 한창인 현장 아래 많은 양의 쓰레기가 묻혀 있다'는 내용이었다. 공사를 중지하고 땅을 깊이 파보니 상당량의 공장 쓰레기가 매립되어 있었다.

토지를 매각한 파이롯트 측에 연락했다. 고홍명 당시 파이롯트 회장과 직접 통화를 했다. 고 회장이 말했다.

"젊은 공무원이신 것 같은데, 한번 나오세요."

적당히 덮고 지나가려는 뉘앙스였다. 나는 이 일은 주변 환경단체에서 문제를 제기한 일이기 때문에 적당히 넘어갈 수 없으며, 땅에 묻혀 있는 쓰레기는 당연히 치우고 팔았어야 하는 것이라고 강력하게 이야기했다.

고 회장은 안되겠다 싶었는지 딸에게 일을 넘겼다. 고 회장의 딸은 점잖은 분이었다. 이야기의 핵심을 알아듣고 곧바로 조치에 들어가 공사현장에서 쓰레기를 처리할 수 있도록 1억 2000만 원을 입금시켰다. 덕분에 쓰레기를 제대로 처리하고 공사를 이어갔다. 우리에게 신고한 환경단체에서 저렴한 가격에 일처리를 맡겠다고 제안해왔으나 나는 단호하게 거절하고 원칙대로 처리했다. 아무튼 수습이 가능한 시점에 문제를 해결하고 공정을 이어갔으니 다행이었다. 나중에 나무를 다 심어놓은 상태에서 문제가 발견됐다면 모두가 난감해질 뻔했다. 아마도 파이롯트 공장에서 일하던 사람이 환경단체 측에 넌지시 이야기를 건넸던 것 같다. 공원 불모지에 개원한 천호공원은 많은 인기를 끌며 주민들의 사랑을 받았다.

일본 사무라이 투구를 연상케 하는 야외무대. 디자인에도 신중함이 필요하지 않을까?

공원 한가운데 있는 농구장. 주변에 그물망이 없어 이용이 불편하다.

해공 신익희 선생을 기념하는 도서관. 기존 건물을 활용했다.

    이 지역 출신 시의원이 새로 당선될 때마다 지역의 체육회 등에서 이런저런 시설을 지어달라고 요청했다. 그래서 시의원들이 서울시에 통사정하거나 행정사무감사권을 발동해 압력을 넣는 일이 많았다. 특히 이해식 당시 강동구청장은 해공 신익희 선생의 호를 딴 해공공원으로 공원 이름을 바꾸려고 애를 썼고 기존 건물을 리모델링해 해공도서관으로 이름 붙였다.

천호동은 강동구 도심 한가운데 위치한 노른자 땅이다. 이런 땅에 공원이 만들어진 것은 조순 시장의 과감한 투자 결정 덕이었다. 그러나 공원이 공원답게 유지관리되기 위해서는 선거 때마다 공약을 내세워 공원을 활용하여 이런저런 시설을 마구 집어넣는 후진적 관행부터 없어져야 한다. 공원에 한번 들어온 시설을 없애는 것은 거의 불가능하다. 지역 정치인들은 표를 의식하며 사는 사람들이라 함부로 시설을 철거하는 일이 무척 어렵다. 이후 서울시 도시공원위원회가 만들어지면서 무질서한 시설을 억제하는 효과가 발휘되고 있지만, 시의원 특히, 해당 상임위(시의회 환경수자원위원회) 위원 등이 강력히 주장하면 부담을 가질 수밖에 없는 것이 집행부 공무원들이다.

앞으로 공원은 공원시설의 변경이나 큰 변화가 있을 때 원 설계자에게 의견을 묻는 시스템을 제도화해야 한다. 상당한 예산을 들여 현상공모 등 공원설계를 한 후 공원에 변화를 모색할 때 철저히 원 설계자의 의견을 묻는 오스트리아 비엔나시의 제도를 우리도 도입해야 한다. 비엔나의 공원은 입구 문주 좌측에 공원설계자의 명패, 우측에는 공원명을 써주는 전통이 있다. 공원 설계자와 공원명 위에 오스트리아 삼색기 3개가 꽂혀 있으니 부러운 시스템이다. 공원설계자의 권위

공원 내 다목적구장

공원 그늘 쉼터. 데크를 깔아 이용이 편리하다.

를 인정해주는 것은 시간이 지남에 따라 공원이 망가지는 것을 막을 수 있는 방법이기도 하다.

지자체장 또는 시의원들은 지역 주민들의 요구에 따라 공적인 시설을 조성해야 할 경우 토지보상비가 안 드는 공원을 선호한다. 게다가 임기 내 집중 추진해야 하는데 이것이 공원을 망치는 가장 큰 요인이다. 지금 당장 필요로 하는 시설들을 공원에 집어넣고 나면 공원은 서서히 망가진다. 대표적인 사례가 어린이공원 내 노인정을 지은 것이었다. 공원 내 시설은 신중하게 설치해야 한다. 도서관도 공원에 들어설 수는 있지만 새로 개발되는 아파트단지 개발 등을 통해 공공기여 내지는 기부채납 방식으로 확보되는 토지에 규모 있는 도서관이나 작은 도서관 등이 들어서는 방식이면 좋을 것이다.

천호공원이 재생될 때 공원을 한 바퀴 돌 수 있는 순환산책로가 생기면 좋겠다. 아침에 일어나 공원 한 바퀴를 그냥 걷든 이어폰으로 좋아하는 음악을 들으며 걷든 하루를 여는 공간으로서 천호공원이 역할을 다해주기 바란다.

난지도 쓰레기매립지가 월드컵공원으로

1998년 8월 서기관으로 승진해 곧바로 공원녹지사업소 개발부장으로 발령을 받았다. 여의도공원을 마무리 짓고 난 후, 사업소장이 불미스러운 일로 구속되는 일이 발생했다. 새로 부임한 정세영 소장은 공원부장 하던 분을 여의도공원 소장으로 발령냈고, 내가 공원부장과 개발부장을 겸직하게 되었다. 나는 2개 부서 간의 벽을 없애고 통합사

성산대교 상공에서 바라본 월드컵공원 (서울시 제공)

무실로 개편했다.

하루는 민원인과 한참 통화를 하는데 어떤 분이 찾아와 슬그머니 소파에 앉았다. 미국 연수를 마치고 돌아온 이병학 국장이었다. 얼른 전화를 마무리하고 어떤 일로 오셨는지 물으니 서울시에서 서울월드컵경기장 주변과 한강 난지지구를 새롭게 공원으로 만들 계획인데 내게 차출 명령이 떨어졌다는 것이다. 사무관 시절 엄청난 일 더미에 파묻혀 지내다가 사업소 부장 자리에 가니 비서도 있고 혼자 독방도 쓰게 되어 너무 편하고 좋았다. 다시는 서울시에 들어가기 싫다는 느낌까지 들었는데 그곳으로 돌아가 일을 해야 한다는 것이었다.

나는 사업소장의 명을 받는 사람이라 소장께서 좋다고 해야 갈 수 있다는 말을 하자, 미리 소장실에 들러 이야기를 끝냈다는 것이었다. 함께 일할 사무관으로 박 모 씨, 오 모 씨를 미리 수배했는데 안 오겠다고 손사래를 쳤다고 한다. 그래서 과장급으로 가야 하는데, 사무관 없이 일하는 대신 원하는 사람을 리스트업해서 주면 다 발령을 내준다고 했다. 오기 싫다고 발버둥치는 사무관을 데려다놓고 상전 노릇을 하는 것보다는 죽이 맞는 특공대를 조직해 일하는 게 낫겠다 싶었다.

그날 오후 서울시에서 인사명령서가 팩스로 도착했다. 서무과 직원이 "부장님, 발령 나셨어요!"라고 소리를 질렀다. 근무할 곳을 미리 가보니 아무것도 없는 빈 방이었다. 사무실의 일정 부분을 잘라 이병학 한강기획단장의 방을 만들었다. 여전히 서울시는 새로 생긴 부서를 찬밥 취급했다.

서소문별관 1층에서 함께 일할 직원들을 만났다. 권오국 주임, 권종화 주임, 배남현 주임(세 분 모두 추후 사무관으로 승진)이었다. 아무것도 없는 상태로 무에서 유를 창조해야 하는 일이니 각오를 단단히 하자고 했다. 불평불만 없이 묵묵히 함께 일한 분들이다.

총무과 박중권 관리팀장에게 전화를 했다. 환경관리실에서 함께 근무한 적이 있는 분이었다. 책상을 줘야 일을 하니 챙겨달라고 하자, 사무실 복도에 쌓아 놓은 책상들을 쓰라고 했다. 호마이카 칠을 하고 테두리에 알루미늄을 둘러댄 책상으로 청테이프가 덕지덕지 붙어 있었다. 우리가 난지도 업무를 맡았다고 쓰레기 처리장에나 갈 책상들을 쓰라는 말이냐고 다그쳤다. 결국 창고에서 닦아서 쓸 만한 것들을 직원들이 등짐으로 날라왔다. 녹색 당구장 천을 외상으로 사다가 책상에 재단해 깔고 유리를 놓으니 훤한 사무실이 되었다.

　이어서 당시 목영만 정보화담당관에게 컴퓨터를 달라고 했다. 그는 컴퓨터 살 예산은 없고 프린터를 살 예산은 조금 있다고 했다. 나는 컴퓨터를 안 보내주면 먹지를 대고 볼펜으로 꽉꽉 눌러써서 문서를 발송할 것이라고 협박 반 애원 반을 했다. 컴퓨터가 하나둘 도착하기 시작했다. 이렇게 해서 난지도를 월드컵공원으로 만들기 위한 조직이 만들어졌다.

　먼저 월드컵공원의 기본설계가 진행되었다. 난지도의 지적도를 떼어와서 그 위를 기어다니며 맞춰보는 등 기초 작업에 열중했다. 국제적 이목이 집중되는 거대한 공원계획이었다. 시립대에서 서울연구원으로 파견 나온 이인성 교수 주도하에 고주석 박사와 아네모네 여사(네덜란드 Oikos Design 공동대표)에게 기본구상을 맡겼다. 고주석 박사와 아네모네 여사는 국제적인 명성이 있는 조경가였는데, 강홍빈 부시장의 추천으로 서울연구원과 공동연구를 하는 방식으로 함께 일을 하게 되었다.

　일을 진행하는 과정이 매끄럽지 못했다. 그분들이 요구하는 조건이 지나치게 까다롭기도 했고 이인성 교수와 부딪치는 일이 잦았다. 결국 고주석 박사팀과는 그동안 일한 부분까지 정산한 후 결별했다.

현재 평화의공원의 주요 콘셉트와 구성은 고주석 박사팀의 기본구상을 딴 것이다.

이어서 서울연구원에 몇 명의 전문가들이 모여 난상토론을 해가면서 당시 동측 2매립지(하늘공원)와 서측 1매립지(노을공원) 기본구상을 다듬어나갔다. 하늘공원 설계자는 PQ[3]심사로 선진엔지니어링사를 선정했다. 전문가 그룹에서 기본구상을 잡아주면 실행가능한 도면작업을 해가면서 완성하는 방식으로 진행했다. 집단 검토 모임에는 최정권 경원대(현 가천대) 교수, 안계동 동심원 소장, 최원만 신화컨설팅 대표, 진양교 CA조경 대표 등 쟁쟁한 사람들이 모였다.

먼저, 하늘공원의 기본 콘셉트를 잡는 것은 쉬운 일이 아니었다. 어느 날 저녁 늦은 시간까지 열띤 논의를 거듭하다가 진양교 대표가 "에라, 모르겠다." 하면서 빨간색 그라스 펜(흔히 '구리스펜'이라고 함)으로 도면 한가운데 크게 X자를 그었다.

"밥 먹고 합시다."

모두들 일어서려던 찰나에 진 대표가 갑자기 말했다.

"X축이면 나비의 축인데 이를 토대로 거대한 나비를 형상화하여 꽃도 심고 억새도 심어 나중에는 X축이 기본 동선이 되는 억새밭이 되게 합시다."

모두 다시 자리에 앉아 논의를 계속했다. 월드컵 때 헬기를 타고 상공에서 촬영하는 언론사들은 거대한 나비를 형상화한 공원을 전송하게 될 것이라는 이야기로 기본 콘셉트를 정했다. "에라, 모르겠다."에서 하늘공원의 이미지가 나온 셈이다.

---

3   Pre-Qualification의 약자로 발주처가 시공업체의 실적, 경력, 기술력, 재무상태 등을 사전에 검증함으로써 부실시공을 방지하고 우량업체를 선정하기 위한 심사 방식.

서울시 가을 대표축제가 된 하늘공원 억새 축제 (서울시 제공)

　노을공원은 본래 노을을 주제로 한 전망공간으로 의도했으나 9홀의 대중골프장을 만들어보자는 서울시 시장단의 판단으로 골프장이 되었다. 구상 자체는 크게 어렵지 않았으나 환경단체의 공격대상이 되어 서울시와 환경단체 간에 난타전을 벌인 아이템이었다.

　공원 설계가 어느 정도 진행될 무렵 현장을 방문했다. 평화공원에서 하늘공원으로 이어지는 부근의 땅이 물렁물렁한 것이 이상했다. 자초지종을 알아보니 인근 서측 난지 하수처리장에서 어마어마한 양의 하수 슬러지(하수 처리 과정에서 생기는 침전물)를 이곳에 대책도 없이 상당기간 묻어놓았다는 것을 알게 되었다.

　난감했다. 시간도 많이 남지 않은 상황에서 큰 부담이었다. 국제행사인 월드컵을 앞두고 그 일대를 공원으로 만드는데, 그 자리에 대규모의 하수 슬러지가 묻혀 있다는 사실을 누구도 나에게 알려주지 않앉다. 슬며시 간사한 생각이 들었다. 어느 정도 땅의 형태를 보이고 있으니 모른 척하고 그냥 공원으로 만들어버릴까 하는 생각도 했다.

　고민 끝에 생각을 고쳐먹었다. '눈 가리고 아웅' 해버리면 두고두고 후회할 것이 뻔했다. 일단 서울시 공사 관련부서와 구청 재개발현장 등에 사토(버리는 흙)가 얼마나 발생하는지를 알려달라고 공문을 발송했다. 딱히 흙이 발생하는 곳이 없다는 보고가 이어졌다. 불안한 날들을 보내던 차에 당시 난지도관리사업소 양해만 소장에게서 전화 한 통을 받았다. 상도동 재개발지역에서 120만 세제곱미터의 사토가 발생하는데 샘플로 흙을 보니 괜찮다는 것이었다. 나와보겠냐고 묻기에 "현장 판단은 소장께서 하시는 것이니 소장님이 괜찮다면 괜찮은 겁니다. 받으세요."라며 부탁했다.

　그렇다면 하수 슬러지는 파서 어디에 버릴 것인가? 하늘공원과 노을공원 상부에 공원이나 골프장을 만들려면 일정 양의 토사를 받아 조형을 해가면서 땅을 만져야 했다. 그 흙에 양분이 많은 하수 슬러지를 불도저나 그레이더(땅을 고르는 장비)로 섞어가면서 기층을 만들기로 했다.

　작업이 시작되었다. 평화의공원에서 하늘공원 쪽 하늘계단을 80% 가량 올라가다가 남측으로 난 공터에서 아래를 내려다보니 덤프트럭들이 장난감처럼 구덩이를 빙빙 돌며 오르내리고 있었다. 밑에서 덤프트럭이 슬러지를 실어주면 하늘공원과 노을공원 상부로 운반해갔다. 며칠 후 상도동 재개발현장에서 사토를 운반해오자, 마치 개미들이 꼬리를 물며 일을 하듯이 덤프트럭이 흙을 채워넣는 일이 계속되었다. 대략 20만 세제곱미터의 흙이 채워지는 공사였다.

　일을 하면서 가장 싫은 것이 쓸데없는 오해를 받는 일이다. 이 일로 오해를 받는 일이 벌어졌다. 공사를 맡아서 하던 서울시 건설본부

하늘공원에서 내려다 본 평화의공원. 중앙 도로변이 하수 슬러지 매립지이다.

담당 후배 과장이 노을공원과 하늘공원에 흙을 올리고도 상당량의 흙이 쌓여 있는 것을 보고 재개발현장과 모의를 한 것처럼 흙을 많이 받아놓았다고 전화로 항의를 한 것이다. 꼭 내가 흙을 처리해주고 뒷돈을 받기라도 한 듯 하길래 기분이 나빠 "나는 재개발을 시행하는 회사가 어딘지도 모르고 그런 오해를 받을 일은 하지 않았다. 그 흙은 노을공원의 골프장 조형에도 쓰일 것이다." 하고 큰소리를 쳤다. 물에 빠진 사람을 건져내니 보따리 내놓으라는 식이라 매우 불쾌했다.

하늘이라 하늘공원, 노을이라 노을공원

지금의 하늘공원과 노을공원의 명칭은 직원들과 여러 안을 검토한 후 시민들의 의견을 수렴해 정한 결과이다. 고건 시장께 보고하니 심플하게 하늘공원과 노을공원으로 짓자고 했다. 간단하게 장소의 특징을 담아낸 멋진 이름이었다. 노을공원 서측 끝에 서면 인천 방향으로 한강 수역이 넓어지면서 노을이 지는 장관을 볼 수 있다. 전망대를 만들고 싶었으나 군의 관측용 참호가 있고 불안정한 지반 때문에 단념했다.

하늘공원 풍경. 억새축제와 어우러진 댑싸리 숲

9홀 퍼블릭골프장으로 계획되었으나 시민공원으로 거듭난 노을공원 (서울시 제공)

이후 하늘공원은 2002 서울월드컵 때 노란색과 흰색 꽃들이 나비 모양을 이루며 장관을 뽐냈다. 현재는 나비는 온데간데없이 억새의 천국이 만들어졌다. 매년 개최되는 억새축제는 많은 사람을 하늘공원으로 불러모은다.

노을공원은 골프장의 형태를 그대로 둔 넓은 공원으로 이용되면서 어르신들에게 인기가 많은 파크골프장, 일부 구간에 노을캠핑장을 운영하고 있다. 20년이 지난 지금도 난지도 위에 골프장을 왜 계획하게 되었는지 궁금하다.

1991년 노태우 대통령 시절 청와대 체육비서관인 장병조 씨가 고건 시장에게 한강변에 골프연습장을 설치하자고 제안했다. 당시 난 한강공원관리사업소에 근무 중이었는데, 한동안 한강에 골프연습장을 설치하는 문제로 고민했다. 그러다가 물에 뜨는 골프공이 있다는 사실을 알아내고 유람선의 운항코스를 피할 수 있는 곳을 찾았다. 개략적인 구상안을 만들어 당시 최선길 한강공원관리소장과 함께 장병조 비서관에게 보고하러 갔는데 바로 이거라며 잘 추진해보라고 했다.

그러나 고건 시장은 골프를 치지 않는 분이었다. 그는 최선길 소장에게, 골프가 대중적이지 않으니 한강보전자문위원회에 회부해 다시 논의해보라고 지시했다. 한강보전자문위원들은 상당수가 찬성하긴 했으나 골프연습장 말고도 우선해야 할 시설이 많아 그만두자고 의견을 모았다. 청와대에 위원회 의견을 첨부해 보고하고 더 이상 한강변의 수상골프연습장을 추진하지 않는 것으로 정리했다.

월드컵공원의 기본구상을 만들 때부터 노을공원 상부는 골프장으로 전제하고 계획을 짰다. 세월이 지나면서 부등침하(불규칙적으로 발생하는 땅 꺼짐)가 일어나는 쓰레기매립지라는 조건에선 그것밖에 없겠다고 생각했다.

한강에 골프연습장을 슬기롭게 반대했던 고건 시장이 노을공원에 골프장을 만들자는 아이디어를 낸 것이 나로선 이해가 되지 않았다. 특히 국민체육진흥공단의 체육관련 자금을 투자해 골프장을 만든다는 것에 동의할 수 없었다. 골프장이 만들어져 제대로 운영이 된다면 땅 짚고 헤엄치는 사업이다. 명목상으로는 국민체육진흥공단에서 퍼블릭골프장을 만들 수 있다는 규정은 있다. 하지만 왜 서울시 땅에 그들의 자금을 투입하는 것인지 의아했다.

나의 추론으로는 고건 시장이 골프가 좋아서 노을공원에 골프장을 만든 것은 아닌 것 같다. 부등침하가 일어나는 땅이라서 골프장이 적당하다고 단순하게 생각했을 수도 있다. 그러나 나는 1997년부터 김대중 대통령 시절 청와대 총무인사비서관으로 근무하던 박재호 씨와 연관이 있었던 것으로 추정한다. 그는 청와대 정무비서관까지 역임한 후 2005년부터 국민체육진흥공단의 이사장으로 부임했고, 골프장이 거의 완성된 시기에 당시 이명박 서울시장을 면담하였다. 면담이 끝난 후 그는 잔뜩 화가 나 빨갛게 상기된 얼굴로 시장실을 나왔다.

이명박 서울시장으로서는 환경단체들의 끈질긴 반대를 보아왔고 나와 함께 같은 카트를 타고 현장을 순찰하면서 '9홀짜리라서 그런지 크지도 않은 골프장'이라고 했었다. 결국 박재호 신임 이사장을 불러, 공단은 노을공원 골프장에서 손을 떼라고 통보했다. 공단 측은 반발하여 소송까지 제기했다가 이명박 시장이 대통령이 되자 손을 떼고 철수했다.

현재의 노을공원 캠핑장은 월드컵공원을 완성한 후 추가된 것이다. 당시에 나는 루프 스타일Loop Style로 동선을 구성해 적정거리에 좌우로 사이트를 배치하자고 주장했으나 당시 사업소장이 환경보전이라는 원칙을 고집해 지금과 같은 불편한 형태의 캠핑장이 만들어졌다.

캠핑장을 이용하려면 하늘공원과 노을공원 사이에 있는 평지에 주차한 후 카트(맹꽁이차)로 짐과 사람을 태운 후 해당 사이트까지 찾

노을공원 캠핑장. 루프 스타일의 오토캠핑장으로 개조하여 편의성을 개선해야 한다. (서울시 제공)

아가야 한다. 오토캠핑장으로 설치하면 차로 인해 공해가 발생한다고 우려하는데 그렇지 않다. 일단 캠핑 사이트에 주차하고 나면 거의 운행할 일이 없기 때문이다. 게다가 맹꽁이차에 짐을 실으면 캠핑 사이트까지 끌고 가다가 경사진 길에서 짐이 쏟아질 수 있다. 좀 더 편리한 캠핑장으로 개조해야 한다고 지금도 생각하고 있다.

루프 스타일로 만들면 캠핑 사이트를 더 많이 넣을 수도 있다. 캠핑장이 절대적으로 부족한 서울에서 노을캠핑장은 탁 트인 한강과 북한산 전경 등을 만끽할 수 있는 좋은 캠핑장이다. 그러나 성수기에는 캠핑장 예약이 너무 어려우니 이 또한 개선점을 찾아야 한다.

월드컵공원의 총괄 기획업무를 담당하면서 초기에 이런 생각을 했다. 잠실종합운동장은 별 쓰임새 없이 유지관리비만 많이 드는 시설이다. 그것을 멋진 축구장으로 개조해 서울월드컵경기장으로 만들면 될 텐데 왜 난지도 쓰레기매립지 바로 인근에 서울월드컵경기장을 만드는지 의아했다.

그러나 일을 추진하면서 고건 시장 등 서울시 지휘부가 고도의 정

노을공원 내 조형물과 노을 (서울시 제공)

책적 판단을 하고 있었다는 것을 깨닫고 나서 무릎을 탁 쳤다. 난지도는 원래 한강하류의 퇴적으로 만들어진 섬이고 1978년부터 16년간 쓰레기를 매립하던 곳이다. 먼지, 악취, 해충 등으로 인하여 버려진 땅이었다. 1989년 한상렬 당시 폐기물시설과장과 몇몇 직원들이 난지도 쓰레기매립지에서 허구한 날 불이 나서 검은 연기가 오르는 등 문제점이 많다며 안정화 사업을 제안했다. 약 30만 평이나 되는 매립지를 공원으로 만들자는 아이디어였는데 예산투자의 우선순위에서 번번이 밀려나 1990년대 후반이 되어서야 매립지 안정화와 상암 택지개발사업이 시작되었다. 그러나 이를 가속화하기 위해서는 월드컵이라는 엄청난 국제대회가 명분으로 필요했던 것이다.

쓰레기매립지 북측에는 깔끔하게 정비된 난지천공원이 있다. 이곳은 난지도 쓰레기매립지에서 덤프트럭들이 부어놓는 쓰레기더미를 뒤져 재활용해 쓰는 재건대의 작업장과 넝마주이들이 자리를 잡고 있는 곳이었다.

월드컵이라는 초대형 국제행사를 치르게 될 핵심 지역에서 이들을 다른 곳으로 이주시키고 공원으로 만드느라 실무진들도 고생을 했다. 당시 김학재 행정2부시장의 끈질긴 설득과 지원책이 있어 가능했다. 아슬아슬하게 공원으로 만들 시간을 확보하여 그 일대를 하천형 생태공원으로 만들 수 있었다. 그 과정에서 부시장이라는 높은 지위에 있는 사람도 직접 팔을 걷어붙이고 열심히 일한다는 걸 알게 됐다.

하늘공원에는 풍력발전기가 돌고 있다. 애초에 매립지의 한강 측 사면에 미국 로스앤젤레스의 'HOLLYWOOD'처럼 큰 글씨로 'WELCOME TO SEOUL'이란 대형 글자를 설치할 생각이었다. 강홍빈 당시 행정 1부시장이 직접 나서서 여러 가지 샘플작업을 해보기도 했다. 그런데 글자를 지탱할 만큼 지반이 단단하지 못했다. 한강변으로 태풍이라도 불면 풍압을 감당하기 어려울 것 같았다. 대형 글자는 포기하고 말았다.

대신 친환경을 상징하는 풍력발전기 5기를 설치했다. 풍력발전에서 생산된 전기는 기존의 전선에 교란을 일으킨다고 한전에서 겁을 주는 바람에 그냥 전선에 연결해주는 것만으로도 감지덕지하고 설치한 것이다. 상부에서 바람개비가 돌면서 진동이 일어나기 때문에 하늘공원 상부에서부터 천공작업을 하여 100여 미터의 쓰레기를 뚫고 암반에 기초를 박는 등 어려운 공사였다.

서울월드컵경기장 길 건너 동남 측에 마포농수산물시장이 들어서 있다. 원래 이곳은 현대건설에서 자신 있게 쓰레기 선별공장을 만들었던 곳이다. 생각과 달리 작동이 잘 되지 않고 결국 대규모 인력이 투입되어야 하는 등 여러 가지 문제점으로 문을 닫았다. 그 후 서울시와 현대건설 간에 상당기간 소송을 이어오다가 현대건설이 패소했다. 내부의 각종 기계를 다 뜯어낸 후 외벽을 공장건물용 샌드위치 패널로 만든 실내 공간이었다. 마포구청장이 마포에 시장이 부족하다고 고건 시장을 만날 때마다 끈질기게 주장해 농수산물시장이 되었다. 그러나 썩 깔끔하진 않다.

계획을 수립하는 과정이 힘들었지만 서울에 대형공원을 만들어 서비스한다는 의미에서 보람이 큰 사업이었다. 공원이 거의 완성되던 시기, 고건 시장이 서울월드컵경기장 공정을 확인하기 위해 서울시 간부들과 둘러보았다. 인근 마포의 대형음식점에서 격려차 저녁식사 자리가 있었으나 나는 나서기 싫어 슬그머니 귀청했다. 그런데 시장께서 급히 찾으시니 빨리 마포구 무슨 음식점으로 오라고 연락이 왔다. 농담이라고 생각하고 안 나가고 버텼더니 다시 전화가 왔다. 택시를 타고 부리나케 갔더니 고건 시장은 옆자리로 날 불러앉히고 말했다.

"이 친구였구나. 한잔 받게. 그동안 수고 많았네."

이후 여러 동료와 간부의 부러움을 사면서 한참 동안 시장의 칭찬을 들었다.

내가 한강사업기획단 공원담당관에서 일할 때 서로 안 오겠다고 버티던 사무관들이 있었다고 앞에서 얘기했다. 나야 사무관 하나 없다고 일을 못하느냐고 생각하고 직원들과 일을 해왔다. 그런데 박인규 조경과장이 영국으로 유학을 가는 바람에 공석을 채워야 했는데, 국장들끼리는 나를 조경과장 자리에 보내니 못 보내니 하며 실랑이를 벌였다. 그러다가 고건 시장실에 함께 불려들어가면서 결론이 내려졌다. 사무관도 없이 일하던 사람이니 그가 떠나는 한강사업기획단에는 서기관 한 명에 사무관 한 명을 보내는 대신, 나를 조경과장으로 보내자는 1:2 교환 조건의 묘안을 냈던 모양이다. 고건 시장으로서는 도대체 어떤 친구를 놓고 국장들이 그런 실랑이를 벌였는지 알고 싶어 나를 불렀던 것이었다. 그래도 고생한 것을 인정받는 기회였다고 생각하니 기분 좋은 자리였다.

선유도에서 만난 세계적인 설계 명장들

"이 그림 선유도는 군산 앞바다에 있는 선유도가 아닙니다."

고건 시장의 지시로 국회도서관을 찾아가 겸재 정선의 「선유도」란 그림의 배경이 한강변의 옛 선유도의 풍경임을 보고하는 자리였다. 전북 군산 출신인 고건 시장은 군산 앞바다의 선유도를 그린 것은 아닌지 확실히 알고 싶었던 것 같다.

선유도공원은 월드컵공원을 기획할 당시 추가로 임무가 주어진 것이었다. 부서의 명칭이 한강사업기획단이었기 때문이다. 선유도는

1978~2000년 공원 조성 이전의 선유도정수장 (서울시 제공)

영등포구 양화동 95번지란 지번을 가진 섬이었다. 원래 선유도정수장으로 쓰던 곳이고 면적은 110,407㎡다. 상류인 동쪽에 양화대교를 물고 있듯이 섬이 펼쳐져 있다. 현상공모 결과 조경의 대가인 정영선 선생이 이끄는 서안조경(주)과 컨소시움으로 건축의 대가 조성룡 선생이 설계를 맡게 되었다.

당선작을 보는 순간 두 분에게 맡겨놓으면 되겠다고 안심했다. 이후 설계는 대가들의 열정으로 다듬어지기 시작했다. 조경가 정영선 선생은 마무리 지을 때 본인이 직접 풀을 심고 꽃도 심는 열성이 있는 분이다. 건축가 조성룡 선생은 기존 정수장의 건물들을 전시관과 강연홀 등으로 멋지게 바꿔놓았다. 기존 침전지를 활용한 수질정화원과 정수지의 낡은 콘크리트 기둥에 담쟁이를 심어 녹색기둥으로 만든 것도, 선유도를 옛 정수장의 '역사적 켜'를 간직한 서울의 대표 재생공원으로 만들겠다는 두 분의 의기투합에서 나온 것이다. '조경이 먼저냐, 건축이 먼저냐' 헤게모니를 놓고 두 분이 논쟁을 벌인 공원이기도 하다. 담당 과장으로선 이런 대가들이 설계에 참여하는 바람에 크게 신경 쓸 것이 없었다.

어느 날 강홍빈 부시장이 호출했다. 항상 웃으면서 이야기하는 분이다.

"최 과장, 요즘 바쁘시죠? 이번에 새천년을 맞이하면서 프랑스와 서울과 우호를 돈독하게 할 사업아이템을 찾다가 선유도에 보행교를 하나 놓기로 합의를 했어요. 선유교 프로젝트를 맡아줘야겠어요."

선유도공원은 보행접근이 어려워서 보행전용교를 놓으면 좋겠다는 생각을 하던 터라 반가운 이야기였다. 프랑스 새천년위원회의 간부와 건축가인 루디 리치오티가 선유교 구상을 위해 서울을 방문했다. 프랑스에서 보행교의 설계자를 선발하여 보낸 것이다. 루디 리치오티는 알제리 출신의 실력 있는 건축가로서 콘크리트를 예술적으로 잘 쓰는 것으로 유명했다.

그들과 현장 답사하러 나가기 전 시장단에서는 나에게 "프랑스 설계자가 만일 선유도 하류 한강을 건너가는 고압선이 설계에 지장을 준다면 한강 밑으로 넣어주는 공사를 해도 좋다."라는 지침을 주었다. 선유도에 도착해 답사를 시작하면서 섬의 하류 쪽에 주목했다. 만일 보행교를 놓는데 저 앞의 고압선이 지장이 된다면 하저로 넣어주는 공사를 할 수도 있다고 말하자 리치오티의 답은 간단했다.

"전혀 문제가 안 된다. 오히려 저것이 서울의 발전 과정을 이야기하는 역사적 요소이기 때문에 없앨 요인이 아니다."

나는 쾌재를 불렀다. 그 고압선을 한강 밑으로 이설하려면 50억 원 이상의 예산이 소요되었을 것이다. 일행은 선유도에서 샛강처럼 흐르는 곳을 주목하고 양화지구 고수부지와 양평동 일대를 둘러본 뒤 현장 답사를 마무리했다.

이후 한 달 정도가 지난 어느 일요일, 프랑스 새천년위원회 간부가 전화를 했다. 내일 오후에 김포공항에 도착하는데 에스코트해달라는 것이었다. 다른 선택의 여지가 없었다. 내가 나가겠다고 하고 그들을 모범택시로

겸재 정선이 그린 「선유봉」

하얏트호텔까지 안내했다. 그리고 내일 아침 시장과 부시장에게 설계구상안을 보고하기로 했다.

월요일 아침 그들이 강홍빈 부시장실에 도착했다. 루디 리치오티는 준비해온 가로세로 60cm의 도판 3장을 바닥에 던져놓고 쪼그리고 앉아서 선유교의 기본구상을 설명하기 시작했다. 아무도 설계안에 대한 이의를 제기할 수 없을 만큼 탄탄한 구성이었다. 산책로는 총 길이 469m로 긴 거리이기 때문에 폭을 3m로 잡고 가운데를 높이 40cm로 들어올렸다. 중간에 걸터앉아 이야기를 나눌 수도 있는 공간이었다. 게다가 어린이들이 장쾌한 한강을 감옥과 같은 난간 철책 사이로 내다보게 해서는 안 되었다. 40cm 높이의 데크 위에 올라서 장애물 없이 강을 볼 수 있도록 한 설계였다. 또한 올림픽대로의 차량소음을 완벽하게 차단할 수는 없지만 차가 고속으로 밑에 지난다는 것을 잊을 수 있게 목재 트렐리스(덩굴식물을 위한 격자 구조물)로 가리고 식물

선유도공원과 선유교 완성 후 전경

을 심어 올리는 것이 좋겠다고 했다. 역시 훌륭한 설계자는 자신의 철학과 인간적 배려를 심플하게 제시할 줄 알았다.

둑탈 세라믹 콘크리트에 대해서는 논쟁이 벌어졌다. 둑탈 세라믹 콘크리트는 압축강도가 1,800에 이르는데 이런 소재로 최대한 얇게 교량 상판이 만들어져야 한다는 것이다. 서울시 토목직들은 비상이 걸렸다. 처음 들어보는 콘크리트 소재라 위험하다는 주장이 강했다. 게다가 이미 시공한 사례가 없는 재료를 한국에서 실험적으로 도입하다가 낭패를 볼 수 있었다. 결국 이 소재에 대한 검증을 위해 토목시공 담당 부장과 서울대 토목과 교수 한 분이 프랑스로 건너갔다. 결국 둑탈 세라믹 콘크리트를 쓰긴 쓰되 설계자가 제시한 두께보다 두툼한 단면으로 하기로 했다.

교량은 올림픽대로를 기준으로 15도 각도로 틀어져 있었다. 공항에서 서울로 들어오는 관문에서 무지개처럼 눈에 들어오게 할 의도였다. 이는 실제 시공과정에서 엉성한 조명기구로 교량의 곡선부를 비추는 수준에 머물렀다. 개통 후 선유교가 흔들린다는 소라이 있었다. 한꺼번에 엄청난 사람들이 몰려 흔들거림이 감지되었으나 곧 잠잠해졌다.

오랜만에 걸출한 스타 건축가를 직접 만나 선유교를 설계하고 진행하는 과정을 경험할 수 있었던 좋은 기회였다. 다만 디테일을 만드는 과정에서 설계자 루디 리치오티의 의견을 구하면서 문제를 풀어나가는 세련된 실행 자세가 부족해 아쉬웠다.

보행교의 상판은 목재이고 목재는 내구성이 약한 재료다. 아무리 방부처리를 한다 해도 반복 이용하면 훼손된다. 오일스테인을 2~3년 주기로 발라주면 좋을 텐데, '잡아놓은 물고기에 떡밥을 주는 바보는 없다'는 농담처럼 온 신경을 다 써서 만들어놓은 시설에 유지보수 예산

프랑스 건축가 루디 리치오티가 설계한 선유교. 무지개다리라고도 불린다.

정수장의 기존 시설을 적절히 활용하여 조성한 놀이시설 (서울시 제공)

수생식물원으로 변모한 정수장의 침전지(물보다 무거운 입자를 가라앉히는 수조) (서울시 제공)

을 거의 투자하지 않는다는 게 문제다. 또 하나 아쉬운 점은 선유교를 건너오는 길 가운데 의자 스타일로 데크를 구성한 곳이 있는데, 걷거나 뛰면서 발을 헛디디는 일이 발생한다고 펜스를 쳐놓은 것이다. 그 모습을 보고 가슴 아파하면서 현장을 떠나야 했던 기억이 생생하다.

선유도공원과 선유교는 건축 대가들이 설계구상을 한, 복 받은 현장이었다. 선유도공원은 조경가 정영선 선생과 건축가 조성룡 선생의 합작품이고, 탄탄한 설계 이론이 적용된 좋은 작품이다. 선유도공원이 만들어지는 동안 정영선 선생은 수도 없이 현장을 방문하여 공간 창조자 역할을 했다. 조성룡 선생 또한 설계로 풀지 못하는 재생건축의 애로사항을 극복하기 위해 현장 샵드로잉Shop Drawing(당초 설계에서 놓친 부분을 현장에 맞게 보완하는 설계작업)을 수도 없이 그렸다. 나는 이 모든 것이 설계자의 혼을 대지에 불어넣어주는 과정으로 느꺼졌다.

  나는 당시 월드컵공원 전반에 관한 총괄 지원업무를 맡아 선유도공원까지 깊이 신경을 쓸 겨를이 없었다. 그저 우리나라 최고의 설계자들이 당초 의도한 대로 작품이 완성되었는지 확인하는 것으로 만족했을 뿐이다. 정수장으로 쓰이던 선유도는 과거의 흔적을 살려 서울의 첫 번째 재생공원으로 우뚝 섰다.

시달림을 기다림으로 디자인한 서서울호수공원

　　서서울호수공원은 원래 신월정수장을 공원으로 재생한 곳이다. 기록상으로 노량진정수장에서 지금의 부천 방향으로 물을 밀어보내는데 고개가 있어 수압이 약해지는 불편이 있었다고 한다. 1959년에는 김포군 양동면 시절에 김포정수장이란 이름으로 운영되었다. 이후 1963년 행정 구역이 서울로 편입되면서 신월정수장이 되었다.

　　2003년 10월 서울시 정수장 정비계획에 따라 가동을 중단하였다. 이후 공원 조성으로 방향이 결정된 후 현상공모에서 최신현 대표의 씨토포스가 선정되어 2009년 10월 26일 환경 재생공원으로 재탄생했다. 신월정수장 부지 13만 6722m^2 외에 인근의 능골산 임야 8만 8646m^2를 합해 총 22만 5368m^2의 지역거점 공원으로 조성되었다. 선유도공원과 쌍벽을 이루는 재생공원이다.

　　양천구라고 해도 목동 일대는 신도시로 개발되어 파리공원 등 그럴 듯한 공원이 많지만, 구시가지에 해당하는 신월동 일대는 공원이 거의 없는 지역이었다. 기존 정수시설의 흔적을 남겨가면서 수조를 활용한 몬드리안정원, 수도관을 활용한 오브제 등 공원 곳곳에 디자인 요소가 배치되어 있다. 물을 정수하기 전 원수를 받아놓는 저수지

평화로운 서서울호수공원과 능골산
(ⓒ검정고무신)

기존 침수조의 흔적을 살려 재생한 몬드리안 정원
(서울시 제공)

역할을 하던 18,000㎡ 규모의 호수가 자연호수처럼 배치되어 있다.

설계자는 이 호수 주변을 생태적으로 디자인하면서도 휴식을 취할 수 있는 데크 쉼터를 만들었다. 거기에다 반전을 이루는 디자인 요소도 도입했다. 호수의 상공을 지나 김포공항으로 날아가는 비행기가 발생시키는 소음이 80dB 이상일 때, 열을 지어 배치된 노즐에서 차례로 물을 뿜는 분수를 연출했던 것이다.

신월동은 비행기 소음에 시달리는 지역이다. 신월동에 사는 어린아이에게 비행기를 그려보라고 하면 비행기의 밑바닥을 그린다고 한다. 이곳 아이들에게는 비행기가 그렇게 보이는 것이 사실이다. 그러나 공원 개장 이후 서서울호수공원의 호숫가에선 '언제 비행기가 날아오나?' 기다리게 된다. 스트레스의 원인이었던 비행기 소음을 기다림의 대상으로 바꾸는 데 성공한 디자인이다.

서서울호수공원을 좀 더 재생공원에 충실하게 해보고자 정수장 시설을 인수받은 초기에 현장을 나가보았다. 상수도사업본부 측에서 기존 건물 안의 각종 기계 설비를 하나도 남겨놓지 않고 철거해갔다는 것이 아쉬웠다. 수돗물을 만드는 정수장은 2급 보안시설이다. 출입

서서울호수공원 호수. 80dB 이상의 비행기 소음이 발생하면 작동되는 분수 (서울시 제공)

이 통제되는 구역이라 기계나 설비 등을 볼 기회가 흔치 않은데 철로 만든 창틀까지 모두 뜯어가버렸다. 기관 간에 커뮤니케이션이 안 된 사례일 것이다. 시민에게 물을 만들어 공급하던 중요한 기간시설이었으므로 그 흔적을 남겨 학습의 기회를 만들어주는 것도 공원 디자인의 좋은 요소가 되었을 것이다.

공원으로 조성을 추진하던 2007년 11월, 공원 남측 숲을 헐고 신월야구장이 들어서기 시작했다. 원래 공원 조성계획에 있었던 것은 아닌데, 서울시가 동대문야구장을 헐고 동대문디자인플라자DDP를 만들면서 야구장 확충 요청이 커지자 느닷없이 짓게 된 야구장이다. 그 때문에 서서울호수공원이 생태적으로 더 완성도 높은 공원으로 조성되지 못한 아쉬움이 남는다.

1925년에 건립된 동대문야구장은 2007년 12월 18일 철거됐다. 야구계의 반발이 강했다. 서울시는 야구계와 협상해 여러 개의 야구장을 짓는 것으로 타협을 보았다. 구로구 고척동에 2만 석 규모의 돔 야구장, 구의정수장 부지를 할애하여 1면, 난지한강공원에 동호인용 야

호수를 바라보며 휴식을 즐길 수 있는 대형 데크 　　인근 능골산을 오가면서 공원에 나타나는 너구리

구장 2면, 서서울호수공원에 1면 등 5면의 야구장을 확보했다. 공릉, 잠실에도 유소년용 야구장 각 1면이 만들어졌다. 동대문야구장을 잃는 대신에 서울 이곳저곳에 많은 야구장을 확보하게 된 셈이다.

　미국의 크고 작은 도시를 비행기에서 내려다보면 곳곳에 클로버 모양으로 4개의 야구장이 한 세트로 있는 걸 많이 볼 수 있다. 사람이 살 주거지, 도로, 학교, 상업시설, 공공시설 못지않게 시민들의 레저나 레크리에이션, 운동시설을 가까운 곳에 마련해줘야 한다는 점을 알 수 있다. 동대문야구장을 없앤 것은 아쉽지만 크고 작은 야구장이 더 생겼으니 좋은 일이다.

　서서울호수공원은 인근의 능골산으로 이어지는 공원으로서 지역주민들에게 산책과 볼거리를 제공한다. 능골산에서는 너구리를 종종 발견할 수 있는데 광견병 위험이 있으므로 공원 이용 시 너구리에게 물리는 일이 없도록 조심해야 한다.

　공원 내 100인의 식탁에서는 식구들끼리 싸갖고 온 음식을 함께 먹으면서 피크닉을 즐길 수 있다. 그러나 주차장이 거의 없어서 멀리서 차를 타고 오는 이용객들에게는 불편할 수 있다.

　초기에 신원초등학교 인근에 어린이 놀이시설로 설치한 대형 큐브시설은 밀폐된 공간으로 인해 청소년 우범지역으로 끊임없는 민원의 대상이 된 탓에 철거 후 개방형 놀이시설로 교체하기도 했다.

뚝섬 경마장이 서울숲으로

서울숲 자리는 당초 고건 시장 시절 차이나타운으로 건립할 예정이었다. 당시 부시장이었던 강홍빈의 아이디어였는지도 모른다. 당시 서울시정연구원과 시립대 이인성 교수팀이 대외비로 구상했으며, 먹거리와 관광지 중심으로 방향을 잡았었다.

한참 세월이 지나 이명박 시장이 청계천을 복원해 천지개벽하던 때였다. 나는 한강사업기획단 공원과장에서 조경과장으로 발령받아 근무 중이었다. 사무실 내 회의탁자 뒤에 서울을 내려다보는 듯한 위성사진이 걸려 있었다. 친한 고등학교 동창 김용승이 한국항공우주연구원에 근무하면서 챙겨준 것이었다. 나는 서울을 내려다보면서 일을 해야 한다는 뜻이었다.

어느 날 점심식사 후 강봉수 주임이 달달한 믹스커피 한 잔을 갖다 줬다. 나는 위성사진을 보면서 강 주임에게 중얼거리듯 이야기했다.

"내가 시장이라면 청계천 하나 갖고는 부족하지요. 청계천과 뚝섬의 이 부지를 공원으로 만들어야만 틀이 완성되는 겁니다."

그러자 그녀가 말했다.

"과장님은 어디든 공원으로 만들겠다고 마음먹으면 다 만드셨잖

아요. 그러니 과장님 생각대로 공원으로 만들어보세요."

기분이 좋았다. 복원되는 청계천과 서울숲을 잇는 공원벨트를 형광펜으로 그으며 희망을 가져보았다.

다음 날 오후, 당시 신동우 환경관리실장이 나를 불렀다.

"최 과장, 시장 특명이 떨어졌네. 뚝섬을 공원으로 만들어보라는 것이네."

찌릿한 전율을 느꼈다.

"언제까지 구상하면 됩니까?"

"빠르면 빠를수록 좋지."

"4일만 주십시오."

오후에 곧바로 뚝섬 일대의 수치지형도와 주변 현황도면을 둘둘 말아 시립대 이인성 교수를 찾아갔다.

"교수님, 예전에 뚝섬을 차이나타운으로 만드는 개발 구상을 검토하셨지요? 시장 특명으로 이곳을 공원으로 만들어보려고 합니다."

우린 저녁 식사를 하러 나갔다. 둘이서 천천히 걸으면서 대학 정문

경마장의 흔적을 남긴 기마상 조형물과 인기 많은 바닥분수 (서울시 제공)

길 건너에 있는 두루치기집에 들어가 소주도 한잔하면서 뚝섬에 관한 이야기를 나누었다. 자리를 파할 때쯤 이인성 교수에게 말했다.

"사모님께서 포틀랜드에 계신다고 들었습니다. 연구실로 돌아가셔서 뚝섬 공원화 구상을 잡아주세요."

"이렇게 갑작스레 일을 주면 어떡합니까?"

"이 일을 풀어줄 사람은 교수님밖에 없습니다. 부탁드립니다."

"그럼 언제까지 해야 한다는 겁니까?"

"사흘입니다."

난 핵심적인 말만 하고 집으로 돌아왔다. 그 이후 아무런 전화통화도 없었고 나도 내 일을 했다.

정확히 사흘이 지난 오후에 이 교수로부터 전화가 왔다.

"오후에 제 연구실로 나와보시죠."

거대한 도시숲으로 자리 잡은 서울숲 (서울시 제공)

부리나케 이 교수의 연구실에 도착하자, 그는 공원과 주변 토지 이용방향에 관한 구상을 설명하기 시작했다. 향후 뚝섬에 전철 수인분당선이 지나가니 역세권이 될 것이다. 역 주변의 일정한 토지를 상업용지로 만들어 사람들을 불러모으고 잠재력이 큰 공원으로 만들자는 것이었다.

학생수가 많이 줄고 있는 성수중학교는 뒷부분의 유휴지를 공원화하자고 했다. 학교의 교실 하나를 헐어낸 후 학교를 다시 지어주면서 공원을 잇는 두툼한 동선을 확보하자는 것이었다. 한강을 잇는 부분도 구상에 들어 있었고 동부간선도로에서 강변북로로 연결되는 부분의 교통도 검토했다. 나는 역 주변의 상업용지 부분을 조금 더 크게 끊고 그 토지의 장래 예상가를 판단해 수치화해달라고 주문하고 자리를 떴다.

다음 날 내가 부탁했던 자료가 완성되었다고 연락이 왔다. 이를 CD로 구워달라고 부탁한 후 직원을 보내 가져왔다. 신동우 실장께 보고하니 내용도 확인하지 않고 내일 시장께 기밀보고를 하자고 했다. 내가 신동우 실장이었다면 그렇게 통 크게 부하직원을 믿고 곧바로 시장보고를 할 수 있었을까?

다음 날 새벽, 시장 출근길에 보고하러 시장 접견실에 들어갔더니 놀라는 눈치였다.

"벌써 준비했어?"

보고는 잘 마무리되어 내일모레 정책회의에서 다루기로 했다. 뚝섬 공원화 구상이 이명박 시장의 마음에 들었던 것이다.

이틀 후, 기라성 같은 서울시 간부들이 모인 정책회의 자리에서 브리핑을 했다. 어느 간부가 성수대교에서 넘어오는 사거리와의 접합부에 관해 지적하자, 대형건설사 회장 출신인 이명박 시장이 말했다.

"어, 그건 덴바(일본말로 고저차를 뜻하는 현장 용어)가 안 맞는다는 이야기죠? 그런 것 말고 다른 큰 문제점이 또 있는지 이야기해보세요. 없으면 이 계획안을 토대로 공원 만듭시다."

그리하여 도시계획을 포함한 서울숲의 기본구상이 만들어졌다. 총면적은 480,994m^2로 결정되었다.

보고를 마치고 시장실을 빠져나오면서 신동우 실장이 내 어깨를 툭 쳤다.

"수고했네."

"드릴 말씀이 있습니다. 실장님이 행정국장 시절에 저를 해외 파견 근무 대상자로 선정해주셨습니다. 이번 연말까지 미국으로 나가야 합니다."

"그래, 다녀와야지."

화끈한 분이었다.

2년간 워싱턴주 공원레크리에이션위원회에서 근무를 마치고 귀국해 공원 과장을 맡았다. 기본 얼개에서 크게 변한 것 없이 서울숲 공원

바닥분수와 야외무대 위 하늘에서 내려다본 서울숲 전경 (서울시 제공)

이 거의 다 만들어져가고 있었다. 공원 과장 소관이라서 일을 다시 챙기게 되었다.

공원의 이름은 '서울숲'으로 이미 결정되어 있었다. 과연 서울숲을 어디서 관리운영할 것인지를 결정해야 하는 시기가 왔다. 서울숲 국제현상공모를 열었고 안계동 소장이 이끄는 동심원에서 당선작을 냈다. 당시에 작업한 스케치들을 보면 현상공모를 준비하는 과정에서 기본개념을 잡고 차츰 구체화시켜 공모에 제출하게 된 발전과정을 엿볼 수 있다.

수많은 팀이 열심히 준비했지만 동심원은 안계동 소장이 직접 디자인 개념과 초안을 잡고 설계안을 발전시킨다는 강점이 있었다. 당시 최용호 푸른도시국장은 서울숲을 시설관리공단(현 시설공단)에

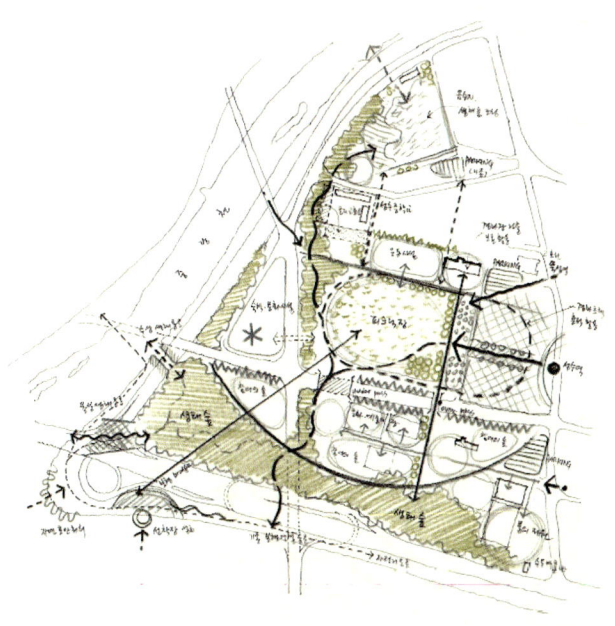

동심원의 안계동 소장이 그린 초기 공원 기본 구상 스케치 (동심원 제공)

맡기라는 원세훈 부시장의 지시를 받았다. 나는 반대 의견을 냈다.

"그건 안 됩니다. 어린이대공원도 사실상 군 출신들 자리 마련을 위해 공원을 관리운영하게 한 것인데, 어린이대공원 하나로 충분합니다. 서울숲까지 그들에게 줄 수는 없습니다."

최 국장은 다시 부시장실에 가서 당시 시설관리공단에 관리운영을 맡길 수 없다고 했다. 원세훈 부시장은 다시 지시했다.

"그렇다면 한강관리사업소가 인근에 있으니 거기에 맡기세요."

나는 다시 최 국장에게 그건 더 말이 안 되는 일이라고 주장했다. 한강관리사업소가 한남동에 있는 보건환경연구원 자리를 쓰던 시절, 그 일대를 시장공관으로 만들기 위해 한강관리사업소를 뚝섬 한강변으로 이전했다. 강변북로에 진출입도로를 위험하게 갖다붙여야 하는 위치였다. 인근에 있다는 이유라면 여의도공원도 한강에 연접해 있고 월드컵공원도 모두 한강변인데 논리적이지 않다고 주장했다.

최 국장은 더는 부시장에게 말을 못 하겠다고 하기에 내가 나서서 부시장실에 갔다. 부시장실에서 큰 소리가 났다.

"자네들은 돌아가면서 부시장 말을 안 듣는 건가?"

나는 물러서지 않고 한강관리사업소에서 지상부 일반 도시공원을 관리하게 해서는 안 되는 이유를 설명했다. 30분간 밀고 당긴 끝에 원

공간별 구상안 스케치 (동심원 제공)   완성단계의 공원 구상 스케치 (동심원 제공)

부시장이 항복했다.

"이 친구 고집이 세구먼. 그렇다면 자네가 직접 관리해봐."

"네, 잘 알겠습니다. 제가 맡아서 잘 관리해보겠습니다."

내가 기다리던 말이었다.

이후 공사를 마무리하고 2005년 6월 18일 저녁, 준공기념 KBS 열린음악회가 열렸다. 저녁 6시에 공연 녹화를 하기로 한 날인데, 아침 6시부터 사람들이 몰려들기 시작했다. 나는 직원들에게 인파가 뒤에서부터 밀리기 시작하면 앞사람이 넘어질 수 있고 상주시민운동장 콘서트 압사사고[4]처럼 엄청난 인명 사고가 날 수 있다고 경고했다. 공사용 쇠파이프를 긴급하게 구해서 ㄹ자로 배치하자고 했으나 예산도 없고 시간적으로 너무 촉박했다. 결국 진입금지 롤테이프를 형식적으로 쳐놓았다.

저녁 6시가 되어가면서 사람은 점점 더 늘어났다. 앞자리를 차지하려는 사람들은 막아놓은 경계선을 열기만 하면 뛰어갈 태세였다. 불안했다. 진입금지 테이프는 이미 다 끊어진 상태였다. 나 메가폰을 들고 대기했다.

KBS 측에서 입장을 시켜도 된다는 사인이 떨어졌다. 당시 성동경찰서 소속 간부가 나에게 말했다.

"이제 입장하게 하시죠."

그 순간 나는 경찰들의 얼굴에서, 만일 누군가가 쓰러져 밟히는 사고가 발생하면 곧바로 경찰서로 나를 데리고 가서 책임을 묻겠다는 듯한 표정을 읽었다. 사고를 방지하는 일에 투입되기 싫다는 그들의 표정

---

[4] 2005년 10월 3일 상주시민운동장에서 열리는 MBC 가요콘서트를 관람하기 위해 입장하던 시민들이 몰리면서 발생한 압사사고. 11명이 사망하고 70여 명이 부상을 입었다.

서울숲 현상공모 시 제출된 동심원의 최종 마스터플랜. 이 안이 당선작으로 결정되었다. (서울시 제공)

을 보고 나니 정이 뚝 떨어졌다.

입술이 바짝바짝 타들어갔다. 메가폰을 들고 최대한 차분한 목소리로 말했다.

"곧 입장을 시작할 테니 제발 밀지 마시고 천천히 들어가주십시오. 자리는 충분합니다. 앞사람을 밀면 큰 사고가 날 수 있습니다."

여러 번 반복해서 차분한 목소리로 부탁을 하는 동안 엄청난 힘으로 움찔거리며 밀려오는 군중의 힘을 느꼈다.

드디어 입장을 시작했다. 순식간에 사람이 밀리면서 초등학생과 할머니 한 분이 쓰러졌다. 어깨를 군중 쪽으로 집어넣으며 사람이 쓰러졌다고 소리를 친 다음, 일어나라고 했으나 쓰러진 두 사람은 땀만 뻘뻘 흘릴 뿐 다리가 풀려서 일어나지 못했다. 나는 밀고 있는 군중의 힘을 어깨로 받으면서 낚아채듯이 두 사람을 끌어올렸다. 두 사람은 언제 그랬냐는 듯이 객석을 찾아 사라졌다.

등에 식은땀이 흥건했다. 공원 외곽에 멀리 서서 가슴을 쓸어내리며 허탈하고 지친 몸과 마음을 추슬렀다. 마지막 순서로 가수 인순이의「밤이면 밤마다」노래가 청중들을 흥분의 도가니로 몰아넣으며 열린음악회는 막을 내렸다. 만일 그 자리에서 압사사고라도 났다면 돌이킬 수 없는 큰 사고로 이어졌을 것이다. 공원을 만드느라 고생한 보람도 없이 나의 공직생활은 불명예스럽게 끝났을 아찔한 현장이었다.

나는 KBS 측에 강력히 항의했다. 담당 피디는 피식 웃었지만 이후에는 리허설을 한다고 입장을 금지시키는 일은 없어졌다. 북서울꿈의숲 오픈행사 때에도 리허설을 할 때 관객들이 자연스럽게 들어와 앉아서 기다리도록 관철시켰다.

공원이 마무리 지어질 때 현재 '서울숲 포 휴'라는 건물이 들어선 자리 지하 호프집에서 직원들과 한잔하게 되었다. 호프집 사장에게 이 근처 건영아파트 23평짜리가 시세로 얼마인지 물었다. 호프집 사장이 되물었다.

"고스톱을 치시나요? 따블이면 몇 배예요?"

"2배입니다."

"그러면 따따블은요?"

"4배인데요."

"그렇게 올랐습니다."

서울숲 인근의 상업시설 내 들어선 고층건물들

내가 서울숲을 비밀리에 구상할 때는 2억 3000만 원이었는데 6억 5000만 원이 되었다는 것이다. 2년 만에 올라도 너무 올랐는데 이것이 숲세권이나 공세권의 시작이었을 것이다. 세월이 20여 년이 지난 지금은 15억 원이니 돈 벌기 참 쉬웠을 것 같다. 공원기획을 나 혼자만 알고 있을 때 급전을 빌려서 아파트 하나를 사놓을까 생각도 해봤지만 그럴 돈도 없었고 빌릴 여유도 없었다. 그런 지저분한 짓은 안 한다고 다짐했던 것이 무색하게 올라도 너무 올라버렸다. 주변의 지인들은 그런 일이 있었으면 슬그머니 알려주지 그랬냐고 한마디씩 했다. 그러나 만일 그런 일을 투자랍시고 했다면 욕심이 화를 불러서 공직을 일찌감치 그만두었을 것이며 지금의 나는 없었을 것이다. 세상에 비밀이란 없다.

북서울의 Dream Land가 Dream Forest로

보통 서울시 본청 공원과 또는 공원조성과에서 공원을 직접 만들지는 않는다. 개발계획을 수립하고 토지보상을 하는 경우는 많지만 본청의 과장이 직접 공사를 발주하고 진두지휘하지는 않는다. 강북구 번동에 소재한 북서울꿈의숲은 시의 공원과장이 직접 설계부터 공사까지 현장지휘한 최초의 공원이자 마지막 공원이 될 것이다.

2008년 1월 국제 현상공모가 이루어지고 같은 해 4월 21일 씨토포스의 최신현 대표가 준비한 안이 최우수작품으로 선정되었다. 이후 실시설계를 하던 10월 어느 날 담당자인 유영봉 팀장(추후 푸른도시국장 역임)이 보고할 것이 있다고 찾아왔다.

강북구 번동에 소재한 오동공원이 북서울꿈의숲을 품은 큰 공원의 이름이

씨토포스의 최신현 소장이 그린 초기 기본 콘셉트 스케치
(씨토포스 제공)

었다. 1997년 4월에 개원한 드림랜드라는 강북지역 놀이공원이 들어선 후 MBC의 변웅전 씨가 사회를 맡던 「유쾌한 청백전」이 주로 드림랜드에서 촬영됐다. 일요일 오전마다 방송되었는데 인기 연예인들이 수영복 차림에 물놀이를 하게 하고 물에 빠져 허우적거리는 것을 많이 보았을 것이다. 드림랜드의 홍보작전에 애꿎은 연예인들이 고생을 한 곳이다.

드림랜드는 롯데월드, 에버랜드 등 내로라하는 민간 놀이시설과의 경쟁에서 뒤떨어지면서 이용객이 대폭 줄어 2008년 폐장했고, 이후 방치되어 슬럼화하기 시작했다. 1기 오세훈 시장 시절에 강북권에 폭발력 있는 전략적 공원화사업을 구상했다. 오 시장의 참모인 유창수 비서관(2기 오세훈 시장 시절 행정2부시장 역임)과 공원과의 김흥수(2013년 작고) 주임이 긴밀히 의견을 주고받았다. 토지보상 문제를 공시지가 이하로 매입할 수 있다는 문중과의 사전 협상에 성공해 과감하게 공원화 사업을 발표하기에 이르렀다.

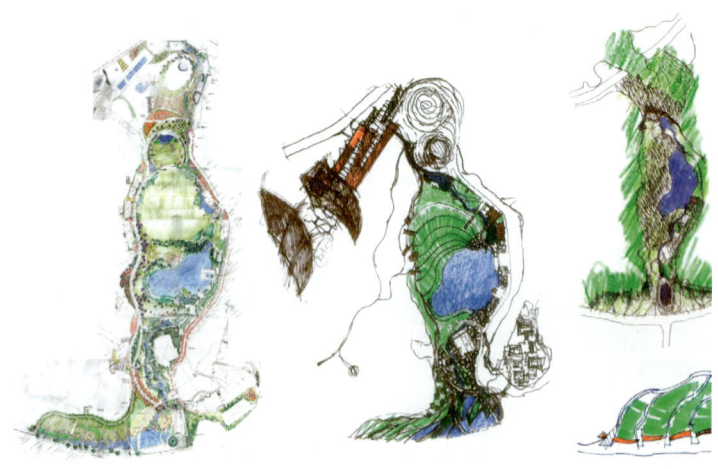

공간 구성을 체계화하기 위한 콘셉트 스케치 (씨토포스 제공)

조경과장을 2차례 맡았다가 공원과장을 맡게 되었는데 총 6개 팀이 돌아가느라 일이 엄청 많았다. 북서울꿈의숲 담당자였던 유영봉 팀장은 아무리 재촉을 해도 설계가 끝나지 않고 있다며 11월 15일까지 조달청 공사발주가 마감을 맞추기가 어렵겠다고 했다. 이 보고가 뭘 뜻하는 것이냐고 되물었더니 그가 말했다.

"과장님이 직접 공사를 발주하고 공사의 집행을 지휘해주셔야 할 것 같습니다."

"난 6개의 팀을 관장하는 과장입니다. 유 팀장도 그중 한 팀이고요. 과장은 과장 역할이 있는 것인데 무슨 공사를 직접 발주하고 관장한다는 것입니까? 밤을 새워 설계를 마무리하고 사업소나 도시기반시설본부로 내려보내세요."

그러나 10월말 유 팀장은 팀원 모두를 데리고 다시 과장실로 왔다.

"밤을 새워 설계를 마무리 짓고 있습니다만 사업소에서 설계를 검토하고 발주하게 하려면 절대적인 시간이 부족합니다. 설계 내용에 대해 이러쿵저러쿵 따지다 보면 조달청에 보내는 시기를 놓치게 됩니다. 제발 우리 과 저희 팀에서 책임지고 직접 공사를 발주하고 공사를 관리하게 해주십시오."

"아니, 무슨 이야기를 하는 겁니까? 시의 본청과장이 직접 공사한 사례가 어디 있어요? 나는 못 합니다."

한참 침묵의 시간이 지나도록 직원들은 자리를 뜨지 않더니 갑자기 모두 무릎을 꿇었다.

"과장님, 저희가 죽는 한이 있더라도 책임지고 공사를 잘 진행할 테니 과장님의 직접 지휘를 받아 멋진 공원을 만들어내고 싶습니다."

이 정도 되면 과장이 물리칠 수 없는 노릇이었다. 나는 직원들을 일으켜 세웠다.

"그렇다면 죽을 각오로 해야 합니다. 한번 해봅시다."

직원들은 환호성을 질렀다. 그렇게 본청에서 직접 대형공원을 발주하고 감독하기에 이르렀다.

대형공사 조달청 발주를 의뢰하는 마지막 날이 11월 15일이다. 그 기간에 간신히 맞춰 공사를 발주했다. 원래 골프장을 잘 만든다고 소문이 자자했던 오렌지건설이란 회사가 낙찰되었다. 땅을 미려하게 조형하는 회사이니 공원을 잘 만들 수 있겠다고 생각했는데 적격심사를 하는 과정에서 탈락하고 화성산업이란 건설사로 확정되었다.

공사가 시작되면서 현장사무실이 지어지고 함바집도 지어졌다. 그토록 비리가 많아 가끔씩 사회문제로 터지는 그 함바집을 직접 짓게 되다니! 어떤 절차로 함바집 운영권이 결정되는 것인지는 시공사에 묻지도 않았고 따질 일도 아니었다.

또한 상당 부분의 건축공사도 필요했는데, 공연장과 전시장을 갖춘 아트센터를 짓고 전망대를 지어야 했다. 반원형으로 멋을 낸 중식당

북서울꿈의숲 내에 있는 창녕위궁 재사 (공공누리 제공)

'메이린', 잔디밭 북측에 글라스 파빌리온으로 된 이탈리안 식당 '라 포레스타', 그 외 방문객센터 등이 있었다. 만만치 않은 대형공원이었다.

현장을 나가보니 토지 보상을 마무리하고 마지막으로 순조와 순원왕후 사이에서 태어난 둘째 딸 복온공주(1818~1853)의 묘를 이장하고 난 뒤였다. 이 일대가 공주릉이라고 한 이유가 복온공주의 묘 때문인데 다른 곳으로 이장하여 공주릉 시대가 막을 내린 것이다. 창녕위궁 재사[5]는 복온공주의 남편 창녕위昌寧尉 김병주의 재사이다.

공사가 진행되면서 매주 목요일 아침은 아침 7시부터 공정점검 회의를 가졌다. 국장과 과장, 팀장과 직원 등이 발주처, 화성산업 최영철 시공단장과 각 분야별 토목, 건축, 조경, 전기, 기계, 통신 등 분야별 소장, 감리단장과 감리원, 설계자 최신현 소장 등 대략 50여 명이 현장사무실의 큼지막한 회의실에 모여 9시까지 공정을 점검하는 회의를 개최했다. 과장인 내가 총괄진행을 하고 옆자리에는 국장이 앉아 특별한 의견이 없는지 살폈다.

먼저 시공팀이 진행상황과 특별한 애로사항을 보고했다. 그런 뒤 감리단장이 시공 관련 감리상황을 보고했다. 마지막으로 발주처의 분야별 의견을 이야기했다. 그러고 나면 마지막으로 내가 궁금한 점이나 미진한 사항, 다음 주 진행할 주요 일정과 특기사항 등을 살폈다. 이 회의를 하는 이유는 공사 일정이 빠듯한 상황에서 각 분야별로 조정할 일은 조정해주고 빠르게 방향을 결정해줘야 공사가 물 흐르듯이 진행될 수 있기 때문이었다.

어느 날 회의에서 전망대를 만들고 나면 지체장애인들은 어떻게

---

5   재사齋舍: 학문과 덕행, 충효가 뛰어난 인물 등을 추모하는 제사를 지내기 위해 묘소나 사당 인근에 지은 건축물. 재각齋閣, 재실齋室 이라고도 한다.

월영지에 찾아온 봄 풍경

지하철 장애인용 리프트

전망대에 설치된 경사형 엘리베이터

전망대에 올라갈 수 있느냐고 물었다. 아무도 선뜻 대답을 하지 못하더니 현장소장이 말했다.

"지하철 등에서 쓰는 스텐리스 판 위에 휠체어를 올려서 작동시키는 것으로 설계되어 있습니다"

나도 출근길에 지하철에서 그렇게 장애인 휠체어를 올리고 내리는 것을 본 적이 있었다. 장애인 입장에서는 수많은 사람의 눈총을 받으면서 지하철 공익요원의 도움을 받아 불안한 리프트에 몸을 싣는 끔찍한 일이었다.

"지하철에서도 차츰 없어지는 이런 방식을 공원 전망대에 적용한다는 것이 말이 됩니까? 계단을 따라 올라가는 비장애인도 미안하고 장애인은 더 미안한 상황이 될 것이니, 남산 케이블카 부근의 경사형 엘리베이터를 지금이라도 도입할 수 있도록 검토해서 다음 주까지 기초 보고를 해주세요."

결국 20억 원의 돈이 더 든다는 보고를 받고 말했다.

"나중에 해도 되는 일을 찾아서 뒤로 미루고 이것부터 설계 변경해 진행시키세요. 이것으로 결정은 끝난 것이니 부시장, 시장 보고서 만들 필요 없습니다."

이날 결정은 심플했다. 시장이나 부시장에게 보고한다고 해서 특별히 달라지는 일도 없고 시간만 오래 걸리는 일을 단숨에 결정한 것은 잘한 일이다. 그래야 공사 현장에서 일이 빠르게 진척된다. 이런 일을 추진하는 관리자의 최우선 덕목은 빨리 결정해주고 그 결정에 책임을 져주는 일이다. 나중에 실무진에게 계산을 해보라고 했더니 만일 공원을 개장한 후에 경사형 엘리베이터를 다시 설치한다면 50억 원이 들어도 힘들 것이라고 했다. 각종 언론으로부터 매는 매대로 맞아야 할 뿐 아니라 언젠가는 해야 할 일이었다.

평소에 월계로 쪽 출입구를 동문이라고 한다. 그 부근에서 경사진 주도로를 따라 아트센터 쪽으로 서문 방향으로 올라가는 길의 맨홀이 어떻게 설치되는지 궁금했다. 조경과장이던 시절에 옥상녹화를 배우러 일본 동경에 출장을 가서 롯폰기나 미드타운 도쿄 등 신도심 재생 성공지역을 둘러본 적이 있다. 보도 포장과 보도 내의 맨홀 처리를 관

당초 설계된 계단. 비상 대피용으로 일부 존치되었다.

말도 많고 탈도 많았던 사각맨홀.

심 있게 보니 기가 막히게 정교했다. 대부분의 맨홀은 동그랗지 않았고, 스테인리스로 사각틀을 짜서 그 안에 정교한 포장재를 가공해 까는 식으로 보도를 덮고 있었다.

사실상 보도 위의 맨홀은 사람이 들어가 작업을 하는 구멍이란 뜻이니 동그랗게 만드는 것이 일반적이다. 하지만 우리의 보도 포장재 마무리 수준으로는 각진 보도블록을 정교하게 끊어서 동그란 맨홀 모양에 잘 맞추기 어려웠다. 그라인더로 갈아서 시공한다고 해도 깔끔하지 않은 것이 사실이었다. 동경처럼 각진 정사각형 또는 직사각형의 스테인리스 프레임의 맨홀을 시공해보고 싶었다.

공정점검회의에서 월계로부터 서문에 이르기까지 경사진 주동선 상에 맨홀이 어떤 기준으로 몇 개나 계획되어 있는지 물었다. 25m당 하나씩 설치하게 되어 있다고 했다. 나는 따져 물었다.

"25m당 하나라는 것은 하수도가 막히지 않도록 버킷(양동이)에 끈을 묶어서 토사나 적치물을 끌어내기 편하게 만든 길이가 아닌가요? 그런데 이 동선은 경사가 제법 있는 내리막 도로라서 우수나 오수가 흘러도 막힐 염려가 거의 없고, 하수도의 대부분은 빗물입니다. 상

인근 동문아파트에서 바라본 북서울꿈의숲 볼플라자와 전망대 (서울시 제공)

부엔 일반주택지가 있어서 오수량이 많은 것도 아니고 토사가 밀려들어오지도 않는 조건이니 맨홀 수를 대폭 줄이고 일본 스테인리스 프레임 맨홀뚜껑을 수입해서 시범적으로 설치해봅시다."

결국 복잡한 절차를 거쳐 맨홀뚜껑을 수입해와서 시공했다. 물론 주물로 된 원형 맨홀뚜껑에 비해 몇 배가 비쌀 것으로 예상하고 실행한 것이다.

이후 서울시에서 꽤 유명한 '맨홀뚜껑 사건'이 터져 오랫동안 감사에 시달렸다. 주물로 된 원형 맨홀 뚜껑을 납품하려던 업체에서 투서를 낸 것인지, 서울시에서 투서로 이름을 날리던 녹지직 후배가 다시 장난질을 친 것인지는 모르겠다. 감사원의 특별조사국에서도 서류를 갖고 오라고 했고 공사가 마무리되고 난 후 뒷조사도 당했다. 박원순 시장때는 3개월간 나 몰래 여러 사람을 불러 내 뒷조사를 했는데, 이때도 맨홀 수입 사건이 단골 메뉴였다고 한다.

나와 급한 일을 몇 번 같이했던 삼정이란 회사의 이근 사장의 말로는, 서울시 감사관실 직원이 보자고 하더니 최 국장에게 얼마를 갖

북서울꿈의숲의 벚꽃　　　　　북서울꿈의숲을 이용하는 시민들 (서울시 제공)

다 주었느냐고 끈질기게 물었다고 한다. 이근 사장은 "단 한 푼도 갖다 준 적도 없고 일을 잘했다고 오히려 내가 밥을 얻어먹기만 하여 미안한데 무슨 소리냐."라고 강하게 어필하면서 "만일 최 국장에게 피해가 가는 일을 억지로 이야기하라고 한다면 나는 내가 하는 사업 자체를 접겠다."고 하니 그때서야 물러섰다는 것이었다.

　공사 당시 실무진들이 일본에서 맨홀뚜껑을 수입해올 업자가 없다고 해서 내가 한일옥상녹화 교류사업의 일어 통역을 담당하고 한국에서 조경사업을 시작하던 어바닉스 대표 故 한규희 씨에게 부탁해보라고 했다. 한규희 씨 또한 서울시 감사관실에 여러 차례 불려가 최 국장에게 얼마를 줬느냐며 괴롭힘을 당했다.

　우리나라의 보도에 시공되는 원형 맨홀뚜껑의 문제점을 시범사업을 통해 개선해보려던 한 공무원의 충정이 무색할 정도로 내 주변 사람들을 괴롭혔다. 심지어 홍익대 산업디자인대학원의 유진형 교수도 서울시 감사관실에서 여러 차례 불려가 "최 국장이 줄기차게 유 교수님을 불러 일에 대한 자문을 받고 예전에 안내체계 관련 용역도 하셨는데 술이나 밥을 사준 적이 없는가?" 하는 유치한 질문들을 늘어놓기에 크게 화를 냈다고 한다. "내가 막걸리를 얻어 마신 적은 있다. 왜, 그러면 안 되는 것이냐?"라고 하자 알았다고 하면서 물러섰다는 것이다.

훗날 노원구 부구청장을 할 때 박 시장이 내게 전화해 "최 국장님, 제가 국장님 노원 부구청장 가는데 많이 애를 써준 것 아시죠? 내가 최 국장님을 오해했던 것도 마음을 푸세요." 하고 사과를 받았지만 개운하진 않았다.

국방대 교육파견 중일 때 후배에게 연락이 왔다. 감사원 특별조사국에서 북서울꿈의숲 맨홀뚜껑 수입 관련자료를 다시 갖고 오라고 하는데 어찌하면 좋을지 물었다. 감사원에 근무 중인 후배에게 전화하여 내 주변 사람들만 자꾸 오라 가라 하지 말고 이번에는 제발 나를 직접 불러서 이 사안의 전모를 밝혀내라고 강하게 이야기했다.

공원의 맨홀뚜껑 하나도 자기들 밥그릇에 영향이 있으면 혼쭐이 나야 한다는 것일까? 한일감정이 안 좋은데 일본에서 수입해온 이유를 묻고 싶은 것이었을까? 알다가도 모를 일이다. 정교한 일본 동경의 보도블럭을 동경하다가 생긴 일이니 웃음밖에 안 나온다.

수많은 역경 끝에 완성된 북서울꿈의숲

　북서울꿈의숲 서문 쪽에 문화시설이 집중된 감은 있지만 아트센터는 전시관, 북카페, 2개의 공연장 등을 갖춘 제법 큰 복합건물이다. 나는 일반적인 마감 방식으로 시공 예정이던 옥상을 옥상녹화 설계로 보완해보자고 설계자를 설득했다. 건물 옥상은 산에서 내려오는 녹지를 받아내 공원 동선으로 이어주는 곳이 되어야 한다.
　설계가 잘되어 매끄러운 동선으로 이어졌다. 전망대에서 내려오는 동선을 자연스럽게 옥상녹화 구간으로 이어지도록 하여 아트센터로도 들어올 수 있도록 보완했다. 그러나 공사 막바지 단계에서 일이 터졌다. 메이린이라는 둥근 원형 외관을 가진 레스토랑의 외장재를 붙이는 중에 그 재료를 본 국장이 큰일이나 난 것처럼 펄쩍 뛰면서 저 재료와 저 색깔은 당연히 아닌 것 같다고 하는 것이 아닌가? 그 재료는 징크판넬이고 그 색깔은 기와진회색이었다. 3개월 전에 외국에 발주를 내서 배로 수입해 들여온 것이었다. 나는 건물이 튀지 않게 잡아주는 외장재라고 설명하며 국장님이 배석한 공정회의에서 이미 결정된 것들이라고 하니 '그래도 저 재료와 저 색깔은 아니다'는 식으로 계속 고집을 부려서 난감했다. 상급자가 결정을 번복하면 참으로 난감해진

공원에 산재한 그늘 쉼터

다. 설득이 안 되는 상황이었다.

결국 내가 직접 시장께 보고드릴 테니 기다리라고 한 후, 우연히 오 시장이 직접 현장을 살피러 나온 적이 있었다. 오 시장은 메이린 건물의 외장공사 진행상황을 보며 간단히 말했다.

"괜찮네요."

사실상 그런 것을 시장에게 의견을 물었어야 했는지는 모르겠다.

어느 날 공사기간이 너무 빠듯하여 국장에게 건의했다.

"이렇게 좋은 공원을 이처럼 살인적인 공사기간에 무리하게 마무리하는 것은 아닌 것 같습니다. 시장단에 다시 건의해 공사기간을 올 10월이 아닌 내년 5~6월까지 연장합시다."

국장은 "Closing 10이라고 결정한 일이니 못 바꾼다."라고 말했다. 나라도 시장을 만나 설득하겠다고 하니 안 된다고 딱 잘랐다.

설계변경과 추가공사를 포함해 약 1000억 원짜리 공사였다. 실질적으로 착공한 때를 3월이라고 본다면 10월까지 약 8개월 만에 끝내야 하는 일정이었다. 하루에 약 2억 4000만 원이 투입되는, 감당하기 힘든 공사였다. 그러나 상급자가 언로를 차단하고 버티는 상황에서 싸울 수도 없는 일이니, 꾹 참고 공사 진행을 재촉할 수밖에 없었다.

직원들은 9월 초부터 집에도 못 가고 인근 월계주공아파트 2단지에 24평 아파트 한 채를 빌려 12명이 합숙하면서 공사를 독려했다. 나도 매일은 아니지만 수시로 함께 합숙을 했다. 직원들은 새벽 6시만 되면 누구라고 할 것 없이 용수철처럼 튕겨져 일어나 공사 현장으로 가서 할 일들을 찾아 했다.

공사가 끝난 후 오세훈 시장이 한남동 파트너스 하우스에서 공사에 참여한 고생한 직원들을 격려하고자 저녁을 대접해주었다. 난 직원들이 고생한 것을 시장이 알아야 한다는 생각에 그때의 비화를 말했다. 오 시장이 놀라 물었다.

"아니, 왜 그런 것을 이제서야 이야기하지요?"

물론 국장이 잠시 자리를 비운 사이에 이야기한 것이다. 아무리 서울시장이라고 하더라도 모든 일을 상세히 알 수는 없는 노릇이다. 마무리 짓는 두 달 동안 인근 아파트를 빌려 합숙하며 아침에 출동하던

전망대 아래 원형 지붕의 중식당 메이린

공연장과 메이린, 전망대 야경

직원들의 열성은 말해주지 않으면 모를 수밖에 없다.

북서울꿈의숲은 2009년 10월에 개장행사를 한다는 목표 아래 매우 힘든 과정을 거쳐 마무리된 공원이다. 일단 개장행사를 하고 나서도 이곳저곳 마무리 작업이 진행되고 있었다. 특히 라 포레스타라는 이탈리아 식당 건물은 글라스 파빌리온, 말 그대로 통유리로 곡선부를 만드는 어려운 작업이었다. 유리가 품귀현상까지 빚어 애를 먹었다.

라 포레스타에 세종문화회관 운영진이 투입되어 사람들에게 시범 운영을 하던 어느 날, 점심 즈음에 현장소장으로부터 급한 전화가 걸려왔다.

"과장님, 글라스 파빌리온 유리 부착 작업을 하던 중 유리가 그 밑을 지나가던 젊은 남녀 앞으로 떨어졌습니다. 크게 다치지는 않았지만 고대병원으로 급히 이송 중에 있습니다."

"무슨 소리입니까? 빨리 병원으로 가서 상황을 살피고 어느 정도 다쳤는지 알아보세요. 죄송하다는 말씀을 드리고 위로도 해주세요."

자세히 알아보니 하늘이 도왔다. 이탈리아 식당에서 점심식사를 하고 서측 문을 나서는 순간 두께 24mm 복층 유리가 스르르 미끄러져 떨어지면서 문을 나서던 여자분 쪽으로 떨어져 하이힐 앞쪽 끝이 끊어지는 아찔한 사고가 발생한 것이었다. 유리를 부착하던 인부들이 경사면의 유리를 완전히 고정하지 않은 채 점심을 먹으러 갔다가 이런 어이없는 일이 벌어진 것이다. 만일 1초만 유리가 늦게 떨어졌다면 상상하기 힘든 인명 사고가 날 뻔했다.

다행히 여자 분은 놀란 가슴을 진정시키고 당일 퇴원을 하긴 했다. 난 유리작업공들과 시공사를 엄중 경고하고 철저히 안전 조치하여 시공을 마무리했다. 총괄책임을 지고 있던 나로서는 그동안 고생한 많은 일이 물거품이 되고 공직에서 옷을 벗어야 할 수도 있는 엄청난 일

글라스 파빌리온 건물의 이탈리안 식당 라 포레스타

이었다. 등에서 식은땀이 주르르 흘렀고 현장소장들에게도 다시금 강한 안전대응책을 주문했다. 공사기간을 압축해놓은 것도 이유이지만 적당주의가 큰일을 일으킬 뻔한 중대한 사고였다.

아트센터 광장 건너편 볼플라자의 소나무는 강원도 오색 일대의 산에서 가져왔다. 임산물 생산을 위한 개간허가를 받은 곳에 직접 가서 골라 싣고 왔다. 삼성 에버랜드 기술고문 임삼춘 님이 적극 지휘자로 나서주어서 가능했다.

현장소장, 발주처 직원들, 식재팀 등이 산을 방문해 대형 소나무 군락 중 적합한 나무를 골라 테이핑을 해놓는다. 산에서 반출할 때의 통로 설정, 나무를 굴취하여 운반용 대형 트럭에 싣는 시간, 밤을 새워 옮겨갈 루트, 북서울꿈의숲 현장에 도착하는 시간, 소나무를 옮기기 전에 나무의 호흡량을 줄여주는 수분증산 방지처리 등 일련의 일들을 꼼꼼히 챙겼다. 출발 후에도 도착지에서 한 번 더 수분증산 방지처리를 하고 잔가지 등 소나무의 형태를 다듬을 사람들을 미리 대기시켰다.

공원 내 경사면을 활용하여 배치된 대형 데크 시설들

대형공원에 놓인 대형 소나무의 핵심 포인트는 품격이다. 품격을 갖춘 소나무들이 속속 도착해 다듬어진 후 하나둘 심겨지기 시작하면 전체를 볼 수 있는 높은 곳에서 나무의 방향을 지휘한다. 인부들이 나무를 이리저리 돌리다 조화로운 모습이 잡힐 때 지휘자가 오른손 엄지를 아래로 내리는 사인을 보내면 나무를 그대로 내려앉혀 심는 것이다. 이 분야의 전문가인 임삼춘 님과 둘이 서서 이 작업을 하며 나무들이 100년, 200년 살 자리를 잡아주었다. 보통은 소나무를 미리 굴취하여 농장 등에 심어 잔뿌리를 내리게 하고 3~4년 지난 후에 옮겨 심는다. 그래야 나무가 죽는 확률이 낮아진다. 북서울꿈의숲은 산지에서 굴취한 나무를 곧바로 가져다 심는 직채 방식으로 시공했지만, 단 한 주도 죽지 않았다.

우리가 북서울꿈의숲을 기억하면서 잊지 말아야 할 사람은 당시 공원조성사업의 총괄담당 직원이던 김흥수 주임이다. 그는 2009년 공원을 개장하는 과정에서 토지소유주인 안동 김씨 문중 등과 보상비를

김흥수 씨의 노력과 헌신을 추념하는 기념식수에 함께 참석한 동료와 지인들

협상했다.[6] 또 드림랜드 북동쪽 임야의 공원용지를 해제하고 아파트를 짓겠다는 단체의 민원에 대응하며 험난한 일들을 했던 성실한 직원이다.

어느 해 국정감사에 드림랜드가 도마 위에 올랐다. 서울시가 마치 토지주에게 큰 특혜를 주려고 드림랜드 토지를 사서 공원을 만든다는 허무맹랑한 자료가 뿌려졌다. KBS 등에서 집중취재가 들어오자 김흥수 주임이 나서서 공시지가 이하로 토지를 매입한 경위 등을 해명했다. 공사기간도 빠듯한 현장에서 온갖 궂은일을 도맡아 한 직원이었다. 그는 공사가 끝난 후 2011년에 폐암 진단을 받고 2년 정도 치료받다가 2013년 6월에 운명했다. 건강하게 살아 있다면 일찌감치 서기관은 충분히 하고도 남을 귀한 재목이었다. 가슴 아픈 일이다. 공사에 참여한 사람들이 북서울꿈의숲 볼플라자 북측에 이팝나무 한 그루를 심

---

6   드림랜드 부지를 매입한 금액은 1370억 원으로 공시지가의 97%, 감정평가금액의 57% 수준이다.

고 표석을 놓아 그를 추념해오고 있다.

2010년 11월 20일 중랑캠핑장을 오픈하는 날, 나는 오세훈 시장이 새로 오픈한 북서울꿈의숲을 들렀다 갈 거라고 예상했다. 내가 시장이라고 생각해보면 충분히 예상할 수 있는 일이다.

나는 차를 몰아 북서울꿈의숲 서문 아트센터 쪽에 도착해 직원들을 불러모았다. 오늘 별다른 행사 없이 오픈하는 2층 북카페 입구에 화분도 몇 개 놓고 손님맞이 분위기를 잡아놓으라고 부탁했다. 나중에 직원들에게 알아보니 내가 떠나고 정확히 5분 후에 오세훈 시장이 서문으로 도착해 걸어서 여기저기를 둘러봤다는 것이다.

서문에서 동문 쪽으로 내려가는 길 대형 데크가 깔린 휴게광장 위에 멀티 파라솔과 키오스크가 세팅되고 있었다. 오 시장이 저것은 무엇이냐고 묻기에 이재흥 북서울꿈의숲 운영팀장은 츄러스, 방울 아이스크림, 커피 등을 사 먹을 수 있는 곳이라고 답했다. 시장은 고개를 끄덕이며 다시 행선지로 출발했다고 한다.

다음 주 월요일 간부회의에서 오 시장은 "어느 공원에선 시민들에게 필요한 것을 디테일하게 준비해놓는데, 그동안 물길 조성공사를 하고 있어 수시로 둘러보는 남산 케이블카 입구 북측순환도로의 엉성한 무허가 주택은 아직도 정리를 못 하고 있으니 한심한 일이다."고 비교 평가를 하는 바람에 얼굴이 뜨거웠다.

간부회의에서 시장이 자리를 뜨자마자 부시장들은 "남산은 알겠는데 먼저 이야기한 공원은 어디지?" 하고 물었다. 토요일에 북서울꿈의숲에 시장께서 다녀가셨다는 이야기를 하자 수고했다고 하면서 회의가 마무리되었다.

사실상 북서울꿈의숲은 너무 서둘러 만든 공원이다. 이 정도의 대형공원을 채 1년도 안되는 기간에 마무리하는 것은 우리나라에서나

북서울꿈의숲은 성급히 조성된 공원이지만, 시간과 함께 깊어지며 시민들에게 사랑받고 있다.

볼 수 있는 일이다. 빠르게 공사를 진행시키는 건 좋지만 한 땀 한 땀 디테일하게 살펴가면서 마무리 지어야 하는 것이 공원 사업이다. 너무 서두르느라 디테일이 많이 생략된 것이 아쉬움으로 남는다. 1기 오세훈 서울시장으로서는 서울 동북권에 기념비적인 대형공원을 시민들에게 제공한 업적을 만들어놓은 셈이다.

    벚꽃 피는 봄이 오면 진해나 여의도에 엄청난 인파가 몰린다. 그런 곳에 가서 사람에 치이는 것보다는 북서울꿈의숲의 벚나무 길을 걸어보기를 추천한다. 멋진 벚꽃터널을 유지할 수 있도록 공원관리사업소에서 해마다 세밀하게 관리해주길 당부한다. 북서울꿈의숲이 동북권의 벚꽃 명소로 거듭나기를 바라는 마음이다. 올봄은 북서울꿈의숲의 구석구석을 돌며 공원을 만든 14년 전과 지금을 비교해보며 개선점을 찾아 후배 공무원들에게 짚어줄 생각이다. 또 잔소리한다고 하겠지만.

공원을 만든다는 것은 영원한 책임이 따르는 관리와 운영의 시작이다. 관리 직원들이 사무실에 앉아서 서류업무에만 몰두하지 말고 '하루에 한 바퀴 공원 돌아보기'를 하면서 꾸준히 살펴주었으면 좋겠다.

2024년 4월 4일 전망대에 올라가보니 메인공간인 2층 전망대가 닫혀 있었다. 카페와의 트러블로 인해 전망대 전체를 닫아버린 행정 편의를 보고는 깜짝 놀랐다. 보통의 경우 카페가 있던 공간을 헝겊으로 덮어서 Coming Soon이라고 표시를 하거나 안내판에 이유를 밝혀주는 것이 원칙인데 통째로 전망대의 문을 걸어 잠근 것은 문제가 있다고 항의를 했다. 12월 12일에 다시 찾아가니 문구만 바뀌어 있었다. 참담한 심정이었다. 상식적으로 개선되기를 바라는 마음이다.

서울 최초의 오토캠핑장, 중랑캠핑숲

　요즘 캠핑이라고 하면 대부분 오토캠핑장이지만 서울 최초의 오토캠핑장은 2010년 11월 20일에 중랑구 양원역 일대에 개원한 중랑캠핑숲이다.
　먼저 토지 확보과정을 살펴보자. 강서구 개화동에 지하철 5호선 차량기지를 건설할 당시 개발제한구역에 차고지를 설치하는 과정에서 훼손되는 토지를 녹지로 회복시켜야 하는 대체부지 확보 조건이 있었다. 5호선 차량기지를 건설하는 것은 매우 중요한 기간사업이었다. 당시 서울시 교통관리실과 도시기반본부에서 혹시 훼손된 땅에 공원을 만들 곳이 없는지 물어왔다.
　당시 우린 중랑캠핑숲 일대를 공원화하는 사업을 추진 중이었기 때문에 예산을 지원받아 중랑구 양원역 일대 토지매입을 추진했다. 그리하여 오늘날 캠핑존($37,200\,m^2$)과 청소년문화존($25,300\,m^2$), 생태학습존($42,000\,m^2$), 숲체험존($75,166\,m^2$)을 갖춘 $179,666\,m^2$의 중랑캠핑숲 부지를 확보했다. 대체부지 외에 시에서 일반회계로 토지를 보상한 것과 합한 면적이다.
　계획 초기에는 단순한 공원을 만드는 사업이었으나 오세훈 시장이 캠핑장을 구상해보자고 하여 설계 진행 중에 캠핑장에 대한 검토가 이루어졌다. 당시엔 개발제한구역 내에 캠핑장을 지을 수 없었고 도시공원일 경우에만 가능했다. 개발제한구역을 공원으로 결정하기 위해서는 중앙도시계획위원회까지 올라가 승인을 받아야 했다.

캠핑장 기본설계를 준비해야 했다. 관련시설 설계팀에게 캠핑장의 기본구상을 준비해오라고 했더니 오토캠핑장 경험이 없던지 바둑판 모양의 캠핑장을 그려왔다.

캠핑장은 크게 부대시설을 갖춘 유틸리티 캠핑장과 원시적 캠핑장으로 나뉜다. 유틸리티 캠핑장은 전기와 수도는 물론이고 캠핑 사이트 바로 옆 주차장까지 제대로 갖춘 캠핑장을 말한다. 오토캠핑장은 차량을 타고 와서 바로 옆자리에 주차해두고 캠핑을 하는 것이니 유틸리티 캠핑장을 전제로 하는 경우가 많다. 반면 원시형 캠핑장이란 그야말로 야생에서 캠핑을 하는 것이다. 주차장은 있을 수 있지만 전기나 수도는 아예 없다. 나는 줄곧 산림청 임업연수원의 강의를 다니면서 성수기에 산림휴양림을 예약하기가 하늘의 별따기이니 그 주변에 원시형 캠핑장을 많이 만들어 비교적 저렴한 가격으로 쉽게 찾아올 수 있는 방안을 찾자고 주장해왔다.

당초 중랑캠핑장의 설계 내용은 주차장을 도로변 입구에 큼지막하게 놓고 차에서 내려 짐을 들고 캠핑 사이트에 간다는 것이었다. 나는 도저히 이해가 안 되는 캠핑장 구상이라고 하면서 미국의 오토캠핑장의 구성과 동선, 편의시설 배치에 대해 자세히 설명해주고 보완을 요청했다.

캠핑용품은 이것저것 챙겨갈 것이 많다. 텐트, 버너와 코펠, 담요와 의자와 탁자 등 큰 짐이다. 그러니 차를 캠핑 사이트 옆에 주차시킨 후 거기서 물건을 내려 캠핑할 수 있게 해야 한다. 그러려면 차량 동선을 순환형으로 구성하고 그 좌우에 캠핑 사이트를 배치해야 한다.

처음에는 중랑캠핑장도 유틸리티 캠핑장으로 수도를 공급하려고 했다. 그러나 미국과 달리 우리는 찌개를 끓여 먹는 국물 음식문화라서 음식물쓰레기를 그대로 하수도에 버릴 수 있다는 의견이 있어, 최종단계에서 삭제했다. 이외에도 겨울철 추울 때 따뜻한 물에 몸을 풀 수 있도록 핫스파 형태의 편백 풀도 갖추기로 했다. 대부분 예약을 하고 오는 시스템이므로 입구에 안내소를 배치해 예약 확인 및 캠핑 사이트의 위치 안내도를 제공하기로 했다. 캠핑을 하면서 아무리 완벽하게 챙겨온다고 해도 한둘쯤 빠트리고 오기 마련이니 편의시설도 필요하다. 여기에는 샤워장, 화장실, 관리실, 캠핑용품 및 먹거리 재료 등이 준비되어 있어야 한다.

지루한 절차를 거쳐 국토부의 중앙도시계획위원회 심사를 받으러

완성된 초기의 중랑캠핑숲 전경 (서울시 제공)

갔다. 안건설명을 마치자 위원들의 질의와 응답이 이어졌다. 어느 연세 많은 대학교수 위원이 "서울시에서는 과장이 와서 설명하네요. 역시 서울시는 센 곳인가 봐요." 하고 말했다. 국장이나 부시장급 정도가 와야 하는데 고작 과장이란 사람이 와서 설명한다는 얘기였다. 나는 간단히 답했다. "네, 제가 제일 많이 알고 직접 추진하는 입장이라서 오게 되었습니다."

이후에 개발제한구역을 공원으로 지정하면서 캠핑장을 지을 필요가 있느냐는 질문이 날아왔다. 서울이 워낙 토지가격이 비싸고 훼손된 토지를 정리해 공원으로 만드는 김에 캠핑장도 도입하고 싶은 것이라고 설명했다. 말로는 그 위원이 나를 당할 수가 없는 상황이었다. 내가 느끼기에 상당히 권위적이었던 그 위원은 결국 고춧가루를 뿌리겠다는 식으로 말했다.

"캠핑장은 알겠는데 그건 개발제한구역에 설치하고, 관리사무소 등은 건물이 제법 크니, 개발제한구역이 아닌 곳에 설치하시죠."

속에서 화가 치밀어올랐다. 그때 어느 젊은 대학교수 위원이 나섰다.

"저도 미국에서 공부할 때 캠핑장을 자주 가봤습니다만, 캠핑장의 부대시설인 관리사무실과 편의시설 등은 캠핑장과 인접해서 기능을 해야 하는 것이니 이해해주시죠."

결국 원안 그대로 심사를 통과했다. 중앙도시계획위원회는 막중한 일을 다루는 전문가들이지만, 전문지식뿐 아니라 세상을 좀 더 넓게 보고 미래를 예측하는 식견도 갖추었으면 좋겠다는 생각이 들었다. 위원들이 30여 명이었는데 왜 그렇게 많은 인원이 안건 심의를 해야 하는지도 알 수 없었다.

설계를 완성해 공사를 하기 시작했다. 그 지역 일대는 망우산이요, 망우리공원묘지였다. 구리로 넘어가는 망우로 북측 인접지였다.

무허가 주택들이 들어찬 캠핑숲 조성 전 현황
(서울시 제공)

캠핑장 내 설치 예정이던 2단식 조리대와
캠프파이어 원통

　개발제한구역 내 다 쓰러져가는 무허가 건물들을 철거하기 시작했을 때의 일이다. 건물을 철거하고 땅을 고르는데 온통 유골밭이었다. 무연고 묘이니 절차에 따라 공지하고 예의를 갖춰 정리하도록 지시했다. 한 번 정리하고 나니 한 켜 밑에 또 다른 유골밭이 있었다. 결국은 세 번째 켜까지 파서 200여 기의 유골을 정리하고 캠핑장을 만들게 되었다. 그나마 망우리공동묘지는 번듯하게 먹고사는 집안 사람들이 묻히는 곳이었다. 가난한 사람들은 장례식도 생략하고 멍석에 둘둘 말아 일대에 슬그머니 묻혔을 것이다. 그런 유골밭에서 무허가 건물을 짓고 삶을 꾸려가던 사람들도 대단했다. 지금은 모두 정리되고 흔적이 없지만 서민들의 아픈 역사가 깃든 곳이란 생각도 들었다.

　캠핑장 공사를 한참 하고 마무리를 지을 때, 인근 고아원 아이들을 불러 캠핑 체험을 해보게 했다. 그런데 고기를 구울 때 연기가 엄청나게 발생해 인접 동네로 번졌다. 캠핑장이 인근 아파트와 도로 하나 사이를 두고 그렇게 가깝게 붙어 있는 곳인지 까맣게 몰랐다. 머리를 뭔가로 맞은 듯 아차 싶은 생각이 들었다. 그러나 되돌릴 수 없었다. 북측 양원역 쪽의 청소년 문화존과 입지를 바꿔 캠핑장을 설치했어야 했다. 놓친 기회를 후회만 할 수밖에 없는 상황이 벌어진 것이다.

　　캠핑장을 다 지어놓고 철거할 수도 없는 일이라서 인근 아파트 주민들에게 백배사죄하고 우리가 해줄 수 있는 최선의 노력을 다하기로 했다. 캠프파이어 금지, 장작 사용금지 등 보완책을 만들어 꾸준히 대화하여 안정을 시켰다. 사업을 바라보는 스케일의 문제이자 현장을 꼼꼼히 살피지 않아 발생한 큰 실수였다.

경춘선이 도시숲길로 다시 태어나다

　청량리에서 출발하는 경춘선은 서울에서 춘천까지 가는 약 100km 의 단선 철도였다. 몇 개의 사철 중 유일하게 조선인 자본으로 건설된 것이다. 경춘선은 1937년 경춘철도주식회사에서 건설했다. 현재 제기 동역 2번 출구 부근에 있던 성동역이 시발점이었으나 1971년 10월 출 발역을 청량리역으로 변경해 운행되었다. 경춘선을 타고 대성리, 수동 계곡 등으로 MT를 다녀오던 젊은이들에게 낭만 열차로 유명세를 떨 쳤다. 그 후 중랑구 상봉역과 양원역을 거쳐 춘천으로 가는 노선으로 바뀌면서 복선화한 후 2010년 12월에 운행을 중단했다.

　운행 중단을 앞둔 무렵 경춘철교부터 공릉동 담터 시계까지 공원 화할 요량으로 폐선되기 전 화랑대역까지 열차를 직접 타봤다. 열차 를 타고 가면서 주변의 낮은 집들을 보았다. 선형의 공원이 만들어지 면 철도를 등지고 돌아앉았던 철로변 지역이 철도로 득을 보는 세상 이 올 거란 즐거운 상상을 했다.

　그러나 가야 할 길은 가시밭길이었다. 기차가 다닐 때는 일상을 가 로막는 장벽이었고 폐선된 이후 남겨질 폐철도는 동네 쓰레기장이거 나 불법주차장, 고물상이나 중고가구점, 건재상 등으로 방치될 것이 뻔했다.

　　경춘선 폐선부지 공원화사업 방침은 1기 오세훈 시장 재임 시 이미 방침을 받아놓았다. 당시로서는 국유지 무상 사용에 관해 우선 철도시설공단과 협의를 하고, 불가할 경우 토지보상도 추진한다는 방침이었다. 그러나 서울시 기획관리실과 시장 비서진들은 그런 길기만 한 땅을 우리가 왜 사느냐며 비아냥거리기만 하고 전혀 도와줄 생각들을 안 했다. 남의 집 불구경하듯 편한 말들만 해대는 것이 얄밉기도 했다.

경춘선숲길의 잣나무숲과 미루나무 가로수, 자전거와 보행자

　　결국 1기 오세훈 시장 시절에는 그냥 묻어두고 지냈다. 박원순 시장 시절에도 국유지를 무상으로 쓸 수 있도록 노력해보라며 말로만 공원화 사업을 추진하기는 마찬가지였다.

　　경춘선숲길의 설계도 있었다. 현상공모를 거쳐 채움의 김병채 소장과 선진엔지니어링의 합작품이 당선되었다. 그러나 1기 오세훈 시장 시절에도 별 관심 없이 시간만 보냈다. 숲길을 만들면 시장과 당이 다른 국회의원과 구청장에게 좋은 일을 만들어준다고 판단했을 것으로 보인다. 그러다 박원순 시장 시절에 서안조경의 정영선 선생에게 보강설계를 의뢰해 오늘날의 숲길 설계가 완성되었다.

경춘선 폐선부지가 선형의 공원으로 만들어지든 말든 나와는 직접적인 관계가 없었다. 내가 팔을 걷어붙이게 된 계기는 2014년 1월부터 2015년 12월까지 2년간 노원구 부구청장을 지내면서였다. 이때 방치되고 있는 경춘선 폐선부지를 공원화했으면 좋겠다는 생각을 더욱 강하게 갖게 되었고, 2016년 1월에 서울시 푸른도시국장으로 두 번째 발령이 나면서 추진에 박차를 가하게 된 것이었다.

보통 서울시에서 국장을 하다가 구청으로 발령나서 가게 되면 거기서 정년까지 무탈하게 있다가 퇴직하는 것이 통상적이다. 다시 시의 국장으로 소환되는 경우는, 특히 기술직으로서는 있을 수 없는 일이었다. 나는 경춘선숲길 진행상황을 종합적으로 보고받고 어떤 난관들이 있는지 해결책을 찾아보기 위한 검토 회의를 소집했다.

경춘선숲길에서 가을 산책하는 시민들 (노원구 제공)

직원들은 이 사업이 중지된 게 아니므로 언젠가 도시숲길로 만들기 위해 노력하고 있었다. 그동안 대전에 있는 철도시설공단 본사에 43번이나 찾아가 부지의 무상 사용을 동냥하다시피했다는 것이다.

지성이면 감천이라고 했던가? 철도시설공단의 실무진들은 그 부지가 각종 오염과 불미스러

경춘선숲길에서 펼쳐지는 벼룩시장 츄츄마켓 (노원구 제공)

운 일들로 상당기간 방치할 수밖에 없을 것이라는 현실적 한계를 이해했다. 얼마 후, 서울시에 토지를 무상으로 주고 지상부를 공원처럼 만드는 것이 좋겠다고 동의 문서를 보내왔다.

그러나 이 일이 국토부의 감사관실에 입건되었다. '너희가 도대체 왜 누구 마음대로 국유지를 무상으로 시용해도 된다는 문건을 함부로 서울시에 보냈느냐'며 철도시설공단의 담당 직원을 달달 볶고 중징계하겠다고 으름장을 놓았다.

회의를 통해 상황을 파악하려다 순간적으로 묘안이 떠올랐다. 고등학교 동문으로 나를 많이 아껴주는 이재덕 선배가 감사원의 국장으로서 국토부 감사관으로 파견근무 중이었다. 난 회의석상에서 바로 전화를 걸었다.

"선배님은 서울시 감사총괄로 나오셨을 때도 공원 분야는 많은 일을 해야 하는 곳이고 서울에서 공원녹지는 최대한 많이 확보해야 한다고 말씀하셨습니다. 경춘선숲길을 만드는 일과 관련해 국토부 감사담당관실에서 철도시설공단 감사를 세게 하여 서울시가 무상으로 폐선부지를 쓰는 데 대해 긍정적 답변을 해준 담당 직원을 중징계한다는 이야기가 있는데 잘 짚어봐주시면 고맙겠습니다."

"아하, 그 일? 그러잖아도 감사담당관실 직원이 엄청 큰일인 것처럼 입건하여 철도시설공단 직원을 중징계를 해야 한다고 하기에 뭐

그럴 필요까지 있느냐, 서울시와 서로 윈윈하는 방안을 찾아보도록 하라고 지시했다."

참으로 다행이자 고마운 일이었다.

그 이후에도 국토부와 철도시설공단 측은 미온적인 태도를 보였다. 나는 꾀를 내서 자전거도로를 넣자고 제안해보았다. 당시 행안부 맹형규 장관이 자전거 매니아이고, MB정권에서 4대강사업을 하여 국토종단 자전거도로를 만들어놓은 시절이었다. 경춘선숲길에도 자전거도로를 넣으면 서울시민들이 이를 통해 4대강으로 이어지는 자전거 도로 활성화에 기여할 수 있다고 설득했다. 국토부 장관에게 경춘선 폐선부지를 직접 돌아보고 협조해줄 것을 부탁했다. 그리하여 행안부 차관, 철도시설공단이사장, 서울특별시장 삼자 협약을 체결하기에 이르렀다.

이를 토대로 직원들은 더욱 힘을 냈다. 서울시가 일종의 민자사업자처럼 철도시설공단의 땅 위에 공원시설을 투자했다. 그 투자비와 토지 임대료가 서로 맞아떨어지는 기간인 20년을 무상 사용하고 그

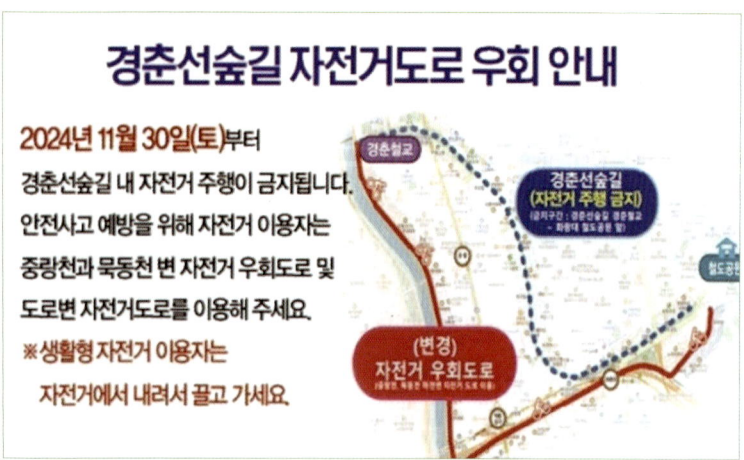

자전거 통행금지 후 묵동천으로 우회하는 노선 안내문

이후에는 임대료를 내기로 합의문을 작성했다. 그리하여 공사가 시작되었다. 제대로 쓰임새도 없는 단선철도 폐선부지를 민자투자 방식처럼 하여 공원을 만드는 일이 이토록 어렵게 이루어진 것이다.

20년이란 시간은 금방 지나간다. 토지 임대료를 내고 이용하는 시민의 공원, 경춘선숲길이 만들어졌다. 2010년 기준으로 경춘선 폐선부지의 약 570억 원이었으니, 5년 연부로 이자를 내고 보상비를 분할 납부해서 보상을 했어야 하는 일이었다. 그나마 다행인 것은 폐선부지를 공원화해 사용하는 지자체가 많아짐에 따라 국회의원들이 압력을 넣어 국유철도유휴부지 사용료가 재산가액의 1%로 줄어들었다. 보통은 공적으로 쓸 때 2.5%를 납부하니 제법 차이가 난다.

경춘선숲길은 2015년 5월에 1단계 개장, 2016년 11월에 2단계 개원, 2017년에 전 구간이 개통되었다. 행안부를 끌어들이기 위한 묘책으로 자전거도로를 도입하긴 했지만 보행자 위주의 선형공원에 속도가 빠른 자전거를 넣는 것은 애초에 무리였다. 끊임없는 민원이 발생할 소지를 남겨둔 것이었다.

육사 부근 경춘선숲길 철도공원. 철도를 주제로 한 각종 시설이 집중되어 있다. (노원구 제공)

공직 은퇴 후 노원구의 개방직 공무원으로 다시 근무하면서 수시로 경춘선숲길을 걸어다녀보았다. 확실히 자전거는 다른 루트로 우회시키는 것이 경춘선숲길 이용객들에게 평화를 주는 일이라는 확신이 들었다.

다행히 월릉교 일대에서 묵동천을 따라 좌안인 중랑구 구간에 자전거도로가 이미 설치되어 있었다. 서울시에서 묵동천의 양안을 반듯하게 정비했다. 경춘철교부터 월릉교까지 중랑천 루트를 따라 내려가다 묵동천으로 좌회전한 후, 육사정문 바로 좌측을 거쳐 서울여대 앞 갈매 쪽으로 우회하는 루트를 잘 정비해놓았다. 경춘선숲길의 자전거도로는 폐쇄하고 보행 천국으로 다시 구상했다. 경춘선숲길은 경의선 연남동 일대처럼 너무 많은 사람들이 몰려드는 곳이 아니라 서서히 익어가듯 탈바꿈하며 안정적으로 발전하는 선형 공원이다.

서울시에서 푸른도시국장으로 두 번째 근무하면서 공사에 착수하기 전 현재 서울동산고등학교 남측 철도부지를 보며 폐선부지가 방치되면 꼭 저런 모양일 것이라고 생각했다. 고물상, 중고가구 수리판매점, 해병전우회, 모범운전자회, 고물상 등이 가득했던 곳에 이전비를 긴급편성해 모두 철거 정비했던 당시 노원구의 김상기 과장과 담당자들이야말로 크게 칭찬받을 사람들이다. 그것들이 치워지자 바로 경춘선숲길의 기본 틀이 갖춰지기 시작했다. 철도부지치고는 그래도 살이 도톰하게 붙어 있던 곳이 육군사관학교 정문 앞의 구 화랑대 간이역 주변이었다.

그 일대의 땅은 국방부 소유였고 육사 측에서 이를 맡아 관리하고 있었다. 육사 측에 어쩌다 그 일대의 땅을 맡아 관리하게 되었냐고 물으니 부산 일대의 국방부 토지를 철도부처와 교환하는 과정에서 교환할 토지를 찾다가 이 일대의 땅과 맞바꾸게 된 것이라고 했다. 교환의 명분은 육사에서 여름철 하계 훈련을 위해 출발할 때 구 화랑대역에서 엄청난 물자를 싣고 출발하고 도착하기 때문이라고 했다.

나는 평소에 경춘선숲길 중 구 화랑대역 일대는 볼거리, 먹거리가 있는 공원으로 개발해야 한다고 생각하고 있었다. 서울시 푸른도시국장으로 재부임하자마자 육사 소유의 토지 크기만큼 국방부가 서울시 땅을 그냥 쓰고 있는 것을 찾아 맞교환하는 방안을 추진했다. 직원들이 국방부와 열심히 협의한 끝에 성남 소재 서울공항 안에 서울시 소유의 커다란 구거부지가 있는 것을 밝혀내 그 땅과 구 화랑대역 일대의 토지를 교환하기로 했다. 시의회 승인까지 받아냈다. 그리고 약 80억 원 상당의 토지를 맞교환해 서울시로 소유권을 정리해놓았다.

기차 디오라마관인 노원기차마을. 1관은 스위스관(개관), 2관은 이탈리아관(2025년 개관 예정)

기차마을 1관 스위스관 내부 | 스위스관 내부의 풍경. 각종 미니어처 열차들

이 부분의 토지교환을 왜 서둘렀던 것인가? 이곳을 공원답게 만들려면 사사건건 토지 소유자인 국방부의 통제를 받아야 한다. 육사가 관리하는 국유지의 경우, 사소한 시설을 앉히려고 해도 국방부의 승인을 받아야 하는 까다로운 절차가 필요하다. 토지 임대료를 '내느냐 마느냐' 하는 것도 감사를 의식하면 일이 복잡하게 엉킨다. 골프 스윙을 할 때 하체가 고정되지 않으면 스윙이 엉망이 되듯 직원들이 감사를 의식하게 되면 결코 일을 하지 않는다. 결국 장래를 보고 통째로 교환한 것이다.

추후 오승록 노원구청장과 부지런하게 이곳저곳을 찾아다니며 철도, 열차와 관련된 아이템을 연구했다. 그는 현재의 철도공원(육사삼거리에서 서울여대 앞에 이르는 구 화랑대역 주변의 토지로서 서울시와 국방부가 맞교환한 토지)에 철도 디오라마관도 넣고, 큼지막한 미니어처 기차가 테이블까지 음료와 케이크 등을 날라주는 기차 카페도 갖추고 싶어 했다.

저녁에 가족들이 나와 즐길 수 있는 불빛정원, 증기기관차 주변의 무궁화호 열차 안에 설치된 정동진의 시간박물관 서울관 등 모든 것이 고루 갖춰진 화랑대철도공원이 만들어졌다. 화랑대철도공원은 노원구민뿐만 아니라 서울시민과 관광객들도 찾을 수 있는 반나절 여행지로 제 몫을 톡톡히 하고 있다.

또 하나의 성과는 주차장이다. 육사 안에서 결혼식을 할 때만 쓰던 노상 주차장을 서로 협력해 130여 면의 아스팔트 포장 주차장으로 확보해놓았다. 육사와 호흡을 맞춰 이루어낸 일이다.

경춘선숲길은 자전거도로를 묵동천으로 노선을 바꾸고 보행자와 보행약자를 배려하는 도심 숲길로 거듭나게 될 것이다. 철도의 흔적을 남겨둔 탓에 비장애인조차 다니기 불편한 산책로는 장애인들도 훨

컨테이너 건축을 응용해 만든 기차가 있는 풍경   주말의 기차카페에선 오픈런이 펼쳐진다.

체어를 타고 불편 없이 다닐 수 있게 보완해야 한다. 화랑대철도공원은 서울시로부터 관리를 위임받아 노원구에서 관리 중인 공원이지만 나머지 구간은 서울시가 사업소를 통해 직접 관리한다.

공원은 시민이자 구민을 위한 공간이다. 노원구에서 벼룩시장 등 각종 행사를 하려 할 때마다 경춘선숲길 관리소 직원들이 '꼼짝 마라' 식으로 막무가내 갑질을 하는 경우를 종종 보아왔다. 유익하고 값진 행사들로 가득한 경춘선숲길이 될 수 있도록 적극 협조하는 분위기를 기대한다. 이런저런 시설을 함부로 지을 수 없다는 조건을 달아서 노원구에 관리를 위임하는 것도 좋은 방법이다.

아울러 경춘선숲길로 이어지는 연결통로는 꾸준히 거미줄처럼 확

음료를 배달하는 미니어처 기차   육군사관학교의 통 큰 양보와 협조로 만들어진 주차장

대하는 것이 바람직하다. 중랑천의 경춘철교 양측에 목재계단을 연결하니 많은 지역 주민들이 좋아했다. 그런 모습을 보는 것이 공직의 보람 아닐까?

현재 개발이 진행 중인 광운대 역세권 개발사업이 월계동 일대에 또 하나의 생활중심지를 만드는 계기가 될 것이다. 그곳에서 경춘철교 쪽으로 경춘선숲길이 이어지면 그 개발부지도 빛을 보게 되고 경춘선 숲길로 이어지는 커다란 발전 축이 만들어지게 된다. 언젠가 광운대역이 입체적으로 개발되면 광운로를 공중으로 건너 영축산 순환산책로로 이어지는 거대한 보행자 천국이 만들어질 것이다. 차량에 간섭받지 않는 도시숲길의 기반들을 서로 잇는 작업이 바로 미래의 일거리다.

화랑대철도공원에는 철도를 테마로 한 여러 가지 시설이 있다. 그중에는 기차가 커피와 차를 테이블로 날라주는 카페 '기차가 있는 풍경'도 있다. 이 시설 또한 노원구에서 직영하는 카페인데 많은 사람들은 구에서 직접 운영한다는 이야기를 듣고 깜짝 놀란다. 웬만한 개인이 운영하는 카페보다 깔끔하고 친절하며 분위기도 좋기 때문이다. 주말이면 오픈런이 일어날 정도로 인기가 좋고, 특히, 기차가 날라주는 1층 좌석은 혼선을 방지하기 위해 먼저 도착하는 순서대로 등록하는 시스템을 도입했다.

이 카페는 원래 서울시 토지였으나 수익이 발생할 경우의 배분 문제가 까다로워지는 점을 해결하기 위해 노원구 소유의 토지와 교환해 전체 철도공원 중 유일하게 카페 건물만 구유지로 만들어놓았다. 훌륭한 바리스타를 시간선택제 임기제 공무원으로 채용하고 보조업무를 돕는 알바를 두었다. 안정적인 일자리를 만들며 카페 운영의 전문성을 모범적으로 보여주고 있다.

경의선숲길, 용산과 마포의 큰 변화를 이끌다

　커다란 건물을 지어야만 도시가 발전하는 것은 아니다. 사람을 위한 디테일한 공간을 만들어 보면, 이러한 통념이 깨지곤 한다. 그동안 지역 발전을 가로막던 경의선 철도노선이 지하로 내려간 후 지상부에 선형공원인 경의선숲길이 만들어졌다. 서울 서북권에 차분한 휴머니즘이 깃든 변화였다.

　중앙정부에서는 인천공항을 서울과 연결하는 공항철도가 필요했다. 경의선 또한 기능을 정상적으로 유지하면서 향후 통일을 대비해야 했다. 정부는 두 마리의 토끼를 잡기로 결정했다.

　원래 건설비용을 아끼기 위해 공항철도는 지하에 넣고 다시 지상부에 경의선을 건설하려 했다. 그러나 지역 주민들의 강력한 요구로 경의선마저 지하화하기로 했다. 그러나 지상부를 어떻게 공원화하느냐는 상당한 고민이 필요한 일이었다.

　고심도 공항철도 건설과 저심도 경의선 철도 건설을 위해 지상부의 철로를 모두 걷어내야 하는 상황이었다. 2007년부터 지상부를 공원으로 만들어야 한다는 이야기만 있었지, 구체적인 사항은 없었다. 공항철도와 경의선이 지나는 지상부는 철도이기를 포기한 곳이 아니

경의선숲길에서 여름철 물놀이를 즐기는 아이들 (동심원 제공)

고 엄연히 철도의 기능을 하는 부지였다. 공원화로 가닥을 잡고 공단 측과 실무적 논의를 거쳐 서로에게 이득이 되는 방향으로 합의를 이뤄나갔다.

경춘선 폐선부지와 함께 경의선 상부도 공원화한다는 서울시 방침을 1기 오세훈 시장 시절에 내가 받아놓았다는 것은 앞서 말한 바 있다. 이 방침서의 협조 결재란에 도시계획국장도 결재하게 했다. 여기엔 공단에 역세권 개발을 협조하면서 지상부를 무상 사용하여 공원으로 만든다는 기본전략이 들어 있었다.

2010년 12월 20일 1기 오세훈 서울시장과 조현웅 한국철도시설공단 이사장 간의 MOU가 체결되었다. 실질적인 일의 시작이었다. 한국철도시설공단은 경의선 지상부지 사용에 협조하고, 서울시는 철도 지상부를 공원으로 만들며 공단의 역세권 개발과 관련한 인허가 등에 협조한다는 요지다. 사실 공원으로 안 만들면 공단으로서도 그 부지를 어떻게든 관리해야 했다. 마구잡이식으로 부지를 임대하다 보면 고물상, 쓰레기 중간 집하장, 무단점유 상점 등이 난립할 수 있었다.

공개경쟁으로 PQ심사를 한 결과 선진엔지니어링이 낙찰되었다. 선진

경의선숲길을 즐기는 정겨운 모녀 (동심원 제공)

하늘에서 내려다본 경의선숲길 (서울시 제공)

엔지니어링은 그동안 많은 실적을 쌓아 이런 방식의 경쟁에 강한 회사였다. 그러나 경의선의 디테일한 설계에는 부담을 느꼈다. 이는 동심원의 안계동 소장팀에게 맡겨서 풀어나가자는 데 합의하여 세부설계를 동심원에서 진행하게 되었다.

설계의 중심은 역시 사람들의 자연스러운 흐름을 강조하는 것이었다. 이 과정에서 주동선을 미국식 콘크리트로 타설하고 경계석을 쓰지 않는 기법을 도입했다. 미국 도시들의 주된 포장재료는 콘크리트다. 단단하고 매끄럽고 눈이나 비에 미끄러지지 않게 적당한 마찰력을 가지도록 표면처리를 할 수 있다. 나와 안계동 소장은 경의선숲길 포장의 기본은 콘크리트로 가야 한다는 생각에 일치했다. 그러나 과연 어떻게 미국식 콘크리트처럼 칠 것인가 하는 문제가 있었다.

우리가 생각한 것은 물기가 있는 콘크리트를 부어놓고 나무판으로 적당히 면을 잡아 굳히는 골목길 수준의 콘크리트가 아니다. 시공팀이 결정된 후 미국에서 콘크리트를 잘 치는 팀을 불러보기로 했다.

그리하여 미국에서 아메리칸드림을 이룬 35년 경력의 멕시코 출신 콘크리트 포장 전문팀이 투입되었다.

우리나라는 세계적으로 대규모 토목공사를 성공적으로 해온 나라다. 하지만 경의선숲길처럼 공사물량도 많지 않은 일에 투입할 콘크리트 포장 전문팀을 구하기 어려웠다. 공원 내 포장은 조경시설 면허를 가진 사람들의 몫이기도 했지만, 대학이나 전문학교에 포장학과가 있는 것도 아니고 경험을 많이 쌓을 수 있는 여건도 아니었다. 그래서 과감하게 미국팀을 투입한 것이었다.

미국식 콘크리트 포장은 주로 불법이민 멕시칸들이 해온 힘든 일이다. 작업자들은 대부분 30년 이상 일을 해온 노하우를 가지고 있다. 레미콘 공장에서는 가느다란 머리카락 같은 탄소섬유를 넣어 섞고 골재도 검은색 쇄석이 들어가 있는 것을 골라 쓴다. 현장에서 레미콘이 콘크리트를 일정량 부으면 멈추고 면을 잡아 고른다. 바람의 정도와 물기 정도를 봐가면서 거친 솔로 깔끔하게 긁어 표면처리하는 것이 예사롭지 않았다.

중간에 팽창과 수축으로 인해 콘크리트가 깨지지 않게 신축이음매Expansion Joint도 설치하고, 중간중간 고무로 완충재를 넣어 포장이 깨지지 않게 하는 등 각종 기술이 투입되었다. 우리가 항상 밟고 다니고 시민들도 무심하게 지나치는 것이 보도 포장이지만 적어도 공원, 특히 선형의 공원에서는 가장 핵심적인 시설이었다.

성공적인 포장을 마무리하는 동안 안계동 소장은 전 과정을 동영상으로 촬영해 기록으로 남겼다. 우리나라에도 대학이나 전문학교에 포장 전문학과가 신설되어 전문인력을 양성하면 좋겠다.

한 번쯤 경의선 책거리 부근을 지나 홍대입구역과 연남동 일대를 걸어보자. 콘크리트 포장의 차이와 갈라짐 등을 살펴보면 제대로 된 포장의 중요성을 알 수 있다. 공단의 역세권 개발이 가장 활발하게 진행된 곳은 'AK플라자 홍대'이다. 이 건물은 1층을 보행자가 지나다닐 수 있도록 회랑으로 구성했다.

서강대역 일대는 아직 개발사업자가 없어서 그런지 휑한 상태다. 광장도 아니고 숲길도 아닌 것이 엉성한 포장면으로 남아 있다. 다만 경의선숲길의 단절을 막기 위해 서강로를 가로지르는 보행전용교를 추후에 놓은 것은 아주 잘한 일이다.

차량의 간섭 없이 걸을 만한 길을 많이 만드는 것이 도시의 주요 미래전략이 되어야 한다. 동경은 벌써 오래 전부터 보행 전용로를 꾸준히 기획해 연결해나가고 있다. 적극적으로 배워야 할 일이다. 일본 동경의 오페라하우스를 찾아가는 보행통로는 많이 부러웠다.

역세권 개발을 하면서 공공기여 프로그램으로 경의선숲길 관리소를 확보하고 카페도 설치했다. 하지만 그 카페에서 인건비를 감당하지 못해 방문자가 미리 만들어놓은 커피를 따라 마시는 식으로 운영되는 것은 아쉽다. 시간선택제 임기제로 바리스타 직원을 뽑아 맛있는 커피를 만들어 팔면서 책 읽는 공간을 관리하는 것은 어떨까?

경의선숲길 1단계 연남동 구간을 공사할 때였다. 당시 공원과의 이성주 팀장(추후 사무관 승진)이 공사를 관장했다. 현장을 함께 나가 둘러보는데 폐철도변에 벽체와 지붕의 일부만 보이는 허름한 슬레이트 지붕의 집이 있었다. 나는 이성주 팀장에게 말했다.

"저 3개의 건물은 공원이 만들어지고 나서 혜택을 볼 수 있어야 하는데 벽의 일부와 지붕만 보이는 게 영 아닌 것 같습니다."

그 집들과 공원을 막고 있는 것은 철길의 둔덕이었다. 마침 불도저가 들어와 있으니 둔덕을 깎아내면 집들이 공원과 접할 수 있을 것 같았다. 집주인이 원한다면 배려해보자고 했다.

세 집 중에서 두 집은 흔쾌히 찬성했다. 나머지 한 집은 당시 철도청 땅을 무단으로 점유해서 세를 내주었는데 방이 빠지지 않아 포기했다. 그 집 주인도 분명히 좋아진다는 것을 알았지만 발만 동동 구르며 포기했다.

집주인들의 동의를 받아 둔덕이 헐리자 슬레이트 지붕과 벽체가 제대로 나타났고 공원과 연접한 집이 되었다. 그 집은 아들 둘과 아버지, 그리고 조선족 어머니가 살고 있었는데 건물을 그대로 살려 호프집을 열었다. 이성주 팀장, 직원들과 함께 호프집에 들러 시원한 맥주와 닭튀김을 맛있게 먹었다. 주인아저씨의 이야기를 들어보니 철도 옆의 집을 사는 바람에 전처와 말다툼 끝에 이혼을 했다고 한다. 비만 오면 물이 차고 벽지는 곰팡이를 뒤집어쓴 습한 집이었다고 한다. 이런 집에서 못 산다고 뛰쳐나갈 만도 했다는 것이 주인아저씨의 이야기였다.

"이렇게 앞을 가로막고 있던 둔덕을 정리해주시니 우리 네 가족 먹고살 만해졌습니다. 오늘 술은 공짜로 드리고 싶습니다."

지붕만 보이던 집이 공원과 접한 가게로 변한 모습 (동심원 제공)

계류를 즐기는 시민들 (동심원 제공)

우리는 공무원들이라 공짜로 얻어먹을 수 없다고 강하게 손사래를 치며 기쁜 마음으로 계산을 하고 호프집을 나섰다.

이후에도 경의선숲길을 가족과 함께 둘러보기 위해 걷다가 그 집에 들러 호프 한잔을 하곤 했다. 그때도 돈을 안 받으려 하기에 아이들 눈에 아빠는 공짜 술만 얻어마시고 다니는 사람으로 보일 것 같다고 한참 실랑이 끝에 돈을 내고 나온 적도 있었다. 결과적으로 돈을 많이 벌라고 둔덕을 헐어준 셈이니, 나로선 뜻밖에 보람된 일을 하게 된 것이다. 환하게 웃던 호프집 사장님의 얼굴이 자주 떠오른다.

다시 경의선숲길을 걷다가 찾은 그 집은 비슷한 가게였지만 조금 달라져 있었다. 다른 사람에게 팔고 이사를 간 것으로 보였으나, 경의선숲길로 확실하게 혜택을 본 한 가족이 있었다는 것만으로도 기분이 좋다. 많은 시민이 이리저리 차를 피해 다니지 않고 마음껏 어깨를 펴고 걸을 수 있는 숲길을 만들어놓았다는 자부심은 이런 일을 직접 해본 사람만이 느끼는 뿌듯함일 것이다.

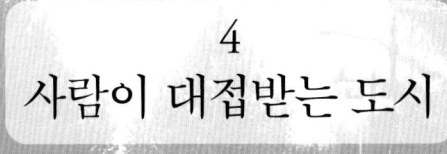

4
사람이 대접받는 도시

어린이공원의 현대화

요즘은 지방자치단체별로 '어린이공원 현대화'란 사업명을 쓴다. 1994년 5월 5일 마포구 홍익대 경계부 옹벽 아래 와우어린이공원에서 서울시 이원종 시장이 참석하는 어린이공원 현대화사업 공원 재개장 행사가 열렸다. 30년 전 일이다. 어린이공원 개장식에 시장이 참석한 최초의 일이었다.

1993년 9월 서울시 도시계획국에 공원과가 소속되어 있던 시절, 1994년도 시장 업무보고 자리에서 당시 공원과 관리팀은 '어린이공원 현대화사업' 계획을 보고했다. 시장은 극찬하며 지시했다.

"바로 이런 걸 업무보고해야 하는 겁니다. 관계 직원을 외국에 견학시키고, 현대적 시설을 다양하게 갖춘 시범공원을 2~3개소 정도 개조하여 각 구에 모델을 제시해주세요."

구별로 어린이공원을 조사한 결과, 15개 공원에 17개 콘크리트 미끄럼대가 있었고 미끄러져 내려가 발이 닿는 곳에는 잡초가 무성했다. 모래를 두 손에 쥐고 올라가 발밑에 뿌려가면서 미끄럼 타던 어린이들은 집에 가면 영락없이 엄마에게 엉덩이를 맞아야 했다. 크지도 않은 어린이공원에 그런 미끄럼틀이 2개씩이나 있어야 했는지 의문을 제기하는 데서부터 일이 시작되었다.

시장은 이런 실정에 문제의식을 느끼고 어린이공원 현대화사업에 큰 힘을 실어주었다. 나로서도 두 아들을 낳아 기르던 시절이라 아이들을 위한 선물이라고 생각하며 열성을 다했다. 담당 직원이었던 진병환 주임도 자신의 아이들을 떠올리며 열심히 준비했다.

당시만 해도 유럽 등 해외 출장은 서로 다녀오려고 군침을 삼키던 일이었다. 시장이 해외 출장을 지시하자, 다른 과에서 자신들이 외국에 나갈 차례라고 주장했다. 그래서 나 대신 담당인 진병환 주임을 보내겠다고 하자, 그 직원은 전기직이라 안 된다는 식으로 발을 걸었다. 화가 나서 어린이공원이라고 그동안 전기직 직원에게 맡겨놓을 땐 언제고 이제 와서 해외 출장은 자기가 먼저라 하느냐 따져 물었다. 말도 안 되는 소리였다.

결국 1993년 10월, 11박 12일의 해외 출장길에 올랐다. 프랑스 파리, 독일 베를린과 슈트트가르트, 네덜란드 암스텔담, 일본 도쿄를 방문했다. 인상적인 사례들도 많았고 어린이 놀이시설에 대한 인식도 우리와는 크게 다르다는 것을 절감했다. 그중에 안전상 깔아놓은 모래의 먼지와 균류 오염을 방지하기 위한 노력이 눈에 띄었다. 충격을 완화시키기 위해 특수 우레탄이나 분쇄목을 깔아주는 배려도 있었다. 놀이시설을 도입할 때 교육청, 부모, 어린이 등이 모여 연령별로 고르게 이용할 시설을 선정하는 절차도 있음을 확인했다.

소재는 자연 친화성을 고려하여 목재 위주로 사용했다. 색채는 따뜻하고 밝은색을 5가지 이내로 쓰되 별도의 색채 심의를 거쳤다. 놀이시설을 단순 시설이 아닌 복합시설로 구성하고 아이들의 안전을 최우선으로 고려해 디테일한 마감을 필수적인 요소로 삼는다는 점도 주목할 만했다.

당시 독일 베를린에서 본 입체적 로프 놀이시설은 이후 한국에도 도입되었다. 로프시설은 보다 창조적인 놀이가 가능했다. 로프를 타고 오르내리며 중간에 설치된 새집을 구경하는 등 아이들이 매우 즐겁게 놀 수 있는 시설이었다.

일본 동경에는 근린공원마다 일정 구역에 어린이 놀이공간이 마련돼 있었다. 그곳엔 아이들이 뛰어놀 그물망도 있고, 패브릭 멤브레인이라는 특수 천으로 만든 커다란 반원형 풍선도 있었다. 다양한 어린이 놀이시설의 유형도 알 수 있었고, 세계적으로 어린이 놀이시설이 어느 수준까지 와 있는지도 알 수 있었다. '알아야 면장을 한다'는 속담은 여지없이 들어맞았다.

와우어린이공원과 동대문의 장안어린이공원 두 군데가 시범 사업지로 선정되었다. 설계 현상공모안을 준비하였고, 설계자들이 감리비도 없이 수시로 현장에 나와 시공 상태를 살폈다. 담당자인 진병환 주임은 현장에 나가 살다시피 했다. 그리하여 공사 시작 후 대략 90여 일만에 시범공원이 완성되었다.

와우어린이공원은 신화컨설팅에서 설계하였는데 배 모양의 복합 놀이시설을 도입하였다. 장안어린이공원은 한우드엔지니어링에서 설계를 맡아서 바닷가의 '게'를 상징으로 로프시설과 스페이스프레임 등이 도입되었다. 후에 유아 놀이시설을 만드는 꼼빵이라는 회사의 제품도 도입되었다. 이 회사는 아이들이 스프링에 손이 눌리는 일이 없도록 수천 번의 실험을 마친 뒤 제품을 출시했다. 연구기능과 실험기능을 갖춘 탄탄한 회사들이 부러웠다.

시범사업으로 끝날 일이 아니기에 각 구청의 공원 계장들을 수시로 불러 회의를 개최했다. 어린이공원 현대화 사업을 부모들이 자식들에게 주는 소중한 선물로 생각하자고 강조하면서 사업 확산을 위해 노력했다.

어린이공원 현대화 사업을 통해 우리나라의 어린이 놀이시설이 한 단계 발전하는 계기를 맞았다. 놀이시설을 만드는 회사들은 수시로 다른 나라의 놀이시설을 둘러보며 국내에 도입하기 시작했다. 주택공사에서도 어린이날 개장 소식을 접하고 우리를 찾아와 설계도면 등 자료를 빌려달라고 하기도 했다. 당시에 어린이놀이터를 가장 많이 만드는 주택공사에서 아이들의 놀이시설을 개선할 생각을 갖게 되었으니 우리가 나름대로 큰 역할을 한 셈이다.

요즘은 특별한 경우가 아니면, 어린이공원을 현상공모로 개조할 필요가 없다. 아이들의 흥미를 끄는 다양한 놀이시설이 코드화되어 조달구매가 가능하기 때문이다. 놀이시설과 다른 시설을 재배치하기도 용이하고, 주민들의 의견을 수렴해 설계할 수도 있는 시대다.

5월 5일에 맞춰 어린이공원 재개장 행사를 열어 지역 주민의 지지를 얻는 일도 중요하지만, 설계 단계부터 이용자인 아이들의 의견을 듣는 과정을 충실히 해야 한다. 그러려면 전년도에 설계비만 확보하

어린이들이 좋아하는 와이어로프 놀이시설 (서울시 제공)

여 미리 절차를 거친 뒤 설계를 완성하는 것이 좋다. 어린이공원 재조성 설계를 맡은 설계사와 구청 담당 직원이 인근 초등학교 측과 사전에 협의해 어린이들의 의견을 받는 것이다. 이를테면 2학년부터 5학년 정도 학생들의 특활시간을 할애받아 아이들이 원하는 놀이시설을 맘껏 그려보도록 과제를 내준다. 이 의견들을 수렴해 실제 구현 가능한 것들을 검토하고 설계에 반영해가며 완성하는 방식을 도입해보도록 권하고 싶다. 어린이공원의 범위와 여기에 넣을 수 있는 시설 종류, 놀이시설의 시설 카탈로그 등을 먼저 제시할 수도 있다.

대부분의 학교에서는 이를 귀찮게 생각할 수도 있고, 구청에서도 왜 일을 번거롭게 만드느냐는 비난을 받을 수도 있다. 그러나 진정 어린이가 주인인 어린이공원을 만들어주기 위한 최소한의 노력은 해볼 수 있지 않을까?

어린이공원 내 복합 놀이시설은 은폐되는 곳이 없어야 한다. 항상 어른의 시야에서 벗어나는 사각지대가 없도록 세밀하게 신경을 써야 한다. 이 또한 아이들의 안전을 위한 조치다.

어린이공원의 시설률(공원 전체 면적 중에서 바닥 포장을 포함한 시설물이 차지하는 면적, 나머지는 녹지공간으로 만들어야 함)은 60%이다. 각종 시설이 가득해 놀이시설이 상당 부분 땡볕에 노출된다. 특히 여름철엔 이용하기가 불편하다. 태양이 이동하는 각도를 조사각도라고 하는데, 스테인리스 미끄럼판은 여름철 고온에 오랜 시간 노출되어 달아오르면 어린이들이 화상을 입는 경우도 있다. 가급적 북서향으로 놓거나 느티나무 등을 배치해 그늘이 생기게 해주기를 권한다. 자외선에 색이 바래지 않는 특수 천과 와이어로프로 천막을 설치해 인공그늘을 만들어주는 것도 좋은 방법이다.

유아용 모래놀이터는 이용 후에 길고양이 등의 배변으로 오염될

30년이 지나고 남은 것은 모자이크 타일 벽면

와우어린이공원 내 크게 자란 느티나무

노원구 민들레어린이공원 (노원구 제공)

수 있다. 저녁에는 천이나 슬라이딩 목재판 등으로 뚜껑을 덮어주어야 한다. 각 구청별로 모래소독반을 두어 순차적으로 어린이공원을 돌면서 소독해주는 것이 바람직하다. 1년에 한 번이 아니고, 1년 내내 순차적으로 소독할 것을 권한다. 여유가 있다면 민영놀이터의 모래도 소독해주는 것이 바람직하다. 아이들을 관찰하는 보호자들을 위한 그늘과 벤치도 추가해야 한다. 낡은 시설을 교체하고 목재시설에는 식음 테스트를 받은 무해 오일스텐을 발라주는 등 아이들을 위한 세심한 배려가 항상 필요한 시설이다. 어린이놀이터에서 위생과 안전은 가장 기본적인 서비스로서 공원 관리자들이 마음에 새겨야 할 것들이다.

사실 대형공원을 하나 만드는 일보다 어린이공원이나 마을마당을 수십 개 만드는 일이 더 어렵다. 구청 담당 직원들을 수시로 소집하여 현장관리를 당부하지만, 한꺼번에 여러 가지 일을 진행하다 보면 놓치는 부분이 생기기 마련이다.

2007~2010년 오세훈 시장 재임 당시, 한문철 예산과장의 적극적 지원으로 2차 어린이공원 현대화 사업을 확보했다. 각 구의 몫을 분담 투자하여 성과를 낼 즈음에 직원들이 숨가쁘게 나를 찾아와 보고했다. K 신문사에서 우리 몰래 어린이공원을 새로 정비하는 현장을 꼼꼼하게 진단하여 잘못된 부분을 사회면 톱으로 실으려 한다는 것이었다.

공무원으로서 비애를 느끼는 순간이 있다. 열심히 진행해온 프로젝트가 마무리하는 단계에서 슬그머니 비판 기사로 언론에 먼저 나오는 때다. 나름 사명감을 가지고 야심차게 진행해온 일인데 부족한 부분만 크게 강조되어 시민들에게 알려지는 것이다. 다행히 해당 기사는 편집 단계에서 탈락되어 실리지 않게 되었다. 우리는 다시 한번 마음을 다잡고 K 신문사에서 지적한 사항들을 꼼꼼히 재점검하면서 공원 현대화 사업을 잘 마무리할 수 있었다.

노원구 돌곶이어린이공원 (노원구 제공)

노원구 철쭉어린이공원 (노원구 제공)

30여 년 전 해외 출장과 현상공모 등을 거쳐 시범적으로 만들어졌던 와우어린이공원. 당시 만들었던 배의 형상은 철거되었고 이후 조합 놀이대가 들어섰다. 현재 남은 흔적은 당시 인근 초등학생들의 그림으로 만든 모자이크 타일 벽과 입구에 심은 느티나무 정도이다.

어린이공원 현대화는 특별한 정책적 이슈가 아니다. 세금을 낸 주민들과 아이들이 충분히 배려받으며 행복하고 즐거운 시간을 보낼 수 있는 어린이공원이 되기를 빈다. 후일 노원구에서 동네공원 재조성을 추진하면서 어린이공원을 거의 다 새롭게 고쳐 재개장했다. 이 또한 아이들을 위한 귀중한 선물이었다.

어린이공원을 어린이에게 돌려주자

'어린이공원의 어린이들은 할머니, 할아버지들이 잘 보살펴줄 것이다.'

공원 업무를 약 40년 해본 입장에서 이 말은 틀린 말이다. 물론 어린이공원 내에 있는 노인정의 할머니, 할아버지들이 아이들을 친손자, 손녀처럼 잘 보살피는 곳이 전혀 없다는 이야기는 아니다. 어린이공

강동구 성내3동 성안어린이공원(1,057㎡) (강동구 제공)

원은 원래 도시공원법상 1,500㎡ 이상으로 한다고 정의하지만 '기존 시가지에서는 그러하지 아니하다'라는 구멍이 뚫려 있다. 기존 시가지에는 1,500㎡ 이하의 어린이공원이 많다는 말이다.

1980년 제5공화국 시절, 전두환 전 대통령의 장인 이규동 씨가 대한노인회장이었다. 이 시절 국토부는 노인들이 어린이를 잘 보살펴줄 것이라는 명목으로 어린이공원에 노인정을 넣을 수 있도록 법령을 슬그머니 개정하였다.

이후 선거철만 되면 시의원, 구청장들은 하나같이 어린이공원에 노인정을 넣겠다고 아우성을 쳤다. 어린이공원에 노인정이 들어서면 나머지 땅이 생선 서더리탕(생선에서 회를 떠내고 남은 뼈로 끓이는 탕)처럼 변한다고 해도 정치인들은 막무가내로 밀어붙였다. 선거철 노인들의 표를 얻기 위한 공약이었다. 서울시의 어린이공원 내 노인정은 대부분 그 시절에 들어선 것들이다.

과연 노인들이 어린이공원에서 노는 어린이들을 살갑게 보살펴줄까? 실은 전혀 아니었다. 어느 해 행정실적 심사 평가를 위해 강동구 소재 어느 어린이공원을 방문하여 진실을 알게 되었다.

넓지 않은 어린이공원 부지의 절반을 2층인 노인정이 차지하고 있었다. 우측 국기게양대에 칠한 흰색 페인트가 돌돌 말려 벗겨져 있었고, 어른 키 높이로 철조망이 칭칭 감겨 있었다. 구청직원에게 도대체 왜 저런 것인지 묻자, 1층의 할머니들이 고스톱을 치는데 아이들이 국기게양대를 타고 올라가는 일이 많아지자 못 올라가게 저렇게 철조망을 칭칭 감아놓은 것이라고 했다. 어처구니가 없는 노릇이었다. 더 기가 막힌 것은 노인정 앞에 놀이시설이 설치되어 있는데 아이들이 시끄럽게 떠든다고 할머니들이 설거지물을 부어버리는 일도 흔히 발생한다는 것이었다.

나는 당시 어린이공원에 노인정이 들어서면 할머니, 할아버지들이 아이들을 잘 보호해줄 것이라는 법령 개정의 취지가 순 거짓말이란 사실을 알게 되었다.

"자기 손자나 귀엽겠지요."

구청직원의 하소연이었다.

이후 어린이공원 내 노인정을 못 들어서게 하는 묘책을 찾기 시작했다. 해법은 의외로 간단했다. 당시 도시공원위원회 안건 심사대상에 '어린이공원 내 노인정을 짓고자 하는 경우, 어린이공원의 법정 최소 기준인 1,500m^2를 초과하는 공원만 심사대상으로 한다'는 방침을 만들어 각 구에 전달했다. 그 이후로 어린이공원 내 노인정은 더 이상 지어지지 않았다. 이로써 어린이공원의 기준 면적도 확보하지 못한 작은 부지에 노인정을 마구잡이식으로 집어넣어 선거에서 당선되려는 얄팍한 정치인들의 속셈도 잠재우게 되었다.

되돌아보면 어린이공원을 바라보는 어른들의 시각이 많이 변화하고 있다. 잘못된 일이었다는 것을 다 아는 시대다. 어린이공원이나 마을마당 같은 소형공원은 대형공원보다 디테일이 중요하다.

서울시의 2023년도 공원현황을 분석해보면, 어린이공원 1,248개소 중 13%에 해당하는 165개 공원에 노인정이 들어서 있다. 이런 통계는 전 세계적으로도 사례를 찾기 어렵다.

어린이들은 선거권이 없으니 정치하는 사람들의 관심 밖일 수도 있다는 생각을 하기 쉽지만, 그것은 착각이다. 저출산 시대이지만 육아에 대한 중요성과 교육열은 여전히 높다. 오늘날 어린이공원은 아이들이 사회성을 기르는 터전이다. 친구들과 함께 놀며 배려하는 법을 배우는 소중한 성장 공간이다. 어린이공원을 직접 관리하는 구청에서는 꾸준히 시설의 안전여부를 점검하고 놀이시설이 아이들로부

강동구 성내2동 안말어린이공원(2,290㎡)   안말공원 내 경로당 (강동구 제공)
(강동구 제공)

터 외면당하지 않도록 지속적으로 개선해야 한다. 친환경 재료를 써야 하는 것은 물론이다.

   30여 년 전, 두 아들이 헐레벌떡 집으로 들어오던 때가 떠오른다. 아파트단지에서 저녁 늦게까지 떠들며 놀다가 동네 어른이 "야, 이놈들아! 이제 그만 놀고 집에 들어가 자라!" 하고 소리를 지르는 바람에 집으로 들어오던 그 시절이 귀하게 느껴진다. 학원으로 돌고 도는 요즘 어린이들이 불쌍해보일 때가 많기 때문이다. 적어도 초등학교 때는 동네 아이들과 신나게 놀아야 한다. 아이들이 뛰노는 소리가 들려야 건강한 사회다.

무궁화어린이공원을 되찾다

　무궁화어린이공원은 관악구 신림동에 있는 어린이공원이다. 1971년 6월 29일자 건설부고시 393호로 지정된 공원이다.
　1990년 9월 한강관리사업소에 근무하면서 일산의 둑이 터져 물바다가 되고 뚝섬 일대의 제방에서 물이 새어나오는 등 큰 물난리를 치렀다. 다음 해 8월 서울시 공원과 공원관리계장으로 발령받았다. 새로 발령받아 자리를 잡던 시절, 어느 날 연세가 삼촌뻘은 족히 되는 공원행정계 박문수 주임(추후 서기관으로 승진)이 서류 한보따리를 내 책상 위에 갖다놓으며 말했다.
　"증거를 찾을 수 없어서 우리가 완패한 것인데 2심에서도 아마 질 것입니다. 계장님한테 넘겼으니 나는 손 털고 갑니다."
　공원과의 편제가 바뀌면서 공원행정계가 예전의 공원관리계로 업무를 수행하던 중 1심에서 완전히 패소한 소송 문건들이었다. 공원행정계와 공원관리계 직원들은 '원래 맡아서 소송을 진행하던 곳에서 마무리해라', '아니다, 새로 업무분장이 넘어갔으니 맡아서 진행해라' 그렇게 여러 날 다투고 있었던 모양이다. 무슨 내용인지 살펴보니 관악구 난곡 일대, 당시 정부에서 경찰공무원들을 격려하는 취지에서 일단의 주택개발을 하면서 확보한 공원용지였다. 등기부상 소유자가 강대건이라는 사람의 명의로 남아 있었다. 그 토지주의 아들이 변호사를 통해, 자기 땅이니 공원시설 모두 철거하고 그동안의 사용료를 내라, 공원을 해제하거나 보상을 해달라는 내용이었다.

주택개발을 하면서 함부로 어린이공원으로 결정할 리가 없었을 것이다. 다른 땅과 교환했거나 상응한 보상을 해주고 택지개발지구 안의 공공용지로 공원을 확보했을 텐데, 구청직원들이 등기를 구청 소유로 이전하지 않아 벌어진 일 같았다. 말하자면 등기누락이었다. 담당 직원인 윤재균 씨에게 말했다.

"이 일은 우리가 맡아서 처리하는 것이 맞을 것 같은데, 어디 한번 진하게 붙어서 아이들 공원을 갖고 장난치는 사람들을 무찔러봅시다."

그렇게 일은 시작되었다.

주변 사람들은 증거를 못 찾아 완전히 패한 소송을 어떻게 뒤집겠느냐고 비웃었다. 관악구청 소송 담당 직원을 불러 대책회의를 했다.

"이 소송 건은 아이들 것을 지켜주기 위한 것으로서 우리가 반드시 이겨야 합니다. 증거를 찾읍시다. 그 일대 무궁화 주택단지의 모든 필지를 뒤져서라도 토지교환 증거를 찾읍시다."

관악구의 담당자였던 김한준 씨(추후 사무관으로 승진하여 중랑구의 공원녹지과장 역임)는 얼굴이 붉으락푸르락했다.

"근무를 하는 중에 어떻게 등기소에 가서 그 많은 등기부등본을 떼어 토지교환 증거를 찾을지 앞이 캄캄합니다."

"시간 되는 대로 등기소에 가서 등기를 떼어 확인해봐야 이 소송의 단서를 찾을 수 있습니다."

등기소에 사정사정하여 등기부등본이 정리돼 있는 서고에 들어갈 수 있었다. 우린 눈에 불을 켜고 서류를 뒤지기 시작했다.

되찾은 무궁화어린이공원 (관악구 제공)

"계장님, 찾았습니다!"

얼마나 기뻤는지 사무실에서 소리를 지르는 바람에 다른 직원들이 놀라서 쳐다봤다.

그렇게 교환한 토지를 찾아 법원에 증거로 제출했다. 원고 측에서는 바꾸긴 바꿨는데 어린이공원 용지만 빼고 바꾼 것이라고 주장하는 바람에 허탕을 쳤다. 이 과정에서 이상한 것이 있었다. 그들이 판사들에게 제출한 증거자료 중 어린이공원은 교환대상이 될 수 없는 자료였다. 원고 측에서 교환받은 토지는 생산성지수가 2.3인데 토지주가 갖고 있던 무궁화어린이공원 토지 생산성지수는 17이나 되었다.

우리는 아무래도 소수점 하나를 지워버렸을 거라고 생각하면서도 더 이상 파고들 수가 없었다. 주택단지를 만들고 나서 관악구 도시계획위원회의 담당 국장이 "무궁화어린이공원은 교환한 땅이지요?"라고 묻는 내용의 마이크로필름을 법정에 제출했으나 소용없었다. 원고 측에서 토지의 생산성지수 자료를 증거로 강력히 들이대는 바람에 넘어갔다.

승소할 방법은 증인을 찾는 것뿐이었다. 수소문 끝에 구로구 소재 파출소장을 찾아냈다. 경찰주택단지에 관해 잘 알고 있고, 초기에 입주해 살던 분이었다. 퇴근 시간 즈음 파출소에 방문해 3시간 정도 인터뷰를 진행했다.

구청의 김한준 씨는 소니 소형녹음기를 준비하여 수시로 화장실을 들락거리면서 테이프를 갈았다. 한마디도 놓치지 않으려는 노력이었다. 파출소장은 공직자라서 재판에 증인으로 나설 수 없을뿐더러 직접 처리한 일이 아니라 증인 역할을 제대로 할 수 없었다. 무궁화주택단지를 측량하고 지적 분할하던 엄홍섭 씨가 정확한 토지교환 위치와 어린이공원에 관한 스토리를 안다고 했다. 그동안 돌아가셨다는 소문도 있고 이민을 갔다는 소문도 있어서 전화번호부를 뒤져서 전화를 걸어 확인했지만 도저히 찾을 수가 없었다. 파출소장은 우리처럼 열심히 증인을 찾아다니는 사람들은 난생처음 본다면서 꼭 승소하라고 격려해줬다.

이틀 후 김한준 씨가 전화를 했다.

"계장님, 찾았습니다."

"무엇을 찾았다는 건가요?"

"엄홍섭 증인을 찾았습니다. 전화로 물어보니 그때 일을 다 기억하고 계신다면서 증인으로 나서주겠다고 합니다."

은평구 유진상가 2층 커피숍에서 만나기로 약속을 잡았다. 우리 측 변호사가 확인해준 증인신문 조서를 준비해 커피숍에서 마주 앉았다.

"그 영감님이 애들 놀이터 갖고 그런 욕심을 내면 안 됩니다."

그분의 첫마디였다. 우리가 어렴풋이 알던 대로 당시 주택단지 건설현장에서 측량과 측지업무를 담당했고 필지정리까지 담당했던 분이었다. 우리와 만날 당시에는 개인택시 운전을 하고 있었다.

무궁화어린이공원 내 유아용 놀이시설

일사천리로 대답을 받아냈다. 그 일대의 도면으로 토지를 바꿔준 위치 등을 짚어주기도 했다. 변호사는 이런 식으로 증인과 증인신문이 진행되면 소송에서 이길 수 있다고 했다. 증인에게 오후 증인신문에 오실 때 저희가 택시로 모시러 가겠다고 하자 그가 말했다.

"내가 택시운전사인데 내 차 타고 가면 됩니다."

증인신문이 시작되고 우리 측 변호사가 물 흐르듯이 증인의 입에서 답을 얻어냈다. 이어서 반대 원고측 증인신문이 시작되었다. 원고 측 변호사는 인신공격성 질문까지 해가면서 증인을 몰아붙였다. 증인은 움찔해 위치 부분을 머뭇거리며 설명하는가 하면, 원고 측 변호사의 트릭에 당황하는 것처럼 보였다. 나는 이런 경우를 대비하여 항측사진에 땅의 교환 위치 등을 표시한 두루마리를 갖고 증인에게 "여기가 거기."라고 손으로 가리키면서 증인을 도왔다. 그러다가 법정리가 내게 다가와 "법정에서 나가세요."라고 해서 내쫓겼다.

법정의 오른쪽 문으로 내쫓겼다가 왼쪽 문으로 다시 들어가 항측

사진을 들고 이리저리 짚으며 답답해하는 나를 보고 주심 재판장이 말했다.

"그게 무엇인가요? 이리 갖고 나와보세요."

"증인이 이야기하는 것은 이 땅과 이 땅을 어린이공원 땅과 바꿨다는 이야기입니다."

"그 자료를 법정에 제출하세요. 원고 측에도 한 부 드리세요."

재판을 마치고 법정을 나올 때 원고 측 변호사가 화를 냈다.

"재판을 이런 식으로 하는 사람들이 어디 있습니까? 사전에 원고 측에도 자료를 주고 검토하게 해야 하는 것이지."

"네, 그래서 재판장님의 말씀대로 한 부를 준비해드리도록 하겠습니다."

결과적으로 재판은 완전히 뒤집어졌다. 재판정을 나와 잠시 호흡을 가다듬고 말했다.

"이번 소송은 우리가 이겼습니다. 저쪽에 원고와 변호사가 어두운 얼굴로 뭔가 상의하는데 김한준 씨가 슬그머니 가서 엿듣고 오세요."

다녀온 김한준 씨의 말로는 원고가 변호사에게 화를 내자 변호사도 버럭 화를 냈단다.

"우리가 이 소송에서 지면 어떡합니까?"

"우리가 지긴 왜 져요?"

소송은 화를 내면 지는 것이다. 법원을 빠져나갈 때 그들 주변을 지나가면서 큰 소리로 으름장을 놓았다.

"이 따위 말도 안 되는 소송을 서울시가 진다면 남아날 공원용지 하나도 없지요. 이건 사기죄로 고발을 해서라도 가만두면 안 됩니다."

아마도 원고는 간이 콩알 만해졌을 것이다.

당시 담당이었던 이범렬 변호사는 송무용전에 "이 소송 건으로 실무진들의 많은 노력과 공로가 있었음을 알려드립니다." 하는 메모를 첨부하여 소송상황을 서울시에 보고했다. 당시 서울시청에 출입하던 MBC 최일구 기자가 무슨 소송인데 올 때마다 산더미처럼 쌓아놓고 들여다보느냐고 묻곤 했다. 우리가 그 소송에서 승소했다고 하자, 곧바로 카메라를 들고 현장 인터뷰를 하자기에 나보다는 관악구의 김한준 씨가 노력을 많이 했으니 그와 인터뷰를 하라고 권했다. 그날 저녁 MBC 뉴스데스크에 방송이 나갔다. 1심에서 완전히 패소한 사건을 2심에서 완전히 뒤집어놓은 것은 나에게도 큰 자부심을 안겨준 사건이었다.

원래 토지 소유자인 아버지는 진실을 알고 있었을 것이다. 다만 이것은 나이가 들어가는 부친 명의로 남아 있는 어린이공원 용지를 발견하고 좀이 쑤신 아들이 벌인 일이었다. 또한 관악구가 공원으로 사용해온 지 19년이 된 시점이었다. '평온무사'하게 20년을 점유하면 관악구로 점유시효가 완성되는 것이라서 일단 소송을 벌였을 수도 있다.

1심에서 이겼을 때 원고의 아버지 표정을 상상해본다. 2심에서 완전히 뒤집어졌을 때의 아버지 표정을 보고 싶었다. 소송이 진행되는 동안 아버지가 아들에게 그건 관악구청 땅이 맞다고 한 번쯤 아들에게 이야기했을지도 모르는 일이다. 원고 측 변호사는 소송에 따른 성공보수를 기대했다가 허탈했을 것이다.

이를 계기로 공공기관을 상대로 하는 상당수의 소송이 담당자들의 무관심으로 패소할 수도 있다는 것을 알게 되었다. 재판 증인으로 나서준 엄흥섭 씨의 정의감과 용기에 거듭 감사할 뿐이다.

200여 평 남짓한 무궁화공원에서는 매년 가을 난곡마을축제가 열린다. 그 어린이공원이 이런 소송에 휘말렸던 사실을 주민들은 몰라도 좋다. 아이들이 재미있게 뛰놀고 어른들도 가끔 마을 공터에 모여 이런저런 행사를 하며 즐기면 그만이다. "얼라공원(어린이공원을 비하하여 말하는 경상도식 표현) 하나 갖고 뭘 그리 눈 아프게 자료를 뒤져 쌌는교?"라고 농담하며 그만두라고 권하던 등기소 직원은 우리가 승소했다는 소식을 듣자 눈이 휘둥그레졌다. 그런 모습을 봤으니 더 바랄 게 없다.

학교 녹화는 왜 시작되었나?

1996년 6월 29일에 발표한 공원녹지확충 5개년계획은 서울시의 공원과 녹지 공급문제가 시민의 삶의 질과 환경 개선의 주요과제로 급부상하는 계기가 되었다. 시민이 뽑아준 민선시장이 진정한 시민의 시장으로서 어떤 문제를 해결해줄 것인가 하는 기대가 있었고 그 고민의 출발점이 바로 공원과 녹지였다.

공원녹지 확충계획의 아이템을 잡아나갔다. 실무진에게 현장 위주로 돌아보되 학교의 상황을 관심 있게 봐달라고 주문했다. 실무팀이 중랑구 신내초등학교를 방문했다. 신내택지지구가 하나둘 단지를 구성하면서 입주를 시작하던 즈음, 새로 지은 학교도 학생들을 받기 시작했다. 현장을 나가본 실무직원들은 학교가 아이들이 배우고 생활하고 놀며 지내는 곳인데 나무 한 그루도 없다고 했다. 일부 선생님들이 반 아이들에게 과제물로 나무를 한 그루씩 갖고 오라고 주문했던 모양이다.

아이들은 주말에 실컷 놀다가 월요일 숙제 알림장을 보고 급하게 엄마에게 졸라댔다. 엄마도 발을 구르다가 가위를 들고 아파트 울타리나무로 심겨진 개나리를 적당히 뚝 잘라서 아이에게 건넸다.

동대문구 휘경초등학교 학교숲 (서울시 제공)

"이걸 갖고 가거라."

그렇게 아이가 갖고 간 개나리를 선생님은 운동장 외곽에 달랑 꽂아 놓는다.

학교를 지으면서 나무 한 주 심지 않는 것이 말이 되는가. 공원녹지확충 5개년계획에서 여의도광장 공원화 같은 빅 이슈가 시장의 몫이었다면, 학교에 나무를 심자는 제안은 지극히 실무자 차원의 아이디어였다.

각 구청을 통해 학교 녹화가 시급한 곳을 찾아내 4개 학교를 시범사업에 넣었다. 이를 5개년계획에 포함시키기 전에 서울시교육청을 찾아갔다. 초등장학사를 만나 필요성을 설명하고 협조를 구하니 시설과에 가보라고 소개했다. 시설과의 담당 팀장은 이렇게 말했다.

"우리는 잘 모르겠고 서울시에서 하려면 해보세요."

그러나 5개년계획의 방침서를 결재받는 과정에서 기획조정실장이 서울시에서 교육청에 엄청난 예산, 그중에는 시설비도 투자하는데 학교 녹화라고 해서 다시 별도의 예산을 지원하는 것은 동의를 못하겠다는 의견을 냈다. 결국 예산1, 2과장이 배석한 기획조정실장 주관회의에 불려갔다. 학교의 현실이 너무 삭막해서 지원이 필요하다고 주장하자, 장인송 예산2과장이 말했다.

"그렇다면 교육청에서 오는 예산지원 요청서를 다시 보내서 학교 녹화사업을 넣게 하겠습니다."

교육청 예산지원을 담당하는 예산과 팀장이 교육청에 이 사실을 통보하자 난리가 났다. 서울시로 보낸 예산이 퇴짜맞아 되돌아왔는데 그 이유가 학교 녹화사업비를 넣어서 다시 보내라는 것이었으니, 교육청 시설과 담당자도 황당했을 것이다. 교육청 예산지원 요청을 하기 위해서는 담당 부서 검토를 거쳐 시 교육위원회 심의를 거쳐야 하니 그 절차를 다시 밟아야 했다.

교육청 시설과의 김 모 담당 팀장이 전화를 했다. "당신들이 알아서 한다고 했으면서 교육청 예산이 되돌아왔으니 이게 어찌된 일이냐!"라며 다짜고짜 화를 냈다. 내 설명을 들으려고 하지도 않고 육두문자까지 써가며 욕을 해대곤 전화를 끊어버렸다. 입장을 바꿔 생각해도 화가 날 일이었으니 뭐라고 할 말이 없었다.

그렇게 4개 학교에서 시범사업이 시작되었다. 교육청에는 조경전문 직원이 없으니 서울시에서 각 구청을 통해 사업비가 집행되게 하는 것으로 조정되었다.

학교 녹화사업은 운동장 외곽에 아이들이 쉴 수 있는 그늘을 제공하는 일, 담장을 개방해 지역의 거점 녹지 역할을 하는 일, 여자고등

학교 녹화사업으로 조성된 관악구 미림여고 정원 (서울시 제공)

학교 운동장에 천연잔디를 깔아주는 일, 학교의 옥상을 녹화해주는 일 등으로 활성화되었다. 학교 녹화를 추진하는 과정에서 실수한 것은 학교의 담장을 개방한다는 취지로 담장을 헐어낸 것이었다. 이상한 사람이 학교에 무단으로 침입하는 사건이 있었다. 담장을 개방했던 학교에서 발생한 사건은 아니었지만 담장 개방은 주춤하게 되었고, 학교 녹화사업 자체를 기피하는 명분이 되기도 했다.

나중에 보니 담장을 헐고 충분한 녹지를 만든 후 기와진회색 메시 펜스를 쳐주면 되는 것이었다. 기와진회색의 위력을 조금 더 이른 시기에 알았다면 부드럽게 해결될 문제였다.

학교 녹화는 이후 학교 공원화, 에코스쿨 등 다양한 이름으로 진화했다. 담당 직원들이 의견수렴 과정에서 많은 수고를 했다.

가장 인상 깊은 학교는 한남초등학교였다. 교장선생님이 나무를 심고 꽃피는 식물을 심는 것을 얼마나 즐거운 마음으로 하셨는지 모른다. 당초 배정된 예산을 크게 웃도는 사업비를 투자해 많은 나무를

학교 정원이 잘 가꾸어진 동작구 문창중학교 (서울시 제공)

심어 학교가 공원처럼 바뀐 좋은 사례였다.

그러나 모든 학교장이 그런 것은 아니었다. 설계를 무시하고 학교장 마음대로 나무를 심는 바람에 왜 이 사업을 시작해서 구청직원들을 고생시키나 후회한 적도 많았다. 또 하나 후회스러운 일이 있다. 나무란 심어놓기만 해서는 안 된다. 식재 후 관리비를 편성해 학교에서 신경을 덜 쓰면서도 잘 자라도록 관리해야 한다. 그러나 예산이란 시스템이 이를 허용하지 않는다. 잡아놓은 물고기에 미끼를 안 주듯이 예산부서에서 "도대체 왜 이러십니까?"라는 소리만 듣게 되는 현실이었다.

나무를 식재한 후 2년간 하자보수를 시공사에서 해야 하는 제도가 있다. 하지만 시공사로서 심은 나무를 관리한다는 것은 기대할 수 없는 일이다. 다른 공사에 매달려야 하기 때문이다. 죽은 나무를 베어내고 새로운 나무를 심으려 해도 여러 번 공문을 보내고 전화를 걸어야 한다. 그래야 느릿느릿 처리해주는 수준이니 실상 무방비 상태인 셈이다.

학교 옥상에 도입해야 할 태양광과 옥상녹화 복합 모델

서울을 위성사진으로 둘러보면 학교가 서울 전역에 골고루 배치되어 있다는 것을 알 수 있다. 옛날 영양이 부실하던 시절 머리에 둥그런 반점처럼 머리카락이 빠지는 현상을 기계충(머리에 피부사상균이 침입하여 일어나는 피부병인 '두부백선'을 일상적으로 부르던 말)이라고 했는데, 하늘에서 본 서울의 학교들이 마치 기계충처럼 보였다. 그래서 학교 옥상녹화를 추진했다.

중학교를 다니던 작은 아들이 하루는 집에 와서 하소연했다.

"아버지, 우리 반이 학교 꼭대기층에 있는데요, 진짜 더워서 공부를 못하겠어요."

콘크리트로 노출된 학교 옥상은 위험하다. 한여름 외기온도 34도일 경우, 60~70도까지 올라가면서 펄펄 끓는 열덩어리가 된다. 옥상을 녹화하게 되면 지중 10cm 하부의 온도가 24.5도 이상으로 올라가지 않는다. 예산을 아낄 일이 아니었다.

옥상녹화와 함께 태양광 패널을 설치해 최상층 교실에 에어컨을 가동하는 제안을 여러 차례 해봤다. 그러나 태양광 패널과 조경의 콜라보가 쉽지 않다. 아직도 이상적인 조합이 이루어지지 않아 아쉽다.

학교 운동장에 천연잔디를 깔기 위해 일본 출장도 다녀왔다. 일본 동경은 도심 내 울타리로 둘러쳐진 학교들이 외견상 우리보다 열악해 보였다. 하지만 중학교까지는 학교운동장에 천연잔디를 깔아주는 프로젝트를 진행하고 있었다.

학교 운동장에 천연잔디를 깔아주는 이유가 뭘까? 천연잔디는 복사열과 먼지 발생을 줄여준다. 아이들이 뛰어놀다가 넘어져도 크게 다치지 않는다. 일본은 아이들이 자발적으로 잔디 깎기를 하고, 팝업 스프링클러도 도입해 관리하고 있었다. 우리가 방문한 학교에는 야구장의 다이아몬드 형태로 잔디가 훼손돼 있었는데, 교장선생님에게 이렇게 잔디가 훼손되면 어떻게 하는지 물었다. 그는 잔디야 다시 복구해주면 되는 것이지 훼손된다고 아이들에게 제공하는 잔디밭을 없앨 생각은 없다고 해서 우리를 놀라게 했다.

잔디는 기층이 핵심이다. 약 30cm 깊이로 흙을 걷어낸 후 자갈 기층을 깔고 20~25cm 깊이로 규격사를 깐 후 잔디를 심어야 한다. 잔디는 배수가 생명이기도 하다. 한국잔디 Zoysia japonica는 하루에 6시간 이상의 햇빛을 받아야 잘 산다. 그늘진 위치의 학교 운동장에는 한지형 양잔디를 도입해보는 것도 좋다. 양잔디는 1년에 2번의 성장을 하는 식물로, 절대적 생장기간이 길기 때문에 겨울에도 녹색을 유지한다. 다만 높은 온도에 약해서 여름에 잎의 끝부터 말라죽는 등 관리가 까다롭다.

서울에서 최초로 천연잔디 운동장을 시도한 학교는 마포구 소재 홍익여고다. 이후 노원구 소재 용화여고도 시행해 잘 유지해오고 있다. 학교를 대상으로 녹화사업을 시도한 이유는 토지매입비나 임대료가 들지 않고 녹화를 시도할 수 있다는 장점 때문이었다. 무엇보다도 삭막한 학교를 녹화해 학생들의 환경을 개선시키고자 했다.

학교 녹화를 시도한 지도 대략 30년이 다 되어간다. 서울시내 총 274개 학교에서 학교 녹화, 학교 공원화, 에코스쿨 사업이 추진되었다. 시간이 지난 지금 어떤 모양으로 변했는지 모니터링하고 보완책을 마련하는 노력이 필요하다.

청소년이 맘껏 뛰노는 노해체육공원

노원구는 3개의 권역으로 나뉜다. 상계동 일대, 중계동 일대, 월계동과 공릉동일대가 동시에 공원을 재생하면서도 권역별로 고르게 투자해 공원들을 새롭게 완성했다.

그중 청소년들을 위한 해방구 역할을 할 수 있는 공원 하나는 남겨놓자고 고민해왔던 것이 바로 노해체육공원이다. 이는 1989년에 만들어진 34,647㎡ 크기의 공원으로 중계동 상명고등학교 건너편에 위치해 있는데, 커다란 맨땅 축구장, 노원구체육센터 외에는 이렇다 할 특징이 없었다.

오승록 노원구청장은 여러 차례 논의 과정에서 '노원구에서 공원 하나 정도는 청소년들이 탄성을 질러대면서 뛰놀 수 있는 공원으로 재생시키고 싶다'고 했다. 노해체육공원을 여러 차례 방문하면서 초기 기획안을 만들었는데, 가장 큰 문제는 오래 전부터 조기축구인들이 운동장을 독점해오고 있다는 것이었다. 구청장이 직접 나서서 조기축구인들에게 수락산에 새롭게 만든 '수락산 스포츠타운' 내 축구장을 이용해줄 것을 요청해 설득했다.

그리하여 2024년 10월 31일, 35년 만에 노해체육공원이 새로운 공원으로 재개장했다.

　우선 인근 주민들이 언제든 이용할 수 있는 폭 1.8m, 650m 길이의 코르크 탄성 포장 순환산책로를 만들고 각종 야외 운동시설을 집중 배치했다. 청소년들의 이용시간을 고정적으로 배정해주는 풋살장 2코트, 농구장 2코트를 배치하고 족구와 배드민턴 등이 가능한 다목적 구장 2코트 등을 갖추었다. 또 네트시설들을 걷어내면 대형 행사가 가능한 광장으로도 쓸 수 있게 기획했다.

　이외에 서울 동북권 최초로 지어진 2,000m^2 규모의 X게임장도 들어섰다. 스트릿, 트랜지션, 보울을 포함한 3개 장르를 소화할 수 있고 국내 유일하게 고강도콘크리트 구조물로 설치되어 전국 익스트림 스포츠 애호가들의 관심을 받는 명소가 되었다. 공원 내에는 청소년 아지트가 될 수 있는 e스포츠존, 체성분석기를 갖춘 헬스케어, 포토 및

새롭게 재개장한 노해체육공원 전경 (노원구 제공)

고강도 콘크리트 구조의 보울 (노원구 제공)   청소년들에게 이용 시간을 고정으로 배정하는 농구장 (노원구 제공)

뮤직 스튜디오, 댄스실 등을 열어 다양한 활동을 지원하고 있다. 장애 및 비장애 어린이가 함께 이용할 수 있는 통합놀이터도 있다.

노해체육공원은 다채로운 시설을 고루 갖춘 동네공원이자, 입시지옥으로 내몰리는 청소년들이 스트레스를 날릴 수 있는 새로운 공원으로 재탄생했다. 동네공원의 재생은 지역 주민과 청소년들이 일상의 스트레스를 날려버리고 보다 밝고 건강한 삶을 살아갈 수 있는 활력공간을 제공하는 계기가 될 수 있다. 재생공원은 지방자치단체에서 투자를 아끼지 말아야 할 중요한 아이템이다.

2002 월드컵, 한국의 꽃 심는 문화를 바꾸다

　서울시가 보유하고 있는 양묘장은 총 5개다. 6.25 전쟁과 무분별한 목재 채취로 몹시 헐벗었던 민둥산들. 이 산들을 녹화하기 위해 공급용 포지圃地를 확보해 묘목을 직접 생산하던 곳이 서울시의 여러 양묘장이다. 일명 '수도녹화 5개년계획'이었다.

　연탄의 생산과 공급은 산에서 나무를 베어와 때던 문화를 바꾸어 놓았다. 1961년 우리나라 1호 법령이「임산물단속등에관한특별법」이었다. 강력한 녹화정책과 산에서 불법으로 나무를 채취하는 것을 엄벌하는 시대였다. 이후 연탄이 도입되면서 산은 다시 푸르게 변했다. 이것이 오늘날 우리나라 도시 주변의 산이다.

　이제 그 법은「산림자원의조성및관리에관한법률(산림자원법)」로 바뀌었다. 강력한 법이었다. 산을 감독하는 '산감'이라고 하면 사람들이 벌벌 떨었다.

　서울시 양묘장에서 많은 묘목을 생산하고 공급했는데, 양묘장별로 특징이 있었다. 난지도 하수처리장 주변 소재지는 행정구역상으로는 고양시이지만 널찍한 빈 땅에 임시로 꽃 양묘장인 덕은포지가 운영되었다. 덕은포지는 지금도 유지되고 있다.

봄소식을 가장 먼저 서울시민들에게 전하려면 옛 삼성본관 앞의 화분보다 시청 앞 화분에 꽃을 먼저 심어야 한다며 은근히 선의의 경쟁을 하기도 했다. 갑자기 늦서리를 방지하기 위해 비닐로 덮는 비상조치도 해야 했다. 양묘장을 가보면 일반 농가에서 재배하는 꽃과 별로 다를 것 없는 꽃들이 재배되곤 했다. 팬지와 데이지가 주종으로, 양묘장 근무자들의 손에 익은 꽃들이었다.

2002년 월드컵을 치르면서 꽃을 심는 패턴과 색 조합을 세련되게 바꿔보기로 했다. 꽃을 생산하는 사람의 편리성에 맡기는 것이 아니라 보는 사람들의 눈높이에 맞추자는 것이었다. 당시 고건 시장과 강홍빈 부시장의 적극적인 관심으로 서울 시내를 좀 더 화사하게 바꿔보자는 분위기가 고조되었다.

이 시기엔 꽃을 심는 가이드라인도 있었다. 첫째, 원색보다는 파스텔톤을 도입한다. 둘째, 단색으로 붉고 노란색을 구획하여 심지 말고 혼식을 도입한다. 셋째, 화분 외에 가로변 공지로서 보행자 및 차량운전자의 시야에 잘 보이는 곳을 찾아 꽃의 식재 면적을 확대한다.

동대문디자인플라자DDP 주변 가로 화단 (중구청 제공)

월드컵이라는 전 세계인의 관심이 집중되는 대형 행사를 준비하면서 가성비 있게 서울을 밝은 분위기로 만드는 데 큰 역할을 한 것이 바로 꽃 식재 패턴의 변화다. 이를 준비하면서 덕은포지에도 고급 꽃과 다양한 꽃을 강하게 주문했다. 하지만 우리가 기획한 다양한 꽃을 단기간에 생산하기가 어려웠다. 재배해본 꽃 위주로 생산하려는 관성이 있어서 양묘장이 크게 도움이 되지 않았다.

결국 과감하게 우리가 심을 패턴을 제시한 후 민간분야에서 꽃을 기르는 농가, 원예사업자들에게 호소하여 신속하게 꽃을 생산하기 시작했다. 다량의 꽃 수요처가 있어서 미리 생산해 납품받는 시스템, '계약재배'란 개념도 이 시기에 처음 도입되었다. 이를 계기로 관에서 꽃 생산 포지까지 운영해야 하는 것인지 회의적인 생각을 가졌던 것도 사실이다. 꽃 생산의 다양화를 포함한 원예산업이 점차 관에서 민간 주도로 이전되어 활성화되어야 한다고 생각한 시기였다.

월드컵을 대비하면서 서울의 주요 호텔 등 선수와 관광객들이 몰려 이동하는 동선을 집중적으로 대형 화분과 꽃 식재지로 상정했다.

선의의 경쟁 속에 각 구청별로 다양하게 구성되는 화분과 꽃들

잠실대로 잠실역 부근 가로 화단 (송파구 제공)

이후 서울시 전역으로 주요 도로변의 꽃 심기 패턴이 확산되었다. 이로써 단색 꽃들을 구획해서 심는 구태의연한 문화가 바뀌기 시작했다. 이후 민간 영역의 경쟁을 통해 점차 꽃의 종류도 다양해지고 꽃을 생산, 공급하는 회사나 농가들도 많아졌다.

예전에 오스트리아 비엔나시청 공원국을 방문한 적이 있다. 토요일 오전이었는데도 우리를 위해 업무를 안내해준 고마운 직원이 있었다. 그녀는 외국인들이 공원국을 방문하면 소개해주고, 비엔나 시내의 모든 대형 화분과 꽃을 식재할 지역의 도면을 컴퓨터에 입력하여 매년 꽃 식재 계획을 수립하는 일을 했다. 꽃 배식 계획에 관해 전문가들에게 자문을 받기도 하고, 380만 평 규모의 다뉴브 강가에 위치한 프라터Prater라는 공원 한편에 낙엽 퇴비공장을 갖춘 꽃 생산 포지에서 계획적으로 키워지는 꽃의 식재 계획도 지휘했다. 정확한 정보를 활용해 비엔나시 전역의 화분 또는 화단에 식재할 꽃 배식도를 완성하고 현장 작업팀에게 위치별로 코드화하여 식재할 도면을 송부해준다고 했다.

　직원 하나가 이 일을 알아서 척척 해낸다고 하니 몹시 부러웠다. 비엔나를 다녀온 후, 서울시도 꽃 생산과 현장 식재를 체계화해야 한다고 강력히 주장했지만 역부족이었다. 서울시의 담당 직원들은 3년이 지나면 다른 부서로 가야 하는 시스템이라 꾸준히 한 업무만 맡아 전문가가 되기는 어려운 처지이다. 비엔나처럼 전문직 또는 계약직으로 채용하여 10년이고 20년이고 근무하며 역량을 키울 여건을 마련해 주어야 할 것이다.

동네 보행 천국을 만들어보자

나는 초등학교 4학년인 1968년까지 백령도에 살았다. 군용차량 외에 민간인 소유의 차가 단 한 대도 없던 시절이었다. 동네에 가게를 운영하는 '정기오'란 아저씨가 있었는데, 90cc 오토바이를 최초로 들여왔다. 그분은 괜히 오토바이를 타고 동네를 동동거리면서 몇 바퀴 그냥 돌았다. 일종의 관종기가 있는 분이셨다. 아이들은 신기해서 삼삼오오 그 뒤를 따라다녔다. 횟배를 앓는 아이들이 가솔린 냄새를 맡아보려고 따라다녔는지도 모른다. 오토바이 핸들 옆에는 세발자전거 손잡이에 달려 있을 법한 알록달록한 비닐 장식들이 있었는데 조금 유치했다. 요즘 우리 아파트 지하주차장에서 괜히 몇 바퀴씩 도는 노란색 람보르기니 청년이 있는데, 그때의 우리 동네 아저씨와 비슷한 마음일까.

하여간 아무리 먼 길도 걸어서 다니고, 추운 겨울철 빼고는 맨발로 다니던 시절이었다. 백령도 바닷가를 수없이 걸어서 오갔다.

사람은 안전하게 걸어 다닐 수 있는 길을 좋아한다. 서울에서 공원과 녹지, 조경부문 일을 하면서 차에 밀려서 살아왔다. 차 없이는 갈 곳이 없는 것처럼 도시가 차 우선으로 만들어져 있었다. 사람들은 그

상계9단지 길. 주민들 요청으로 잘 쓰이지 않던 차도를 보행전용도로로 개선했다.

러니 '차가 먼저인가 보다.' 그러려니 하면서 살게 된다. 그런 '차량 먼저' 문화에 반항심이 생겨, 서울의 핵심지역인 덕수궁 옆으로 보행자 위주의 덕수궁길을 만들었다. 기를 쓰고 매달려 만들어낸 보행도로였다.

서울시에서 33년간의 공직을 마감하고 2018년부터 2023년까지 5년간 추가로 노원구에서 근무하면서 즐거운 일이 많았다. 구청은 일을 추진할 때 거추장스러운 절차가 없어 좋았다. 노원구 상계9단지 901동과 914동 사이 차가 드나들던 길을 사람들만 다닐 수 있는 길로 만들어달라는 민원이 들어왔다. 차는 가끔씩만 다니고 허구한 날 주차장으로 쓰이는 찻길을 없애자는 제안이었다. 사람만 다니는 길을 만든다는 것은 덕수궁길을 만들어본 나 같은 사람에겐 아주 반가운 일이었다.

우수한 설계자를 초청해 설계를 부탁하고 공사가 진행될 때 나는 그 길을 10여 번 나가봤다. 현장에서 끊임없이 시공팀들과 디테일을 논의하여 다듬어나갔다. 길이 완성되자 많은 주민이 고개를 끄덕이면서 진작 이렇게 바꿀걸 그랬다고 좋아했다. 멋진 산책로이자 출퇴근 중심거리가 생겨 동네가 확 달라지니 보람찼다. 이렇게 제대로 쓰이지 않는 길을 바꿔놓으니 간단하게 동네 한가운데 도시숲길 하나가 생겼다.

중계동에 중계로8가길이 있다. 이 길은 중계동 수암초등학교와 천주교중계양업교회 부근에서 천수텃밭 올라가는 중계8길까지 이어지는 작은 도로이다. 이 또한 차가 다니지 않는 걷고 싶은 길로 만들어 달라는 주민들의 요청에 따라 찻길을 보행전용도로로 만들기로 했다. 다만 이 길 한가운데 큼지막한 보호수 한 그루가 서 있었고 이 보호수를 보호하기 위해 사람 키 높이의 메시펜스가 이중으로 둘러쳐져 있었다.

현장을 둘러보며 보호수는 이렇게 칭칭 감아놔야만 보호가 되는 것이냐고 직원들에게 물었다. 뚜렷한 대답이 없었다. 펜스를 없애면 사람들이 보호수에 가까이 접근해 이 나무가 얼마나 큼지막한지 팔을 벌려 재볼 수도 있고 이 나무 그늘이 얼마나 시원한지 느낄 수 있었다. 나는 보호수를 칭칭 감고 있는 펜스를 없앴다. 펜스 지침을 개정하기도 전에 먼저 없애버린 것이다.

큰 나무 아래 멋진 정원을 갖춘 보행 천국이 만들어졌다. 상계9단지길과 중계로8가길처럼 보행자들이 차에 간섭받지 않고 어깨를 펴

이중 철책에 갇혀 지내던 보호수 (개선 전)

철책을 걷어내 보호수 정원으로 바뀐 모습

고 걸어다닐 수 있는 길로 만들 곳이 서울 시내에 너무도 많다. 구청장들이 주민들의 목소리에 귀를 기울이고 예산을 지원한다면, 여기저기서 봇물처럼 보행자 천국의 길이 열릴 것이다.

아울러 아파트와 아파트 사이의 경계를 허물고 보행자 산책길을 만들 수 있는 곳이 너무나 많다. 담장이나 펜스는 아파트를 짓는 회사가 만든 사업 경계일 뿐이다. 서로 자기네 땅이라고 끌어안고 있을 뿐 함께 터놓고 쓰기로 한다면 별도의 토지비용 없이 동네 산책로가 만들어질 수 있다.

내가 2차례 맡아본 서울시의 조경과장 자리는 어쩌면 무소불위의 직책이다. 열정만 있으면 주민들의 요구사항을 파악해 지원사업으로 구성할 수 있고, 그 지원사업들이 지역으로 퍼지면서 시의원들이 너도나도 지원해달라고 요구하는 사업들을 발굴할 수 있다. 물론 앉아서 졸고 있어도 누가 뭐라고 할 사람은 없지만, 마음만 먹으면 서울을 새롭게 디자인할 수 있는 막강한 자리다. 팔을 걷어붙이고 연구하고 실험하며 부딪쳐야 하는 자리다.

다만, 모든 일이 자기 일이라고 생각하는 펄펄 끓는 열정이 있을

차 없는 거리로 개선한 상계동 온수골 도담길

아파트 담장 녹화사업을 시행한 상계14단지 동일로변

때 이야기다. 덕수궁길을 기획하고 실행할 때에도 이런 마음이었다.

'내가 아무도 안 가본 길을 가볼 테니 괜찮다 싶으면 따라와!'

그러나 이후로 '제2의 덕수궁길'을 해보려는 서울시장이나 공무원은 나타나지 않았다. 그래서 안타깝다.

내가 월드컵공원에 가려면 하루를 소비해야 한다. 그건 내 공원이 아니다. '내 공원'이란 내가 사는 주거지와 가깝고 걸어서 쉽게 산책할 수 있는 공원이다. 동네 한 바퀴 돌아올 수 있는 산책로라면 더욱 좋을 것이다. '내 눈 앞의 곶감'이라야 먹을 수 있는 것이다. 서울 모든 지역의 시민이 차량운전자의 눈치를 보지 않고 어깨를 활짝 펴고 동네 산책을 할 수 있는, 인간미 넘치는 도시가 되기를 소망한다.

아빠, 덕수궁길이 요만해졌어요!

1995년 사무관 시절부터 덕수궁길을 걷고 싶은 거리로 만들어놓겠다고 호기를 부린 지 3년, 공사를 마무리 짓고 토요일 점심 무렵 가족과 함께 덕수궁길을 방문했다.

"아빠, 길이 이따만해졌네요."

정비하기 전 덕수궁길 (서울연구원 제공)

예전에 와본 큰아들은 당시 6살이었는데 두 손을 모아 손목이 닿을 듯 말 듯 하트표시를 하면서 확 바뀐 덕수궁길에 대한 느낌을 표현했다. 차가 다니는 길로만 알게 만든 어른들의 잘못이었다. 이전엔 차들이 양방향으로 씽씽 다니고 보도 옆에는 불법주차한 차가 즐비한 곳이 덕수궁길이었다.

당시 덕수궁 담장 쪽에는

이발소 표시처럼 고깔을 씌우고 노랑과 검정색 사선으로 페인트칠한 기둥에 쇠사슬을 연결해 차도와 구분해놓은 보도가 있었다. 기껏해야 폭 1.2m 정도였다. 반대편에는 당시 대검찰청과 서울시의회 의원사무실, 서울시의 몇 개 과들이 건물을 쓰고 있었다. 2호선 시청역에서 좁은 골목을 따라가다가 덕수궁길 초입에 이르면 대검찰청의 배불뚝이 옹벽이 버티고 있어 보도 폭은 1.3m만 남게 되었다.

1995년 여름 수원에서 출퇴근할 때였다. 관공서에서는 매년 여름휴가가 끝나자마자 8월 말이면 을지훈련을 하는데, 비상이 걸리면 7시까지 출근해야 한다. 비가 오는 날 새벽 수원 북문에서 '나라시 택시(당시 사당역과 수원 북문 간 4명의 손님이 모두 차면 인당 2,000원을 받고 출발하던 택시. 의왕고속도로를 150km 이상으로 달려 일명 '총알택시'라고 불림)'를 타고 서울 사당역에 내려서 다시 전철로 갈아타고 출근해야 했다.

그런데 아뿔싸!
지하철 1호선 시청역 1번 출구를 나와 덕수궁길 쪽으로 걸어가는데 여학생들이 꽉 들어차 있었다. 1.3m 폭의 좁은 길을 순서대로 통과하는데 보행자 체증이 일어났다. 그 길은 이화여고, 창덕여중, 예원학교, 덕수초등학교 등 약 2,000여 명의 학생이 다니는 통학로였다. 비가 오는 날이라 유난히 대검찰청의 배불뚝이 담장은 고압적이었고 눈살이 찌푸려졌다. 비상이 걸려서 빨리 지나가야 하는데 난감했다. 미리 도착했을 직원에게 대리서명을 해달라고 부탁은 했지만(그땐 늦게 도착하면 벌칙으로 일직이나 숙직을 시킴) 도저히 보도로는 지나갈 수 없어서 도로로 나섰다. 도로변에는 차량도 주차되어 있었다.

도로로 나서서 걷자, 대한문 쪽에서 진입하는 차가 '부엉부엉' 하면서 클락션을 눌러댔다. 돌아보니 스웨덴제 사아브SAAB였다. 부엉

이를 달고 다니는가 보다 생각했다. 그때 차 운전자가 차 창문을 지익 내리더니 손가락에 담배를 낀 채 밖으로 내저었다. '저리 꺼지라'는 뜻이었다. 너무 화가 나고 기분이 나빴다.

'나도 밥벌이하러 가는 길인데 보도가 막혀서 도로로 나섰다. 왜, 어쩔 거냐?'

이후 오랫동안 '부엉부엉' 그 차의 클락션 소리가 귓전을 맴돌았다.

'왜 이런 길마저 자동차에게 내주고 사람은 홀대를 받으면서 다녀야 하는가? 이 길을 180도 뒤집어놓자.'

자료를 찾고 또 찾다 보니 일본의 『보차공존도로의 이상과 실천』이란 책이 있었다. 간선도로에서 벗어나 걸어가는 길은 차보다는 사람이 우선이고, 차량은 30km 이하로 서행해야 한다는 대목이 눈에 띄었다.

운전자들은 직선으로 난 길에서 본능적으로 가속페달에 발을 올려 속도를 낸다. 그래서 과속방지턱을 만들어 차가 덜커덩하면서 속도를 줄이게 만든다. '보차공존형 도로'란 대부분 일방통행이다. 차가 속도를 내지 못하도록 시야 차단을 위해 구불구불한 사행선으로 구성하기도 하고 나무나 화단을 배치하기도 한다. 즉, 차는 조심조심 기어가듯이 빠져나가게 하고, 넓어진 부분을 나무를 심거나 널찍한 보도로 구성하는 것이다.

가로수와 우측 옛 대검찰청 경계 사이
폭 1.3m의 보도

이런 길은 보행자가 먼저

대접받고 편안하게 걸어 다닐 수 있도록 조성해야 한다. 덕수궁길을 보행자 중심으로 만드는 것이 답이라는 결론을 내렸다. 자료를 정리해 점심에 몇몇 팀장을 초청했다. 보신탕을 파는 버드나무집에서 사비로 84,700원어치 점심을 거나하게 샀다. (업무추진비는 과장급 이상에게만 카드가 주어짐) 내가 덕수궁길에서 홀대받은 이야기를 하며 이 길을 보행자 중심으로 바꾸고 싶으니 도와달라 했다. 누가 시켜서 하는 일이 아니었다. 내가 직접 겪어보니 불편한 길이었고, 이 길을 통학로로 쓰는 아이들과 그 일대 지하철을 이용하는 직장인들을 위한다는 명분이 탄탄했다.

당시 조순 시장 취임 후 시정운영 4개년계획의 공원녹지분야를 정리하고 있던 최호권 계장(현 영등포구청장), 고인석 도로계획계장이었다. 일본, 독일의 사례와 이 일을 해야 하는 이유 등을 적은 자료를 주고 헤어졌다. 당초 7억 원이면 덕수궁길을 재조성할 수 있을 줄 알았는데 예산이 점점 늘어나 20억 원 정도가 들었다.

1996년 예산도 편성하고 조순 시장께 새해 업무보고도 한 후 일을 진행시켰다. 현상공모로 작품을 구하기로 방향을 잡았다. 심사위원으로는 대학교수뿐 아니라 덕수궁길과 관련이 있는 여러 인사들도 포함시키면 좋겠다고 판단했다.

전문가 교수 3명, 이화여고 교장, 예원학교 교장, 정동극장장, 정동교회 행정목사, 일대의 상인 대표들로 심사위원회를 구성했다. 현상공모 결과 당시 서울대 김성균 교수(2020년 작고)와 A업체 공동작 하나만 제출되었다. 조경분야에서는 생소한 아이템이었고 가성비가 별로 없겠다 싶어 응모를 하지 않은 것인지 모르겠다. 아무튼 한 작품만 놓고 설계안이 적정한지 심사위원회를 구성하여 심사를 진행했다. 그 동네의 도로를 바꾸는 일인데 매일 이용하는 당사자들의 의견과 판단

외국 관광객들도 즐겨찾는 '차 없는' 덕수궁길

을 중요시한, 당시로서는 획기적인 심사 방식이었다.

김성균 교수팀의 설계안은 현재의 안보다 파격적이었다. 당시 시청 분수대 앞을 거쳐 대한문 옆길로 진입하는 교통을 끊는 것이었다. 서소문으로 진행하던 차량들이 정동교회 측으로 진입하여 대한문 쪽으로 오다가 당시 대검찰청 우측으로 돌아가게 되는 안이었다. 심사위원회에서는 너무 파격적인 안이라고 판단해, 대한문 쪽에서 정동교회 쪽으로 일방통행을 허용하도록 하는 조정안을 받아 당선작으로 선정했다.

세부 설계가 진행될 때 정동제일교회 측에서 시장실로 민원을 제기했다. 조순 시장은 덕수궁길 같은 길을 꼭 만들고 싶다며, 당시 탁병오 환경관리실장과 민선 김동일 중구청장에게 목사님들을 찾아뵙고 양해를 구해오라고 지시했다. 나도 함께 가서 설명하자기에 내가 말했다.

"두 분이 나섰다가 설득이 안 되면 바로 시장 면담을 하자고 할 것입니다. 제가 먼저 교회를 찾아가서 설명을 드리고 오겠습니다. 저에게 이런 지침을 주십시오. 토요일이나 일요일 교회 결혼식에 오는 버스들을 서소문별관 안으로 주차시킬 수 있도록 허용한다는 내용입니다."

허락을 받고 교회로 찾아갔다. 현상공모에 참석하셨던 행정목사님은 그날 안 계셨는데 자리를 피하신 느낌이었다. 담임목사님에게 이 일의 앞뒤를 설명하자 이렇게 말씀하셨다.

"나는 이 일을 어느 정도 이해하지만 우리 교회의 일이란 장로님들이 대부분 결정하니 장로님들의 이야기를 들어보셔야 합니다."

잠시 후 장로님 세 분이 나타났다. 큰 교회의 장로라 그런지 품위도 있고 말에도 무게감이 있었다. 한 분은 자신을 6.25 때 별을 달고 전쟁을 치렀다는 '번개장군 이치업'이라고 본인을 소개했다.

"내가 대한민국 육군 최초로 미국의 국제교통 세미나 International Transportation Seminar를 다녀온 사람이고 우리나라 교통의 기본을 세운 사람입니다. 이런 길은 교통을 모르는 사람들이 하는 겁니다. 제가 최 사무관이라고 불러도 되겠습니까?"

"네."

"최 사무관은 운전을 할 줄 아십니까?"

나는 머뭇거리다 대답했다.

"못 합니다."

그러자 맹공이 날아오기 시작했다.

"운전면허도 없으니 이런 계획을 세우지요. 교통에는 3S가 있습니다. 첫째, Safety, 둘째, Speed, 셋째 Straight예요."

나는 기가 막혀서 이렇게 답했다.

캐나다 대사관 앞 회화나무

덕수궁길 옆에 있는 정동제일교회

"장로님께서 말씀하시는 것은 아마도 미국의 고속도로 기준인 것 같습니다. 저희는 덕수궁길을 사람이 먼저 대접받는 길로 만들고자 하는 것이니 협조 부탁드립니다. 주말에 오는 결혼식 하객 버스는 전혀 불편이 없도록 서소문별관에 주차하실 수 있게 시장님께 건의드리겠습니다."

장로님들과 다툴 일은 아니었다. 서로의 입장만 확인하고 교회를 빠져나왔다. 탁 실장님께 자초지종을 말씀드리고 그대로 진행하자고 건의했다.

이후 정동제일교회에서는 이상하게도 추가 민원이 없었다. 그런데 보름 정도 지났을 때 미국대사관에서 온 공문이 접수되었다. 나는 공문을 검토하다 정동제일교회에서 일전에 우리에게 보내온 민원서류와 거의 똑같은 문건임을 확인했다. 나는 미국대사관 담당자에게 전화를 걸었다.

풍성한 녹지가 보이는 덕수궁과 덕수궁길

"문서의 내용은 알겠습니다만, 어떻게 정동교회 측에서 보내온 문서와 내용이 똑같은지요? 비상시에 대사관에서 신속히 빠져나가는 데 문제가 있다고 지적하신 내용은 전혀 문제가 없도록 다 풀어놓았으니 걱정하지 마십시오. 따로 회신을 드리진 않아도 되겠지요?"

보통 공무원들이 일은 안 하고 깔고 앉아 있다는 표현

을 많이 쓴다. 나는 내 의자 방석의 지퍼를 열어 미국대사관에서 보내온 문서를 집어넣고 깔고 앉았다. 그렇게 보름이 지난 후 직원에게 건네준 후, 찢어버리라고 했다.

그렇게 인본주의의 덕수궁길이 만들어졌다. 덕수궁길은 혁신적인 실험을 겸한 우리나라 최초의 보차공존형 도로였다.

덕수궁길의 볼라드는 차량의 전조등이 비쳐지면 빛을 발하도록 만들어진 것으로 동그란 스테인리스 판을 붙인 투구 또는 딱정벌레 모양이었다. 예뻤다. 그러나 볼라드는 75cm 높이로 하되 표면을 연성재료로 처리하여 부딪힐 경우 덜 다치도록 하라는 추후 지침이 떨어졌다. 당시 건교부 기준이었다. 이 또한 지극히 차량 위주로 만들어진 것이지만 덕수궁길은 엄연한 도로이니 변경할 수밖에 없었다.

차량 감속을 위한 장치가 있었던 원래 설계를 무시하고 통상적인 차도로 바꾼 것은 아쉽다. 사괴석, 험프, 바닥 패턴 등 감속장치를 제거하고 최대한 차량이 편하게 속도를 내서 지나가도록 변경했으니, 운전자가 조심하며 감속하게끔 하려는 의도가 무너진 것이다.

을지로 지하보도. 상가가 즐비하지만 차량 없는 지하보행로

당초 설계자인 서울대 조경학과 김성균 교수는 이런 식의 변경을 강하게 항의하는 기고문도 썼으나 무시당했다. 인본주의 도로가 또다시 도로 유지관리의 용이성, 차량 운전자들의 안락한 주행에 밀려 변질된 것은 안타까운 일이다. 2006년 당시 건설교통부가 주최한 인터넷 공모에서 가장 아름다운 길 최우수상으로 뽑힌 문화유산이었는데, 아이러니했다.

덕수궁길이 완성된 후 당시 기술심사 담당관이었던 토목직 이인근 씨가 나를 비판했다.

"왜 덕수궁길 업무를 조경에서 하게 된 것이냐?"

나는 답했다.

"토목에서 안 하니 조경에서 한 것이다. 이 길을 사례로 삼아 사람 먼저 대접받는 보차공존형 도로를 확산시켜보자는 것이다."

도시는 각종 편익이 집중되어 모여 살게 되는 공간이다. 물론 나는 도로가 아닌 공원과 녹지, 조경업무를 전담하는 사람이라 입장의 한계가 있다. 하지만 도로를 담당하는 직원들이 좀 더 사람이 편안하게 다닐 수 있는 보행자 위주의 길을 많이 만들어주기를 기대한다. 이를 두고 토목이니 조경이니 따질 일이 아니다.

요즘 덕수궁길은 점심시간에도 차를 막아 사람들이 안전하게 거닌다. 주말에는 아예 차량 통행을 막고 광장처럼 이용하게 한다. 이런 길이 꼭 덕수궁길 하나라야만 할 이유는 없지 않을까?

동일로의 두 공원을 잇는 녹지연결로

노원구를 관통하는 동일로는 하루 평균 교통량이 37,442대에 달하는 노원구의 관문이자 중심도로다. 중계역 북단의 핵심도로 양쪽으로 서측엔 22,727㎡ 크기의 중계공원, 동측엔 23,752㎡ 크기의 등나무공원이 배치되어 있다.

2개의 공원을 이으면서 노원구 관문의 상징으로 1995년에 보행전용 철교를 놓았다. 그러나 보행약자인 휠체어 이용자들에게는 쉽게 건너가기 어려운 교량이었다. 무리해서 건너갈 수는 있지만 치밀하게 배려된 교량은 아니었다. 다만 동일로에서 정면으로 보이는 교량으로

휠체어를 타고 올라가기 부담스러운 램프 (노원구 제공)

좁은 램프를 오르는 유모차 (노원구 제공)

서 구호나 현수막 등을 설치하기에는 딱 좋았다.

2018년경 오승록 노원구청장에게 교량을 이용해보니 보행약자, 특히 휠체어 이용자에게는 경사도 급하고 교량으로 올라갈 때 휘어지는 부분의 각도가 안 맞다는 문제점을 보고했다. 휠체어를 이용하는 사람을 볼 수가 없는 상황이니 이를 녹지연결로 형태로 다시 짓는 것이 좋겠다고 건의해 초기 시뮬레이션을 준비하게 되었다.

동일로를 처음 기획할 때 2개의 공원을 갈라놓지 말고 한쪽으로 합쳐 크게 배치하거나 지하차도를 신설해 공원을 하나로 잇는 방법을 썼더라면 좋았을 것이다. 보행 철교도 도로 양측에 배치된 두 공원을 잇고자 하는 꾸준한 노력 끝에 놓게 된 것이었다.

물론, 동일로 남북으로 지하차도를 만들어 공원을 하나로 잇는 방법을 검토하기도 했다. 하지만 도로 20m 아래 지하에 지하철 7호선이 지나가는 상황에서 지하철 구조물 저촉, 동일로 지하 매설물 간섭 등 여러 가지 문제점이 예상되어 채택하지 않았다. 초기엔 연결로 상부의 폭을 50m로 하여 일정 규모의 콘서트도 가능하게 계획한 바 있으나 투자비 문제로 결국 통로 5m와 양측 사면녹지 5m씩 총 15m로 결정했다.

중계 등나무공원 녹지연결로

거더 제작 후 현장 조립

보행보조기를 밀고 오르는 어르신
(노원구 제공)

동일로에서 보이는 녹자연결로 디자인 처리
(노원구 제공)

이곳 녹지연결로의 기본 방향은 4가지였다.

첫째, 경사도 8% 이내의 무장애길로 연결한다. 둘째, 등나무공원 북동 측에 위치한 북서울미술관의 접근에 편리한 연결통로를 확보한다. 셋째, 차도에서 볼 때, 동일로와 직각으로 만나는 면을 깔끔하게 추가 디자인해 보강한다. 넷째, 중계공원 북측의 천문우주과학관과 인근의 공원을 천문우주공원 콘셉트로 보완하면서 그에 맞게 부드러운 동선으로 연결한다.

이와 같은 기본적인 방향 아래 설계를 진행해 약 5년에 걸친 단계별 투자로 2024년 10월 17일 공사를 완료했다. 한 순간도 교통을 통제할 수 없는 일일교통량 때문에 철구조물 공장에서 거더를 미리 제작하고 야간에 현장에서 하나둘 조립해가면서 설치한 후 상판을 얹는 방식으로 진행시켰다.

2개의 공원을 완벽히 하나의 공원으로 합친 것은 아니지만 보행약자들이 이 공원에서 저 공원으로 옮겨다닐 수 있는 통로는 성공적이었다. 공원을 이용하는 많은 어르신들이 공원을 크게 돌며 운동할 수 있는 순환형 산책로를 무척 좋아하셨다. 이분들이 보행보조기를 밀며 녹지연결로를 오가는 모습이 보기 좋았다.

이 녹지연결로의 초기 콘셉트에 나의 작은 아들 기철이 참여하기도 했다. 아이가 미국 유학 가기 전에 잠시 안계동 소장의 동심원에서 견습 사원으로 근무하며 이 디자인에 주도적으로 참여했는데, 초기의 시뮬레이션과 거의 비슷하게 완성된 모습을 보내주자 신기해하며 보람을 느낀다고 전해왔다.

나는 노원구와 약속한 5년의 근무기간을 마친 후에도 동일로를 자주 찾았다. 동일로에서 정면으로 바라본 녹지연결로의 경관 처리를 위해서였다. 여러 번 현장을 방문해가며 현재와 같은 디자인으로 완성할 수 있었다. 휴머니즘의 관점에서 접근해 본 중계 등나무공원 녹지연결로는 장애인, 비장애인 구분 없이 모든 주민이 편리하게 이용하는 소중한 연결로로 다시 태어났다.

폭발적 인기를 누리는 당현천

당현천은 노원의 수락산을 시발로 상계역까지 복개된 하천이다. 상계역 부근에서 중랑하수처리장의 처리된 물을 끌어올렸다가 흘려보낸다. 평상시 수량을 확보해 일정한 수위로 흐르게 하여 중랑천으로 이어지는 하천이다. 하천의 우안(상류에서 볼 때 하천의 오른쪽)은 보행자 위주의 산책로가 만들어져 있고, 좌안(상류에서 볼 때 하천의 왼쪽)은 보행로와 자전거도로가 함께 있다.

내가 서울시 근무를 마치고 노원구 힐링도시추진단장으로 다시 근무를 시작한 것이 2018년 9월 20일이었다. 그해 여름 수락산 상계동 일대에서 한꺼번에 많은 물이 흘러내리다가 하수도로 들어가는 부분에서 막혀 넘쳤다. 그 바람에 아랫동네 여러 집의 지하실이 물에 잠기는 등 물난리도 있었다.

당현천도 상당량의 물이 흘러들어 하천 양안의 수직옹벽과 석축이 상당 높이까지 잠겼다. 물이 빠지고 난 당현천 산책로는 빠른 물살로 인해 아스팔트가 들뜨고 패이고 갈라져 처참했다. 오승록 노원구청장은 당현천이 노원구민의 일상에서 얼마나 소중한 공간인지 잘 알고 있었다. 이번 기회에 제대로 복구하여 하천공원을 만들고 싶어 했다.

당현천은 한강과 달리, 인근 주민들이 쉽게 둑방길을 건너 접근하기 쉬운 하천이었다. 단순 하천이라기보다는 공원으로서 잠재력이 컸다.

산책로를 미국식 콘크리트로 경계석 없이 깔끔하게 깔고 천변에 수크령을 심었다. 이는 당현천의 전체 이미지를 만든 좋은 선택이었다. 이어서 당현천 우안에 계절별 꽃씨를 뿌려 화려한 꽃밭을 만들어 보기로 했다. 꽃 양귀비, 코스모스, 황화코스모스, 백일홍, 메밀 등 다양한 꽃을 파종해 계절을 채우며 환상적인 하천 산책로를 조성했다. 당현3교부터 당현1교 사이에는 볼거리 가득한, 테마가 있는 꽃밭을 집중적으로 만들어 많은 찬사를 받았다. 이런 꽃밭을 '특화 화단'이라고 이름 붙였다.

날씨 좋은 계절에는 엄청난 주민들이 줄지어 산책을 한다. 여러 차례 물이 넘쳐 산책로에 물이 차는 일도 있었지만 물가의 수크령이 콘크리트 산책로를 덮으면서 산책로를 보호해주는 기능도 했다.

로마의 황제 마르쿠스 아우렐리우스는 자신이 쓴 명상록에서 이

2018년 8월 당현천 침수 피해 상황

렇게 말한다. '그 일이 네 일이냐? 그러면 네가 하라. 네 일이 아니라면 그 일을 잘 해낼 수 있는 사람에게 일을 주어라. 그도 저도 아니면 그 일에 정통하여 잘할 수 있는 사람을 찾아 의견을 구하라. 만일 그런 사람도 찾을 수 없다면 사회정의에 반하지 않게 네가 그 일을 하라.'

나는 공직생활을 하면서 그의 충고를 가슴에 새기며 일을 해왔다. 직원들에게 우리나라에서 누가 꽃을 제일 잘 심느냐고 물으니 승준농원의 이창복 사장이라고 했다. 그를 불러 특화 화단을 만들도록 부탁했고 결과는 성공이었다.

공공의 입찰제도는 일반경쟁으로 누구에게든 공평하게 기회를 준다. 그러나 나는 그 일을 잘 해낼 수 있는 정통한 사람을 찾아 수의계약 범위 내(2000~5000만 원)에서 일을 주는 것이 정답이라고 생각해왔다. 물론 뱁새 눈을 뜨고 특혜를 주는 것이라고 투서도 해대는 것이 세상인심이지만, 가슴에 손을 얹고 허튼짓을 하지 않으면 되는 일이다. 그 일을 진짜 잘하는 사람을 구하여 맡기는 용기가 필요하다.

그렇게 특화 화단을 만들고 하천의 빈 곳에 온통 계절 꽃씨를 파종해놓으니 좋기만 했다. 사실상 천국이 따로 있는 게 아니고, 집에서 가까운 동네 하천을 따라 계절별로 꽃이 피고 새들이 날아오고 산책하기에 편한 길이 있으면 그것이 바로 천국이 아닐까?

당현천 꽃 폭포와 특화 화단

당현1교 북단 스테인리스 펜스와 느티나무

덕수궁길처럼 사람이 먼저 대접받는 길을 만들어보고자 했던 것이 나의 꿈이기도 하여 당현천 제방도로를 유심히 관찰했다. 일부 구간은 일방통행(당현1교 하라스포츠센터 앞에서 당현3교까지)이었다. 상당 부분은 양방통행이었지만 도로변에 불법주차 차량들이 한 차선을 점유하고 있는 곳도 많았다. 평소 제방길을 일방통행로로 조정하여 선형공원을 만들어 보는 구상을 해왔다.

스테인리스 펜스로 칭칭 감아놓았던 당현천 제방 상부는 그동안에 잘 자라준 느티나무들이 제법 그늘을 품는 나무로 성장하여 작은 쉼터로 탈바꿈했다. 기분 좋은 일이다. 원래 하천에는 물이 흘러야 하는 것이기 때문에 이런 식으로 하천 제방의 큰 나무들을 활용하여 그늘을 즐기기도 하고 하천을 바라보는 풍광도 즐길 수 있다.

그러나 도로와 교통을 관장하는 다른 부서장과 긴밀하게 논의할 사항이라는 것만 확인한 채 그만두었다. 나이가 들어 열정이 식은 탓일 것이다. 언젠가는 당현천 제방길을 일방통행로로 조정할 날이 있을 것이다. 그만큼 당현천은 노원구의 중심을 흐르는 하천이고 많은 사람들이 혜택을 볼 수 있는 값진 곳이다.

이외에도 제방의 최상단에는 스테인리스 펜스가 둘러쳐 있다. 차를 타고 가거나 걸어가다 보면 펜스가 먼저 눈에 띈다. 노원구 출신 봉

펜스 철거 후 당현1교 북단 느티나무 그늘 쉼터

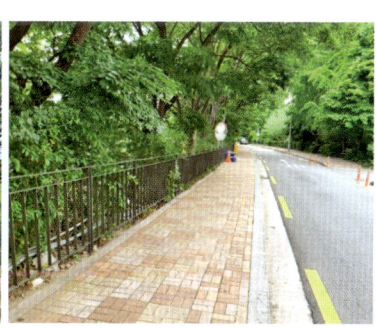
새로 설치된 기와진회색 편강펜스

양순 시의원이 예산을 확보하여 일부 구간만 시범 교체 작업을 해봤다. 이 일도 시간이 지나면서 예산을 추가 확보하여 교체하게 될 것이다. 물론 일반 구민들은 펜스의 재료가 스테인리스든 편강펜스든 관심 없을지도 모른다. 그러나 도시공간을 다듬는 일을 맡은 사람이라면 소소한 것이라도 큰 틀에서 도시의 품격을 높이는 일로 여겨야 한다. 작은 일들을 통해 도시 전체를 서서히 변화시키는 것이 참된 공직자들의 보람이다.

당현천을 바라보면 숲과 꽃만 보인다. 인공시설물로 펜스를 없는 듯 만드는 작업이다. 설치 당시부터 그런 점을 배려해서 신중하게 했으면 예산낭비도 없고 좋았을 것이다. 그러나 어차피 만들어진 것을 손대지 말자는 사람도 있으니 가치판단은 구민들의 몫이다. 한 지역에서 당현천과 같이 아파트단지를 관통하는 하천은 공원으로서 다양한 기능을 가진다. 그러나 대부분의 동네 하천은 개발 가용지를 최대한 확보하는 데 우선을 둔다. 수직의 양쪽 제방이 대부분 사람이 접근할 수 없는 아파트단지의 외곽이나 도로와 맞닿아 있어 호락호락하지 않다. 먼 장래를 내다보고 하천 주변을 다루지 않아 벌어진 결과다.

우선 개발 이익이 있는 토지를 최대한 확보하

콘크리트 산책로와 황화코스모스 화단

고 나머지 공차(측량에서 인정하는 범위내 오차)를 모아서 하천으로 밀어놓는 식이다. 그러니 동네 하천은 홀대를 받으며 산에서 내려오는 물을 받아내는 하수도 역할만 간신히 하고 있다. 그나마 노원구의 당현천 변은 도시개발 기법으로 개발한 사례였다. 지금 보니 몇 가지 놓친 점이 있긴 하지만, 동네 하천으로서 잠재력을 가진 곳이었기 때문에 오늘날처럼 각광을 받는 명소로 다듬어질 수 있었다.

한강 대홍수를 직접 겪다

1968년 2월 23일 오후, 미공군 비행기가 백령도 사곶 모래비행장을 이륙했다. 나와 내 동생이 타고 나갈 비행기가 몇 번 운항 취소를 반복하다가 드디어 출발한 것이다. 비행기는 눈이 오는 서해를 건너 김포공항에 잠시 내렸다가 어둑어둑할 무렵 오산비행장에 도착했다. 우리는 백령도를 떠나 오산비행장을 거쳐 수원의 집으로 왔다. 섬에서 태어나 처음으로 육지 땅을 밟아보는 날이었다.

2월 24일 '푸에블로호 납북사건' 발생 하루 전날이었다. 1월 21일에는 김신조의 '청와대 습격사건'이 있었다. 어수선한 때였다. 난 어릴 때라 그런 일이 일어났는지도 몰랐다. 당시 수원 매교다리 인근의 수여선 철도와 1번 국도가 만나는 부근의 호떡집에서 호떡을 100원에 20개씩 팔았다. 피자를 굽듯이 화덕에서 굽던 호떡이었다. 백령도 국화빵이 1개에 1원이었으니 적당한 가격이었다. 단맛을 보며 육지의 삶을 시작했다.

그날 저녁 미리 나와 있던 막냇동생은 우리가 도착한다는 소리를 듣고 펄쩍 뛰다가 큰형이 애지중지하던 기타를 밟아 부러뜨렸다. 막냇동생은 큰형에게 눈물이 쏙 빠지게 야단을 맞았다. 큰형도 뭐 기타

수원천의 물길과 주변 산책로

리스트로 크게 성공할 건 아니었는데 그렇게까지 혼낼 필요가 있었을까 싶기도 했지만, 그때만 해도 기타의 존재감이 지금과는 사뭇 달랐으니 큰형의 심정을 이해하고도 남을 일이었다.

수원 매교동 부근에는 수원천이 흘렀다. 매교시장을 오가는 길에 장애물처럼 수원천이 가로막고 있었다. 거기에는 군사용 비상활주로로 쓰이는 구멍 뚫린 철판으로 만든 다리가 걸쳐져 있었다. 동네 아이들은 그 다리를 '뽕뽕다리'라고 불렀다. 뽕뽕다리엔 난간도 없었다. 동네 아이들은 뛰어 건너기도 했지만 나는 한동안 벌벌 떨면서 건넜다. 장마 때면 폭이 약 30m에 불과하고 직각으로 석축을 쌓아올린 하천에는 제방이 넘칠 정도로 찰랑찰랑 물이 흘러갔다. 상류에서 참외, 수박, 심지어는 돼지도 떠내려왔다. 신기하기도 하지만 엄청난 속도로 흘러가는 물의 무서움을 알게 되었다.

녹지1계장으로 발령받아 근무하게 되었다. 주 업무는 한강의 공원시설 등을 중점적으로 관리하고 개선하는 일이었다. 1990년 9월 9일부터 12일까지 452mm의 집중호우가 내렸다. 을축년 대홍수 이후 65년 만의 대홍수를 한강에서 맞이했다. 9월 11일엔 여의도 선착장에 있던 유람선들이 떠내려가다 마포대교에 부딪히기도 했다. 어수선한 일이 많던 한강 홍수였다.

그 하루 전날인 10일 오후 2시경, 당시 이경배 한강공원관리소장이 나를 불렀다.

"최 계장이 이촌지구 담당이지? 지금 소장 지프차를 내줄 테니 바로 이촌지구로 나가서 공원관리소 이동시키는 일 등을 총괄지휘해주시게. 나는 소장이지만 자네는 지구사령관으로 중장이니 나보다 계급이 높아. 잘 부탁하네."

녹지1계 직원 몇몇과 현장에 도착했다. 현장 인력들과 고수부지 내 도로변에 놓여 있던 컨테이너 관리사무실을 트럭을 동원해 밧줄로 묶고 경사로를 따라 강변북로 위에 끌어올려놓았다. 이어서 옮길 수 있는 것들을 모조리 끌어올려 침수에 대비했다.

당시 이촌지구 관리소장인 이성연 씨에게 관리사무소 옆에 덮여 있는 큰 천막이 무엇인지 물었더니 성의 없이 답했다.

"그냥 쓰레기일 겁니다."

천막을 걷어보니 그해에 새로 사들인 잔디 깎는 탑승식 트랙터 3500만 원짜리가 덩그러니 있었다. 키로 시동을 걸고 키를 빼면 사이드브레이크가 자동으로 잠기게 만든 트랙터였다. 키를 찾을 수 없어 난감했다. 대피령이 떨어지면 일순위로 트랙터 운전자를 불러 트랙터를 몰아 길 위로 옮겨놓았어야 하는 것이었다. 그 일로 한강의 지구관리사무소장에게 강한 불신이 생겼다.

이미 물이 종아리 부근까지 차오르는 상황에서 경운기 2대와 모든 인력을 총동원하여 트랙터를 옮기기 시작했다. 말이 옮기는 것이지 경운기 2대가 밧줄로 걸어 질질 끌면서 근처의 이촌 한강맨션 옆길을 따라 이어지는 육갑문을 통해 끌어내는 일이었다.

끌어내는 일은 성공했지만 다시 육갑문을 통해 한강 쪽으로 나오다 보니 물이 턱 밑에 차 있었다. 고개를 들어 공원 등을 보니 불이 켜져 있는 것을 보고 화들짝 놀라 호루라기를 크게 불었다.

"감전사고의 우려가 있으니 모두 물 밖으로 나가세요!"

한강물은 계속 불어올라 이촌지구 일대의 한강 제방까지 약 20cm밖에 남지 않은 상태까지 올라찼다. (제방사면은 현재 콘크리트 옹벽으로 바뀜)

그다음 날인 11일 오전에 2가지 큰일이 벌어졌다. 첫 번째는 반포대교 강북측 하류에서 멀지 않은 고수부지에, 지금은 없어진 이촌지구 수영장 공사가 한창이었다. 전날 왠지 불안해보여 시공사에 단단히 매놓으라고 해놨던 바지선(pontoon: FRP로 속이 비도록 만든 수상 플랫폼)이 있었다. 그 위에 각종 설비를 앉혀놓았는데, 묶여 있던 끈이 풀리면서 떠내려오기 시작했다. 긴급하게 당시 담당 계장인 정동진 씨에게 전화해 비상상황임을 알렸다. 시공사 사람들이 총출동하여 한강대교 하류 부근에서 잡아올렸다. 이 바지선이 빈 것이었으면 그냥 한강대교 밑을 빠져나갈 것인데, 그 위에 수영장 설비들이 잔뜩

값비싼 빨간색 트랙터를 끌어올리던 이촌육갑문(나들목)

1990년 당시 제방 끝 20cm까지 물이 차오르던 제방사면은 콘크리트 옹벽으로 변했다.

있다 보니 한강대교에 여러 번 부딪쳤다. 결국 그르르릉 소리를 내면서 거꾸로 빨려들어갔다. 당시 그 위에 올려져 있던 설비가 1억 2000만 원 상당이었다고 한다.

두 번째 일은 뚝섬의 한강변에서 일어났다. 전쟁이 나면 양곡 등을 실어 한강을 건너게 하는 양곡 바지선이 여러 대 묶여 있었는데 이 바지선들이 떠내려오고 있었다. 그것들을 이촌지구에 내려앉힌다는 것이었다. 이를 지휘한 사람은 남승운 방재부장이었다. 관공선을 타고 바지선의 앞부분을 들이받아가면서 이촌지구 고수부지 쪽으로 유도해 멈춰세웠다. 거대한 용이 한강에 뜬 것처럼 보이는 특이한 광경이었다. 이후에 이 바지선이 내려앉으면서 엄청난 양의 펄을 가둬놓는 바람에 이촌지구는 쑥대밭이 되어버렸다.

그럴 즈음 뚝섬 제방이 뚫려서 새고 있다는 긴박한 소식도 들려왔다. 한동안 긴장감이 흘렀는데 다행히 제방은 안전했다. 그즈음에 또 '일산 둑이 터졌다'는 뉴스가 세상을 놀라게 만들었다. 한강물이 줄어들기는 했지만 한강 수위를 낮추려고 일부러 둑을 터뜨렸다는 등 온갖 가짜뉴스가 판을 쳤다.

며칠 후 한강 수위가 낮아지고 있을 때였다. 고건 시장이 차기 아시안게임의 깃발을 중국에 전수하러 출국차 올림픽대로를 지날 때 홍수 후의 처참한 광경을 보게 되었다. 그는 가는 길에 김재종 행정국장에게 전화로 지시했다.

"내가 중국에서 돌아올 때까지 한강의 처참한 시설들을 모조리 철거 정비하세요."

다시 비상이 걸렸다. 철거 정비 대책을 논의하기 위해 윤백영 부시장 주재 긴급대책회의가 열렸다.

"이경배 소장, 이런 큰 난리 때는 무엇무엇을 도와달라고 미리 보고해줘야 할 것이 아닌가요?"

당시 도로계획과 김석기 과장이 이경배 소장과 잘 아는 사이인 듯했다. 자기가 나서서 돕겠다고 하면서 산하의 도로관리사업소에 연간 단가계약으로 교량 등의 보수를 맡고 있는 업체들을 총동원시키기로 했다. 즉각 인력과 장비 투입을 시작했고 한강공원관리사업소의 직원들을 차출하여 업체당 1명씩 현장 입회자로 배정했다.

작업은 일사분란하게 진행되었다. 고건 시장이 중국에서 돌아올 때쯤 흉물처럼 우그러진 시설들은 모두 정리됐다. 전쟁통에도 돈 버는 사람이 있다고 하지 않았던가? 이러한 위급상황에 투입된 업체들이 달라는 대로 다 줘야 하는 것이었는지는 모르겠다. 우리 직원들 입회하에 작업내역을 보고하도록 했다. 보고 물량을 토대로 당시 녹지1계에 함께 근무 중이던 권오국 주임이 집에 갖고 가서 밤을 새워가면서 정산해온 것과 시공업체 측에서 요청하는 금액이 크게는 10배 이상 차이가 나는 것도 있어 난감했다. 그들에게 배려해줄 만한 요소들

1990년 홍수 당시 컨테이너였던 관리소가 대규모 공원안내센터로 변모했다.

4. 사람이 대접받는 도시

을 최대한 반영하여 계산해도 그런 상황이니 답답한 노릇이었다.

나는 정산자료 초안을 들고 이경배 소장에게 이렇게 정산할 예정인데 업체들이 불만이 있다고 보고하고 시청의 김석기 과장에게도 상황을 보고하러 출장을 나섰다. 시청역 지하상가에서 시청 쪽으로 나가는 코너의 잡화점에서 파카Parker 21 빨간색 만년필을 하나 샀다. 내 주머니에 13,000원이 있었고 그 만년필은 12,000원이었다. 적극적인 지원에 대한 감사 표시였다.

우선 김석기 과장을 만나 작은 성의라고 말하며 만년필을 전한 후 서류 내용을 설명했다. 원래 스케일이 크기로 소문난 분이었다.

"자네가 무슨 돈이 있다고 이런 걸 사갖고 다니나? 내가 자네들이 정산한 자료를 먼저 믿고 일을 해야지. 그대로 정산하여 처리하시게."

돌아와서 참여한 업체들의 계좌로 정산금을 송금했다.

이후 약 한 달 동안 어려울 때 투입되어 도왔는데 이렇게 야박하게 정산해주는 사람들이 어디 있느냐고 항의를 심하게 받았다. 결국 시청의 김석기 과장에게 화살이 넘어가 난리가 났던 모양이다. 그래도 김석기 과장이 뚝심으로 버티면서 고통을 받았다는 이야기를 들으니 더욱 미안했다. 철거에 참여한 업체들은 정산금을 안 찾아가고 버티다가 추석 바로 전에 모두 찾아갔다고 했다. 미안하기도 하지만 아무리 전쟁 같은 물난리가 났다지만 근거가 없이 돈을 지출할 수 없는 터라 난감했다.

당시 노태우 대통령 시절이었다. 9월 13일 홍수가 최고조였다가 점차 잦아들었다. 홍수 이후의 참담한 상황 속에서도 5.16광장에서 국군의날 행사를 했다. 대통령이 참석하는 2부 행사로 해군참모총장이 거북선 실물을 이촌지구에서 진수시킨다는 무리수를 두었다. 그 행사를 치르기 위해 밤낮 없이 펄을 치웠다. 심지어는 축구장에 마사토를 받아 평탄작업까지 해야 하는 고된 작업이 펼쳐졌다. '바닷물도 아닌 한강에 거북선이 웬 말이냐.'라고 불만 섞인 노래를 부르며 복구작업에 몰두했다. 거북선 진수식은 별 탈 없이 잘 마쳤다.

1974년 완공한 팔당댐은 홍수조절 기능이 없고 수도권 상수원을 확보하기 위한 댐이다. 북한강은 소양강댐, 남한강은 충주댐이 홍수조절 기능을 맡는다. 1980년 전두환 정권이 출범한 이후 한 일 중 가장 잘했다고 평가받는 것이 한강에 고수부지를 만들고 총 210만 평의 공원을 확보한 것이다. 서울시가 엄청난 예산을 투입해 한강종합개발과 권역별 하수처리장을 만들어 한강으로 오수가 바로 들어오지 못하게 잡은 것도 아주 잘한 일이다. 1981년 9월 30일에 서울이 올림픽 개최지로 확정 발표되면서 한강의 대대적인 정비가 필요했던 때이다.

1990년 한강 홍수는 한강 상류의 엄청난 강수량 때문에 난 것이다. 아마 한강홍수통제소에서 치열한 논쟁이 벌어졌을 것이다. 혹시나 홍수통제의 실패는 아니었을까 하는 의구심이 자꾸 들었다. 1986년 한강종합개발사업 준공 후 처음 맞는 어마어마한 홍수였다. 한국전력과 농어촌공사 측은 이제 비가 거의 안 올 것이니 댐의 물을 방류하면 내년 봄까지 댐의 물을 가둘 방법이 없으니 방류를 최대한 막아야 한다고 했을 것이다. 결국 끝까지 댐의 물을 가두고 버티다가 한꺼번에 댐 수문을 여는 바람에 하류에 난리가 난 것이라고 투덜거리며 복구에 임했었다. 강우량을 미리 예측할 수는 없었다고 하더라도 미리미리 댐의 수위를 조절해가면서 홍수관리를 했다면 좋았을 것이다. 턱밑까지 차오른 물속에 잠긴 채 불이 켜진 가로등을 보았던 기억은 지금 생각해도 너무나 아찔하다.

한강의 접근성 향상을 위해 그동안 여기저기 수많은 지하통로를 뚫어놓았다. 한강공원은 접근성이 중요하다. 90년 한강의 대홍수를 경험한 이후 가을철 강우량에 따른 댐 수위 조절을 과학적으로 하는 것이 가능하게 되었는지, 여름 장마철과 반포지구를 제외하고는 거의 잠기지 않는다. 공원 노릇을 톡톡히 잘하고 있는 것이 우리의 한강공원들이다.

현재 고수부지는 '한강둔치'로 이름이 바뀌었다. 점차 공원답게 가꾸어지고 있는 한강둔치는 여의도공원의 30배에 달하는 공원자원을 권역별로 시민들에게 제공해주고 있다. 요즘 자전거를 타거나 강변북로로 차를 타고 다니면서 한강 이촌지구를 보면 관리사무실도 제방사면 위에 반듯하게 지어졌고 다른 공원시설도 잘 갖춰져 있다. 90년 한강 대홍수 이후 더 심한 강우량도 있었지만 한강 제방이 찰랑찰랑할 정도의 홍수도 없이 잘 지내온 것 같다. 한강 상류의 댐들이 과학적으로 통제되고 있다는 믿음이 쌓여간다. 그러나 자연재해 앞에서 자만심은 금물이다. 편안하게 흘러가는 강물은 멋진 풍경이 되지만 엄청나게 밀려오는 장마철의 강물은 그야말로 재난이 될 수 있다.

휴머니즘이 낳은 무장애숲길

　장애인들이 도시에서 일상생활을 하려면 비장애인보다 훨씬 많은 노력이 필요하다. 눈을 감고 집 안을 두세 바퀴만 돌아봐도 앞이 안 보이는 시각장애인이 느낄 고통과 불안을 일부나마 짐작할 수 있다. 지체가 부자유스러운 장애인을 위해 건물이나 시설에 턱 낮춤과 엘리베이터를 꾸준히 증설해오고 있다. 그러나 아직도 턱없이 부족한 현실이다.

　나는 보도를 관리하는 구청 담당 직원들이 직접 휠체어를 타고 관내를 한 달에 한 번 정도 둘러보는 프로그램을 해보면 좋겠다고 생각한다. 이것은 예산보다는 의지와 열정의 문제다. 장애인의 관점에서 보면 도시엔 수많은 위험 요소가 있다. 그래서 좀 더 세밀한 배려가 필요하다.

　휠체어를 탄 장애인이나 유모차를 모는 엄마, 아빠가 산에 오를 수 있는 공원길에 도전한 적이 있다. 2011년 북한산 정릉초등학교 일대 250m 정도의 데크길(이 길은 추후 2015년 총 2km의 무장애숲길로 확대 설치됨)을 만드는 실험사업이었다. 당시 우리나라 산에 간벌재로 수북이 쌓여 쓸 곳을 찾고 있는 낙엽송들이 있었다. 이를 가공해 방

보행보조기에 의존해 산책하시는 동네 어르신

부처리하면 목재 이용도 활성화하고 장애인도 산에 오를 수 있는 데크길을 만들 수 있었다. 취지가 좋다 보니 신바람이 났던 사업이다.

완성하고 보니 걸을 때 통통 소리가 나는 즐거움도 있었고 걷는 질감도 훌륭했다. 데크길 중간에 살아 있는 나무가 있으면 둘레를 동그랗게 파내 그대로 보존할 수 있다는 점도 좋았다. 다만 당시로서는 길이 너무 짧아서 잠시 갖다 오면 끝이라는 점이 아쉬웠다.

비슷한 시기에 큰일을 벌인 사람이 나타났다. 2011년 같은 해에 문석진 전 서대문구청장이 안산 자락에 대규모의 무장애숲길을 만들기 시작했다. 당시엔 임의로 '자락길'이란 이름을 붙여놓았는데 이는 크게 봐서 무장애숲길이었다.

구청장이 의지를 갖고 나서면 그 사업은 강한 추진력을 갖게 된다. 2011년에 1차 구간, 2012년과 2013년에 나머지 구간을 이어 7km 규모의 순환형 무장애숲길이 완성되었다. 안산은 서대문구청 뒷산이다. 구청을 지나 산자락을 오르다 보면 차량이 진입할 수 있는 길과 연결된 안산 무장애숲길이 나타난다. 1단계로 완성된 후 걸어보니 좋기만 했다. 개장행사 때 휠체어를 탄 장애인들이 참석해 눈시울을 붉혔다. 그동안 집에만 틀어박혀 지내다가 이렇게 숲 내음을 맡고 나뭇잎을 만져보니 너무 좋아 눈물이 난다고 말했다.

높이 1.2m의 데크 난간 A타입

높이 0.4m의 데크 난간 B타입(잠시 걸터앉을 수 있는 높이)

    이후 문 구청장은 2011년 남산에 소재한 푸른도시국장실을 직접 찾아와 안산 일대를 빙 두르는 순환형으로 만들고 싶다며 서울시에 지원을 부탁했다. 나는 적극 돕기로 했고, 이후 7km에 달하는 안산 순환형 무장애숲길이 완성되었다. 나중에 문 구청장은 무장애숲길 때문에 재선에 성공했다면서 나에게 감사를 표하기도 했다.

    이후 여러 구청에서 무장애숲길에 대한 수요가 폭발하기 시작했다. 경쟁적으로 무장애숲길에 대한 투자가 쇄도하자 이를 감당할 수 없었던 서울시 기획조정실에서는 비용이 너무 많이 들기 때문에 투자를 지속할 수 없다면서 '종료사업'이라고 선언했다. 당시 서울시 정효성 부시장과 이야기해보니 호응이 너무 좋아 사실은 꾸준히 추진하는 것이 맞는데 예산이 감당이 안 돼서 투자를 중지한다고 말했다.

    노원구에는 불암산 무장애숲길과 영축산 무장애숲길이 있다. 그중 영축산 무장애숲길은 2019년과 2020년에 걸쳐 완성되었다. (불암산 무장애숲길은 5장 불암산힐링타운 편에서 상세히 다룰 예정) 영축산은 정상부에 군부대가 있는데, 비상시에만 긴급 투입되는 비상주 주

높이 0.1m의 휠체어, 유모차 이탈방지책 C타입   휠체어로 오를 수 있는 영축산 무장애숲길로 정상부
(노원구 제공)

둔지다. 영축산 무장애숲길을 만들기 위해 군부대와 수없이 많은 협의를 거쳤다. 부대장이 직접 현장을 둘러보면서 부대 주변에서 부대 안이 들여다보이지 않게 해달라는 조건으로 협의를 마무리했다.

총 3.4km 길이에 진출입구를 3개 갖춘 영축산 무장애숲길은 일부 경사가 급한 구간도 있었지만 무리 없이 잘 마무리되었다. 당시 누군가가 영축산 동측의 산을 택지개발한다고 애드벌룬을 띄워 공원용지가 택지가 될 것이라는 허황된 꿈을 꾸게 만들었다. 그 토지는 260여 명의 사람들 명의로 잘게 쪼개어 등기가 되었으나 실질적인 토지 면적과 그들이 갖고 있는 등기부상의 토지 면적이 일치하지 않는 '지적불부합지'였다. 그 일대의 토지는 노선을 넣을 수 없어서 건드리지 않고 설계를 하느라 경사가 급한 일부 구간이 생긴 것이다. 그렇다고 해도 경사도가 8%를 넘지 않게 시공되었다. 월계동 주민들에게 자부심을 주고 많은 사랑을 받는 무장애숲길이다. 수락산에도 1.7km 길이의 무장애숲길이 만들어졌다.

무장애숲길의 폭은 1.8m가 적정하다. 두 사람 혹은 휠체어 한 대가

숲속 나무들을 살리면서 조성한 영축산 무장애숲길

지나갈 수 있는 폭이다. 경사가 있는데 어떻게 휠체어나 유모차를 끄는 사람도 등산할 수 있는가? 그것은 8%의 비밀이다. 장애인이 편하게 다닐 수 있는 경사기준이 8%이므로 그 이내로 길을 만드는 것이다. 숲의 특성상 경사진 곳에 사각 철제기둥을 설치한 후 멍에와 장선[7]을 깔고 그 위에 비스볼트로 뚫어 상판인 목재 데크판을 고정한다. 그러면서 데크 판재의 경사를 8% 이내로 맞춰가며 시공한다.

 장애인을 위한 경사로에서는 안전이 최우선이다. 보통 위험요인이 있는 곳이나 낙차가 큰 곳에는 1.2m 높이의 A타입 난간을 설치한다. 산에서 흘러내려오는 능선과 데크길이 만나는 곳, 혹은 별도로 A타입의 난간이 필요 없는 곳에는 C타입으로 한다. 데크판 양측 끝에 10cm의 판재를 중간중간 깔고 원형 목재 절반을 잘라 얹는다. 데크판의 배수를 고려한 마감이다. 약간의 경사가 있지만 1.2m의 높은 난간이 필

---

7 멍에와 장선은 통상적으로 상부의 하중을 전달하는 역할을 하는 건축부재이나. 장신은 널이나 합판을 지지하는 작은 가로보이며, 멍에는 장선을 지지하고 기둥으로 하중을 전달하는 큰 보를 말한다. 두 부재는 상호 직각 방향으로 설치된다.

퇴근 후 이용하는 시민을 위한 야간 조명. 오후 10시까지 점등한다.

요하지 않은 구간은 B타입으로 40cm 높이의 목책을 도입한다. 국제 기준상 편안하게 앉을 수 있는 높이가 40cm이다. 잠시 걸터앉을 수 있게 설치하는 타입이다.

2023년 7월 기준 서울의 무장애숲길은 20개구에 걸쳐 총 34개소, 62.6km에 달한다. 대략 921억 원을 투자한 결과다. 1km당 대략 14억 7100만 원이 소요된 사업이다. 그러나 장애인, 유모차를 밀고 오르는 젊은 엄마와 아빠, 보행보조기를 짚고 오르는 노인까지 골고루 혜택을 받는다. 무장애숲길이 진가를 발휘하기 위해서는 3~4대의 장애인 전용주차장을 초입부에 갖추는 것이 필수적이다.

산을 찾는 시민들에게 왜 산에 오느냐고 물으면 "산은 서민들의 병원이잖아요. 우리 같은 서민들은 몸이 아프면 그 많은 치료비를 어떻게 감당하나요? 평상시 산에 와서 건강을 스스로 챙겨야죠."하고 답한다. 단순해보이지만 묵직한 말이다. 그런 혜택을 장애인도 받을 수 있다면 감히 휴머니즘을 거론할 수 있는 공원이라고 자부해도 되지 않을까? 예산이 좀 들긴 해도 무장애숲길은 산림복지이자 휴머니즘을 실현하는 좋은 아이템이다.

무장애숲길은 2~3년마다 데크판과 난간에 오일스테인을 칠해주어야 한다. 그리고 나무망치로 난간과 데크판 등을 통통 두드려보면서 목재가 썩은 곳이 없는지 자세히 살펴 부재를 교체해야 한다. 공원관리는 무한책임의 행정이다.

또 하나 권하고 싶은 것은 직장인 시민들을 위해 밤 10시까지 산책 겸 운동을 할 수 있도록 조명을 설치하되, 눈에 자극을 주지 않는 방식으로 처리하는 것이다. 도심의 열악한 보도보다는 목재 데크가 깔린 숲속의 무장애길이 훨씬 더 편안하고 걷고 싶은 마음이 든다. 이용 시간의 확장은 결국 투자 효율을 높이는 방법이 될 수 있다.

5
산은 서민의 병원

도시 산의 문제점은 무엇일까?

서울뿐만 아니라 우리나라 전역의 도시 내 산림의 문제점은 3가지로 정리된다. 첫 번째는 나무가 너무 많다는 점이다. 잡목이 무질서하게 자란 채 방치되어 있다. 산에 나무가 많은 것이 생태적인 것처럼 잘못 인식되다 보니 수목밀도가 높아 발 디딜 틈이 없다. 건전한 산림은 나무들이 적정 밀도를 유지하면서 높이 자라기 위해 경쟁하는 숲이다. 그 경쟁에서 처진 나무들은 과감하게 솎아내야 더 건강한 숲으로 유지되고 커갈 수 있다.

중앙정부나 지자체에서는 숲 가꾸기 예산을 꾸준히 편성해 나무 솎아베기를 해가며 튼튼한 숲으로 가꿔야 한다. 산에서 나무 솎아베기를 하면 시민들이 나무를 베어낸다고 민원을 제기할 수도 있다. 그러니 숲을 건전하게 가꾸기 위한 솎아베기라는 점을 홍보하고 시민들의 이해를 구하면서 실행해야 한다.

두 번째 문제점은 산이 갈기갈기 찢겨 있다는 점이다. 등산객이 폭발적으로 늘면서 아무 곳이나 사람이 가면 등산로가 되고 산길이 된다는 식으로 오랫동안 산이 방치되어왔다. 그 결과, 우리의 도시숲은 패치Patch화되어왔다. 상층부의 큰키나무(교목)와 중층부의 중간키

소나무 아래 핀 산철쭉 군락. 숲은 다층구조로 아름답게 가꿀 수 있다.

나무(아교목), 하층부의 작은키나무(관목)가 균형을 이루도록 숲이 구성되어야 산사태에도 강하고 각종 곤충과 소동물이 다양하게 서식하는 건강한 숲이 만들어진다.

 숲 근처에 사는 사람들은 주위에 산이 있으니 집에서 바로 산으로 올라가곤 하는데, 숲에 너무나 많은 샛길이 만들어지는 것도 경계해야 한다. 보통 숲에 들어가는 지점을 전문용어로 트레일 헤드Trail Head라고 부른다. 이곳에 숲 이용수칙과 등산로 안내도 등을 갖추어 놓고 출입구를 제한적으로 운영해야 한다. 전 세계 대부분의 국립공원은 이 출입구를 통해서만 산에 들어갈 수 있게 철저히 통제한다. 이를 통해 산의 생태적 안정성을 유지해나가는 것이다. 서울의 산에도 트레일 헤드를 마련해 그곳에서만 진출입이 가능하도록 유도하는 시책을 시행해야 한다.

 그간 우리나라 사람들은 일단 산의 정상을 정복해야 등산을 한 것으로 인식해왔다. 하지만 그렇게 관습적으로 만들어져 있는 몇몇 정상 루트를 남겨두면서도, 정상까지 가지 않고도 충분히 걸을 수 있는 둘레길 개발과 보급이 활성화되고 있다. 이런 둘레길의 보급 과정을 통해서 그동안 불필요하게 나 있던 샛길 등산로를 과감하게 정비해 숲의 기본 단위면적을 넓혀가야 한다. 이를 통해 생태적으로 건전한 숲을 복원할 수 있다.

우리나라 도시 내 산림의 세 번째 문제점은 산의 경계부가 망가져 있다는 점이다. 산림의 외곽 경계부는 토지 소유 양상이 마치 항아리가 깨진 파편처럼 복잡하다. 사유지이다 보니 불법 적치, 경작 등으로 심하게 훼손되어 있는 경우가 많다. 서울시의 경우 2020년 7월까지 공원용지를 모두 보상하든가 아니면 공원을 해제하라는 헌법재판소 판결 이후 특단의 조치들을 시행해오고 있다. 산림 외곽을 공원으로 만들어 시민들이 이용할 수 있는 공원자원을 제공하며 정리하는 일이다. 동네 뒷산 공원화 사업이라고 이름은 붙여놓았지만 큰 틀에서는 숲의 외곽을 가지런히 정리하는 사업이었다. 주택가와 인접한 숲은 공원이 해제되면 곧장 개발의 바람이 불게 되는 토지들이기 때문에 보상의 우선순위가 높은 토지들이었다.

우면산 숲 그늘에서도 잘 자라는
애기나리 군락

참나무 군락 아래 그늘에서도 잘 자라는
애기잎줄사철 식재지

이들 숲의 경계부 정리 작업과 함께 기존 등산로변의 훼손된 식생을 복원해나가는 일도 중요하다. 등산로변에 자생식물 위주로 심기 위해 몇 번의 정책적 시도가 이루어졌다. 그러나 나무 그늘 밑에서도 강하게 자라고 번식할 나무나 초화류를 발굴하지 않고 자생식물에 대한 막연한 애착으로 식재하여 실패한 사례가 많았다. 이를 개선하려면 몇 가지 실험을 해봐야 한다.

첫째, 기존 등산로 그늘 아래에서도 잘 살아가는 나무나 초종을 찾아내는 일이다. 대표적인 나무는 역시 국수나무다. 그러나 단순히 국수나무로만 설계하여 발주할 경우 산에서 적당히 직채(산에서 직접 채취하여 납품하거나 식재하는 일)하여 상당수가 죽거나 시들어 숲의 경관을 오히려 해치는 경우가 많았다. 비용이 더 들더라도 미리 재배용기에 재배해 용기째 현장에 심는 동시에 전량이 생육하도록 하는 것이 필요하다.

이 외에도 산의 그늘에서도 잘 자라는 애기나리나 애기잎줄사철을 군락으로 식재하는 일이 있다. 이들 또한 재배지에서 미리 매트 형태로 재배하여 현장에 매트 시공방식으로 식재하는 게 좋다. 특히, 애기줄사철 매트는 등산로에서 샛길이 난 지역에 식재하여 샛길을 폐쇄

애기잎줄사철

무장애숲길 주변 그늘에서도 잘 자라는 국수나무 군락

하는 용도로도 적극 권장한다. 이러한 작업은 한번에 모두 하려고 욕심을 낼 일은 아니다. 전반적인 계획을 수립하여 예산 사정이 허락하는 범위 내에서 매년 꾸준히 해나가면 된다. 핵심은 꾸준함이다.

숲의 외곽을 관리하는 방법 중 하나는 인근의 재개발 재건축 등 개발사업이 진행될 때 그들 단지가 공원과 숲의 경계부에 어떻게 연결될지를 대비하는 것이다. 숲을 관장하는 부서에서는 현장을 확인해 장래의 변화를 예측하고 대응해야 한다. 개발이 마무리되고 난 후 수십 미터의 절개지가 형성되는 경우가 많다. 미리 현장을 살피고 대안을 마련하는 일이 중요하다.

악몽의 우면산 산사태

　우면산 산사태에 대해 이야기하기 전에 먼저 이 사고로 돌아가신 분들의 명복을 빈다. 유가족들의 쓰리고 아픈 가슴을 헤아려보며 고개를 숙인다.

　2011년 여름에 들어설 때부터 줄기차게 비가 내렸다. 하늘에 구멍이라도 뚫린 듯 이렇게 내려도 되는 것인가 싶을 정도로 퍼붓고 또 퍼부었다. 긴 장마기간 동안 표면 유수로 인한 침식과 흙의 포화상태로 인한 중량 증가로 곳곳에서 경사면 붕괴가 일어났다. 그러다 우면산 북향에 해당하는 남부순환도로변에서 산사태가 일어나 총 16명이 사망하고 50명이 부상을 입었다.

　2011년 7월 27일 오전 7시 40분경 서초구 관문사 일대의 산사태를 시작으로 래미안아파트, 신동아아파트, 전원마을과 형촌마을 등의 주택과 도로가 토사, 잔재물로 인하여 69ha나 피해를 입었다. 북측사면은 래미안 맞은편부터 덕우암까지 9개 유역에서 산사태가 발생했다. 남측사면은 형촌마을부터 암산마을까지 총 8개 유역, 서측사면은 전원마을과 강남교회 2개 유역, 총 19개 유역에서 산사태가 발생했다.

　7월 29일 소방헬기를 타고 산사태가 발생한 전역을 돌아보며 도심

래미안아파트 맞은편 유역 산사태 지역 현장답사 (서울시 제공)

한가운데 있는 산이 이렇게 처참하게 무너져내릴 수 있는 것인지 절망했다. 소름이 끼칠 지경이었다. 엄청난 토사가 남부순환도로를 뒤덮었고, 도로 밑으로 옹벽을 쌓고 그 밑에 지어올린 래미안아파트는 쓰러진 나무 같은 것들이 저층부를 밀고 들어와 거실을 덮쳤다. 상상하기 힘든 재앙이었다.

　김영걸 당시 행정2부시장은 현장에 나와 도시기반시설본부를 통해 각급 공사장의 중장비 총동원령을 내렸다. 장비들은 도착하자마자 엄청난 양의 토사를 퍼 나르기 시작했고 저녁 늦게까지 작업이 이어졌다.

　각 공원녹지사업소와 구청에서 보유한 체인톱을 동원해 밀려내려온 나무와 등걸을 커팅하고 운반이 가능하게 도왔다. 우면산은 거대한 흙덩이 산이었다. 그 밑을 뚝 잘라 남부순환로를 내고 그 밑에 옹벽을 쌓아 집을 지어올린 것이었다. 말그대로 산허리를 뚝 끊어서 지은 도로이고 아파트였다. 예술의전당 역시 그런 식으로 산허리를 뚝뚝 끊어서 건물을 지은 곳이었다. 산사태는 그 부분을 정확히 덮치면서

래미안아파트 건너편 유역 사방공사 완료 후 전경 (서울시 제공)

대형사고로 이어졌다.

오후에 긴급대책회의가 소집되었다. 오세훈 시장과 여러 참모들이 모여 복구대책을 종합적으로 논의했다. 나는 긴급하게 산림조합중앙회장과 통화해 전국의 산림조합 조직을 내일 아침부터 긴급 투입하고 신속히 복구설계에 들어가겠다고 보고했다.

서울시와 서초구에 이재민 구호작업 명령이 시달되었다. 교수마을이라고 하는 전원마을의 경우, 생활 여건이 어려운 가족들이 반지하에서 살았는데 상당수가 빠져나오지 못하고 돌아가셨다. 도시 반지하에 사는 시민들의 아픔이 절절하게 느껴지는 일이었다.

다시 그날의 악몽을 되돌려 생각하기도 싫다. 저녁에는 피해를 입은 유가족들과 대화가 이어졌고 그 자리에서 서울시는 원인조사 및 신속한 복구를 약속했다. 격앙된 유가족들에게 욕도 많이 먹었다. 산림 관리를 총괄하는 입장에서 당연한 일이었다. 산을 움켜쥔다고 산사태를 방지할 수는 없는 일이지만 순식간에 벌어진 재앙은 큰 아픔을 주었다.

산림조합중앙회 소속 엔지니어링사업부의 설계팀이 투입되어 복구설계가 진행되었다. 포항산림조합 등 사방공사 경험이 많은 공사팀들이 동시에 붙어 불안정한 수목과 토석들을 정리해가며 설계를 진행했다. 이런 비상상황에 투입되어 수습하는 것이 산림조합중앙회와 시도 산림조합들의 역할이기도 하다. 이들에게 수의계약으로 장비와 인력을 투입할 수 있는 제도가 있다.

전 한양대 토목과 정형식 교수가 원인조사단장을 맡았다. 원인조사가 진행되는 동안 언론에서 많은 추측 기사들이 쏟아져나왔다. 이돈구 산림청장과 진익철 서초구청장 간에 공방이 벌어지는 듯한 모양새로 연일 시끄러웠다. 나는 산림청장에게 전화해 서로 대립하지 말고 도울 일만 찾자고 부탁했다. 서초구청장에게도 전화를 해서 언론이 싸움을 부추기며 즐기는 양상이니 서로 탓하는 일을 중지해달라고 요구했다.

복구공사를 위한 현장조사가 이루어지고 개략적인 복구방향이 보고되었다. 복구설계도 점차 구체화되어 사방댐의 위치, 토석류가 흘러내릴 때 속도를 줄이기 위한 낙차공, 기슭을 막아주는 기슭공 등이 순차적으로 정해지면서 도면이 나오는 대로 복구팀이 공사를 시작하였다. 저녁에는 유가족을 찾아가 하소연을 들어주는 역할을 했다. 우면산 산사태 피해 주민위원회가 구성되었고, 위원장과 숱하게 만나며 많은 이야기를 나눴다. 담당 국장으로서 책임지지 못할 이야기를 할 순 없는 노릇이라 그저 원인조사 결과를 지켜보자는 말밖에 할 수 없었다.

새벽에는 내 차를 몰고 남부순환로변 복구공사 현장을 나가 공사 진척 상황을 둘러보고 출근했다. 담당 국장으로서 현장이 돌아가는 상황이 궁금할 수밖에 없었고, 계통을 밟아서 보고만 받자니 답답하고 시

정상부 공군기지로부터 산기슭에까지 이른 산사태 흔적

사방공사를 완료한 남부순환로 쪽의 래미안, 임광아파트

간이 아까웠다.

　형촌마을 뒷산은 포항산림조합 이명우 소장이 진두지휘해 복구공사를 했다. 현장을 둘러보다가 이상하게 여기저기가 뚝뚝 떨어져 산사태가 일어난 곳들을 보았다. 이런 흙산 주변에 시민들이 살고 있었다는 게 아찔했다. 이참에 탄탄하게 복구해달라고 부탁했다.

　정형식 교수가 우면산 산사태 원인조사 결과를 발표했다. 언론에서는 자연재해가 아닌 인재로 몰아가기 위해 앞다퉈 기사를 써댔다. 아무도 맡기 싫어하는 산사태 원인분석을 담당하셨던 정 교수의 용기와 학문적 신념에 감사를 드린다.

　이 과정에서 언론사의 입맛에 맞게 맞장구를 쳐주는 교수가 있었다. 시립대의 이 모 교수였다. 나와 함께 국회 농수산위의 긴급 청문회에 참석하기도 했다. 그와 나는 증인으로 출석한 것이고 산림청장과

형촌마을 생태저수지 옆 수로가 망가진 상태

산림조합중앙회장이 기관의 수장으로서 질의응답을 하고 있는 자리였다. 이 자리에서 이 교수는 신문에 난 기사를 보드판에 덕지덕지 붙여서 궤변을 늘어놓았다. 나는 마지막에 할 말이 있느냐고 묻기에 "대학교수님이라면 학문적으로나 이론적으로 정확히 말씀을 해야지 무조건 부정적이고 자극적인 말만 찾아서 하는 것에 동의할 수 없다."고 강력하게 답변했다. 증언을 마치고 로비에 나오자 산림청과 산림조합중앙회 직원들은 저렇게 강하게 이야기해도 되는지 놀라운 눈으로 나를 쳐다보았다. 이후에도 이 교수의 말을 빌려 서울시와 정형식 교수를 비판하는 기사가 많이 나왔다.

하루는 박원순 시장에게 유가족들과의 소송에서 서울시가 일부러 패소해주고 싶은 심정이라고 내가 말했다. 심정적으로 유가족들의 편이 되고 싶었다는 이야기다. 박 시장은 그런 날 멀뚱하게 바라보기만 했다.

어느 날 서울시 문승국 행정2부시장 주관으로 현장회의가 열렸

형촌마을 저수지 주변 산사태 복구 후 전경

다. 부시장이 주재석에 앉고 중앙대 모 교수, 관동대 박 모 교수, 시립대 이 교수, 서울시 토목직 간부 등이 모여앉아 대책회의를 했다. 이 교수는 홍콩의 사방복구 사례를 들며 남부순환도로변에 높이 6m 이상의 성벽을 쌓아야 한다고 주장했다. 그렇게 어마어마한 구조물을 설치하지 않고도 복구할 수 있다고 이야기했지만 자기주장을 고집했다.

이어서 관동대 박 교수도 산림조합중앙회에서 복구를 맡은 것에 대해 강하게 비판했다. 강원도에서 산사태 복구할 때 자기 말을 안 듣고 복구했다는 이야기를 하면서 강하게 산림조합중앙회의 복구 참여를 비판했다. 나는 한참 듣기만 하다가 작심하고 입 바른 소리를 했.

"이 교수님은 암반전문가이기 때문에 산사태와 무관하진 않지만 밤낮 원인조사 결과가 부실하고 복구작업도 문제가 많다고 지적만 하시는데, 현장 여건에 맞는 답도 안 주시면서 그렇게 이야기하셔도 되는 겁니까?"

담당 공무원에게 이런 식의 말을 들은 이 교수는 얼굴이 벌겋게 달아올랐다. 그동안 내속에서 부글부글 끓던 용암이 분출하는 순간이었다.

"그리고 박 교수님은 수자원 전문이신 분이 허구한 날 대책은 하나

신동아아파트 건너편 산사태 발생 현황

신동아아파트 건너편 산사태 복구 후 전경

도 없이 산사태가 이러니저러니 복구방법이 이러니저러니 하시면서 비판만 하십니까?"

문승국 부시장이 "최 국장, 왜 교수님들한테 그렇게 이야기해요?" 하고 말리는데 나는 한발 더 나갔다.

"부시장님, 저는 이른 아침에 복구현장을 둘러보고 나옵니다. 낮에는 설계 진행상황을 챙기고 저녁에는 유가족 분들을 만나느라 정신이 없습니다. 허구한 날 대책도 없는 이런 회의를 언제까지 해야 합니까? 지금 이러고 있을 때입니까?"

말 그대로 들이받아버린 것이다. 나름대로 주어진 여건에서 동분서주하면서 산사태 복구와 씨름하던 담당 국장을 불러놓고 토목적 공법으로 산사태를 복구해야지 왜 산림사방공법으로 하느냐는 식의 질타가 이어진 회의석상에서 한바탕 소동이 벌어진 것이다.

사방복구 예산은 산림청 관할이기 때문에 산림청에서 1000억 원 정도의 예산이 긴급 투자되어 복구를 진행 중이었다. 일반 토목공사

서울시소방본부 헬기로 우면산 복구 현장을 상공에서 점검하고 돌아왔다.

하듯이 홍콩처럼 하자 말자를 논의하는 자리가 너무 한가하게 느껴졌다. 그래서 뭔가 들이받고 싶었던 마음을 행동으로 옮긴 것이다.

사방공사가 거의 마무리될 즈음에 나에게 앙심을 품었던 부시장은 박원순 시장에게 나를 다른 곳으로 빼낼 것을 건의했다. 그리하여 2013년 초 국방대로 교육파견을 가게 되었다. 서울시에 서운하긴 했다. 그래도 국장급이면 고급관료인데, 인사과장이나 담당 팀장이 미리 전화라도 한 통 해주든지 찾아와서 귀띔을 해주었다면 좋았을 것이다. 일방적인 통보로 교육 파견됐다는 데 분개했다. 문승국 부시장과 박원순 시장에 대해서도 실망스러웠다.

매일매일이 고통스러웠다. 깊은 수렁에 빠져 허우적거리는 꿈도 여러 날 꾸었다. 지금 생각해보면 업무적인 스트레스가 2명의 대학교수에게 폭발한 셈이었다.

박원순 시장 측근이었던 박 교수는 한강 하류 수중보를 헐어야 한다는 등의 주장을 하면서 서울시 토목분야의 용역을 몇 건 받아냈다.

이후 박원순 시장이 작고한 뒤 사라져버렸다.

우면산 산사태로 인해 돌아가신 분들께 다시 한번 명복을 빌고 유가족들에게 깊은 위로를 드린다. 다시는 일어나지 말아야 할 큰 재앙이다. 우면산 산사태를 교훈 삼아 서울시 전역의 산을 대상으로 사방관련 안전등급을 만들었다. 산사태 예방점검단도 상시로 운영하면서 대비하고 상당한 예산을 들여 예비적 사방공사를 시행해오고 있다. 소 잃고 외양간을 고치는 격이지만, 그래도 고쳐야 다른 소를 키울 수 있다.

이따금 복구된 우면산을 지날 때면 그날의 악몽이 떠오른다. 복구 작업에 투입된 현장 인력들의 구슬땀과 허망한 유가족들의 눈물을 기억한다. 다시는 일어나지 말아야 할 뼈아픈 상처다.

서울의 새로운 산길, 서울 둘레길

2007년경 언론인 출신 서명숙 씨가 스페인 산티아고 순례길을 걷고 나서 제주의 올레길을 구상한 것을 계기로 많은 사람이 제주를 찾았다. 서울시도 이를 참고해 서울 외곽의 산과 하천을 잇는 편안한 순환로를 만들어보기로 했다.

서울의 둘레길 개척을 열정적으로 담당한 직원은 강인호 팀장이었다. 그는 이름처럼 강인한 사람이었다. ROTC장교 출신이기도 한 그는 직원과 둘이서 거의 매 주말마다 코스를 찾기 위해 근교 산을 돌고 돌았다. 2009년부터 조성하기 시작해 2014년 8개 코스 157km의 서울둘레길이 개통되었다. 큰 사업으로 벌인 것이 아니라 산의 허리를 돌아 편안하게 기존 산길을 코스화하고 조금씩 손을 봐가면서 개통한 것이다.

지금은 156.5km에 달하는 21개 코스로 조정해 시민들에게 제공하고 있다. 둘레길을 완주하면 완주증을 주는데, 2014년부터 2025년 3월 19일 현재까지 8만 5000여 명이 받았다고 한다. 시민들에게 이루고 싶은 목표를 제공하며 엄청난 사랑을 받는 길이 되었다.

서울의 둘레길이란 이름을 붙이는 과정에서 직원들과 논의를 했

서울둘레길 코스도 (서울시 제공)

다. 서울올레길로 할 것인가 서울둘레길로 할 것인가 논의하다가 올레라는 말이 더 정답기는 하지만 제주방언이라는 점이 부담스러워서 '서울둘레길'로 결정한 후 북한산국립공원에서 먼저 쓰고 있던 북한산둘레길이 있어서 공단에 공문을 보내 서울도 서울둘레길로 쓰고자 하니 양해를 바란다는 의견을 보냈다. 실무진들의 이야기를 들어보니 북한산국립공원관리소 직원들이 처음에는 자신들의 고유 명칭이니 안 된다는 이야기가 많았으나 여러 번 설득하여 서울둘레길로 쓰는 것으로 양해를 받았다. 한 바퀴 서울의 둘레를 도는 길이니 기능에 맞게 이름을 붙이는 것이 좋겠다고 판단한 것이다.

서울둘레길은 시간이 되는 대로 코스별로 둘러보듯 완주하는 숲

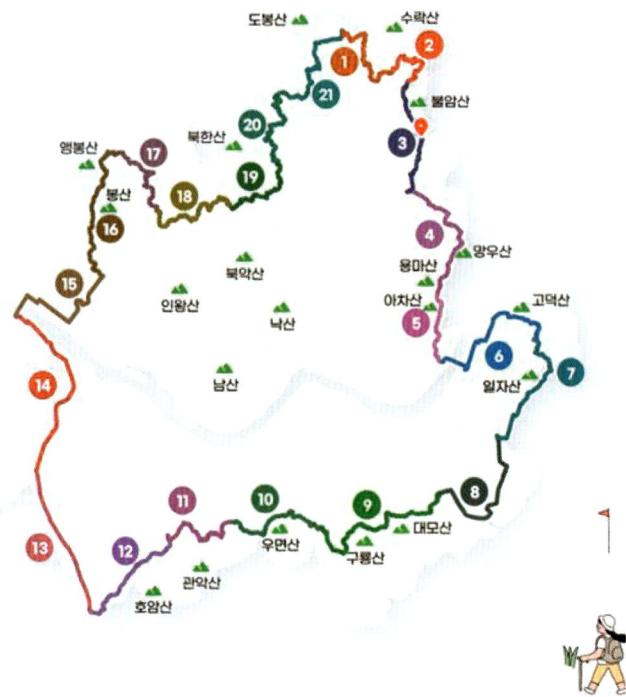

서울둘레길 코스 요도 (서울시 제공)

길이다. 수락산 덕릉코스 등 몇몇 곳을 제외하면 평이한 산길이고, 나이에 관계없이 걸을 수 있는 길이다. 둘레길을 만들 때 토지소유 문제로 골치아픈 일이 많았다. 물론 자신의 땅을 흔쾌히 둘레길 코스로 써도 좋다고 이용 동의를 해준 분들이 더 많아서 가능했던 일이다. 하지만 불암산 영신여고 일대의 토지 소유자가 '내 땅에는 둘레길을 못 낸다'며 철조망을 쳐놓는 바람에 많은 사람에게 불편을 준 케이스도 있다. 실상 둘레길이 통과하는 개인사유지를 아무런 임대료나 보상 없이 쓰도록 하는 것도 문제가 있는 일이라서 토지이용 동의서를 받거나 일정 부분을 구획해 보상하는 등의 노력을 했다. 그러나 '그렇게 잘라서는 못 판다. 내 땅 전체를 다 사가라'는 식으로 고집을 부리는 사

상계동 철쭉동산 부근 서울둘레길 인증 스탬프 찍는 곳

레도 많다. 입장은 이해하지만 난감한 일이었다.

 걷기 좋은 계절 특정한 주말에 날을 잡아서 서울시민 둘레길 걷기 행사 같은 것을 해보면 좋겠다. 서울시 전역의 둘레길을 해당 자치구와 인근 자치구 구민들이 해당코스를 함께 둘러보는 행사를 기획해봐도 좋겠다. 동시에 서울시장도 일정코스를 잡아 시민들과 하루 정도 코스를 걸어보는 것도 좋을 것이다. '걷자생존'이란 말이 있으나 도시 내의 도로는 사람이 여유 있게 걷는 것을 허락하지 않는다. 외곽의 산허리를 돌아가는 상쾌한 숲길은 시민들에게 건강과 행복을 주는 길이기도 하다. 노원구의 동네공원 재생사업처럼 공원을 재생할 때 외곽에 순환산책로를 만들면 시민들이 출근 전 아침 산책을 하기에도 좋다.

 코스의 출발점이 따로 있을 수도 있지만 집 가까운 곳 또는 지하철역으로 이동하여 쉽게 접근할 수 있는 둘레길은 효자상품이다. 수락산코스는 중간에 채석장부지가 있는데 그곳에 좀 더 탁 트인 전망대 시설을 보강하고 잠시 머물면서 준비해온 간식도 먹을 수 있는 공간을 만들면 좋을 것 같다. 서울시가 꾸준히 쓰레기 되가져가기 운동을 펼쳐온 결과로 이제 산에 쓰레기를 버리는 사람들은 거의 없다.

둘레길 곳곳에 잠시 쉬어 갈 수 있는 평상도 좋고 비를 피할 수 있는 파고라를 갖춘 자리도 보강해줄 필요가 있다. 쉬엄쉬엄 걸어보자는 둘레길의 취지에 맞게 서비스 공간으로 제공하자는 것이다. 꾸준한 투자로 낡은 시설을 교체해주고 안내체계를 수시로 점검하고 보완하며 관리한다면 서울둘레길은 시민의 길로 계속해서 사랑받을 것이다.

서울의 동네공원은 시대적 요구를 반영해 재생사업을 활발히 추진해야 한다. 특히 30년 이상 된 곳들을 집중적으로 찾아 재생해야 한다. 자치구의 공원은 더욱 방치되기 쉽다. 구청 단위의 예산 규모로 어렵다면 서울시가 나서서 예산지원을 해야 한다.

관악산이 되살아나다

관악산의 주 등산로는 서울대 입구 우측으로 나란히 나 있는 길을 가다가 산으로 올라간다. 이 지역을 관악산 신림지구라고 부른다.

지금으로부터 30여 년 전의 일이다. 관악산 입구에서 500m쯤 올라가다 보면 우측 작은 계곡 일대에 박카스 부대라고 하여 일종의 들병장수(병에다 술을 담아 가지고 다니면서 술장사를 하는 사람) 여인네들이 진을 치고 있었다. 그들은 홀로된 노인이 나타나면 박카스 한 병을 건네며 "많이 외로우시죠?" 하고 말을 걸곤 했다. 홀로되어 쓸쓸한 노인이 그런 여인네의 따뜻한 말과 손길에 온정을 느끼지 않을 수 없는 일이다. 인근의 낡은 여인숙에서는 박카스 부대 여인들이 저렴한 가격으로 매춘행위를 벌이기도 했다.

관악산공원은 정식 구역이름이 노인구역일 정도로 노인들이 많았다. 숱하게 많은 잡상인과 사람들이 몰려 와자지껄하던 곳이 관악산이었다. 1992년 봄 SBS 방송에서 관악산의 실태를 보도했다. 그곳에서 개를 잡아먹는다는 등 무질서의 온상이라는 식으로 뉴스가 나갔다. 신림지구가 잡상인의 소굴이라는 뉴스가 더해지면서 관악구가 발칵 뒤집혔다. 사실 개를 잡아먹는 곳은 서울대 입구 쪽이 아니라 관악

옛 관악산 노인구역. 등산로변에 가득 차 있던 노점상과 박카스 부대 자리

구청 뒷산, 서울대 정문의 바로 건너편인 청룡산이었다.

당시 나는 공원관리계장으로서 대응책을 부심하고 있는데, 박용재 공원과장이 '사정없는 단속'이라는 타이틀을 쓰자고 했다. 박 과장이 이원종 시울시장에게 보고하면서 "시장님, 박종옥 관악구청장이 나름대로 관악산의 무질서를 개선하려고 많은 애를 쓰고 있습니다. 시장님께서 격려 전화라도 해주시기 바랍니다."라고 했다. 참모로서 아주 바람직한 보고였다. 당시 관선구청장은 엄청난 인사권 파워를 가진 시장의 부하였다. 이원종 시장은 곧장 관악구청장에게 전화했다.

"공원과장으로부터 구청장이 고생한다는 이야기 들었습니다. 이번 기회에 총력을 다해 관악산의 무질서를 뿌리 뽑읍시다."

이후 몇 달에 걸쳐 구청 전체 인력이 동원되어 정리 작전을 준비했다. 그리고 D-Day 새벽에 관악구청 전 직원이 철거에 나섰다. 새벽 5시부터 덤프트럭 8대 분량의 온갖 철거물이 실려나갔다. 신림지구 일대의 지저분한 잡상인 좌판들이 완전히 철거되면서 작전은 종료되었다. 이후 보름 동안 구청의 각 과에서 순번을 돌며 저녁 늦은 시간까지 철저히 감시했다. 고통스러운 과정을 거치며 신림지구는 안정을 되찾았다.

당시 공원과는 도시계획국 산하였다. 어느 날 관악구청장이 정리를 마무리한 후 시장을 초청하여 현장을 둘러보았다. 토요일이었다. 나는 실무관리자였기에 안 나가려고 했는데 박 과장이 함께 나가자고 해서 토요일에 관악산 관리사무소로 출근했다. 이원종 시장은 구돈회 당시 도시계획국장, 박용재 공원과장 등과 함께 박종옥 구청장의 안내로 관악산의 이곳저곳을 둘러보면서 설명을 들었다.

이후 구청장이 마련한 점심 식사 자리가 있으니 꼭 참석하라는 연락을 받고 어느 음식점으로 향했다. 어쩌다가 이원종 시장의 바로 앞자리가 주어졌다. 이번 관악산 철거정비 작전 담당 계장이라고 소개를 하니 이원종 시장이 수고 많았다며 나에게 소주 한 잔을 따라주었다. 나도 답례주를 따르려 하자 그가 말했다.

"나에게 술잔이 집중되니 이 잔은 직근상급자에게 드리세요."

나는 순간적으로 '직근상급자가 누굴 말하는 것이지?' 혼란스러웠으나 아마도 과장을 지칭하는 것 같다고 판단해 박 과장에게 술을 따르려고 하니 박 과장이 무릎을 꿇고 내 잔을 받는 것이었다. 나도 깜짝 놀라서 무릎을 꿇고 술을 따랐다. 이후 이원종 시장의 인생조언이 시작되었다.

"나는 직근상급자가 나의 생사여탈권을 가진 사람이란 생각으로 충심을 다하여 모시면서 공직생활을 해왔습니다. 그러다 보니 상급자가 대외적으로 내 이야기를 해주면서 성장하게 되더이다. 그런 연유로 직근상급자에게 술을 드리라고 한 것입니다."

"이번의 관악산 정리계획에 최 계장의 공로가 큽니다. 다만 승진이

관악산 신림지구 내 숲속 화장실

란 상급자가 그리해도 된다고 판단하고 밀어주어야 되는 것입니다."

시장 바로 앞에서 공직생활을 하는 요령을 사사를 받은 셈이니 큰 영광이었다. 관악산 신림지구를 정비한 후 10여 년이 지나 사무관 15년차에 서기관 승진을 하게 되었지만 이원종 시장의 조언은 공직생활 내내 큰 울림을 주었다. 공직자로서 내가 한 일에 대해 정확하게 평가해주고 격려해주는 것 같아 큰 힘이 되었다.

이후 관악산엔 자연이 되돌아왔고 신림 계곡엔 맑은 물이 흐르기 시작했다. 질서를 되찾은 자연은 편안함을 준다. 등산을 다녀오면서 입구에서 술을 마시고 큰 소리로 떠들어대고 술에 취해 싸움이 벌어지던 난장판이 정리되어 좋다. 언젠가는 정리되어야 하는 것을 시장과 그의 참모들, 구청장과 구청직원들이 역할을 나눠 잘 처리한 사례다.

내가 사랑하는 수락산 무장애숲길

수락산의 디자인거리 입구에는 시인 천상병의 흔적이 남아 있다. 이 동네에서 살던 시인이다. 입구 왼쪽 벽에 그려진 천상병의 얼굴에선 내면의 빛으로 충만했던 사람의 초탈함과 천진난만함이 엿보인다. 그래서 환하게 웃고 있을 것이다. 진정한 디자인이란 시인의 얼굴처럼 꾸밈이 없어야 한다는 메시지일까?

수락문을 지나 수락산으로 이어지는 길은 원래 산에서 내려오는 물을 중랑천으로 끌어들이는 물길이었다. 그러나 지역 주민들이 불편하다고 아우성을 친 탓에 복개하게 된, 어쩌면 후회할 결정을 하고나서 주차장과 도로 등으로 만들어놓았다. 무엇을 디자인했기에 이 길을 디자인거리라고 이름을 붙였는지 아무리 디자인 요소를 찾아보려고 해도 찾아볼 수 없는 길이긴 하다.

그 길 양옆에는 등산을 다녀오는 사람들의 허기를 달랠 음식점들이 줄지어 있다. 막국수나 곤드레밥과 된장국 한 그릇을 먹고 배를 두드리며 집으로 가는 행복이 있는 곳이다. 산 쪽으로 그 길이 끝나는 지점에 파고라와 시계탑이 있다. 이곳이 수락산의 트레일 헤드에 해당하는 곳이다. 우측은 수락산에서 사시사철 내려오는 물을 받아내는

7호선 수락산역 3번출구 남측 디자인거리 입구 천상병 시인 벽화

  오래된 계류가 오랫동안 씻기고 쓸려 제법 물길다운 계곡이 만들어져 있다. 여기에도 누수식 생태보를 만들어 여름에는 발을 담그는 어른들과 물놀이하는 아이들로 붐빈다.

  수락산 무장애숲길이란 불암산과 영축산의 무장애숲길을 다녀온 상계동 주민들이 자신들의 동네에도 그런 길을 만들어달라고 끊임없이 구청장에게 민원을 제기해 만들어진 것이다. 구청장으로서는 수락산에 무장애숲길을 안 만들 수 없는 상황이었다는 말이다.

  서울의 산은 상당한 면적이 사유지다. 사유지 필지가 제법 큰 것들이 많아 전체를 보상하고 루트를 만들기는 거의 불가능하다. 결국 루트 설계를 먼저 하면서 해당 토지를 분할해 보상해가면서 루트를 구성할 계획을 수립했다. 경사 8% 이내로 구성하는 것이 기본이기 때문에 지그재그로 경사를 따라 무장애숲길이 만들어지게 된다.

  전체적인 루트 구상이 끝나면 해당 토지들의 필지와 관계없이 7m 폭으로 분할해 보상을 시도한다. 자기 땅을 몽땅 사주지 않으면 숲길을 낼 수 없다고 반대하는 사람들을 일일이 찾아가 통사정을 하고, 그래도 7m 폭이라도 보상을 받는 것이 낫다고 설득한다. 말이 설득이지 실무직원들의 고생이 이만저만이 아니었다. 서울시에선 절대 토지보상비를 못 준다고 강경한 입장을 내비쳤다. 직원들의 구구절절한 읍소로 결국 토지 소유자들의 동의를 얻어 보상을 실행하게 되었다.

토지 소유자들로서는 전체 공원용지를 보상받는 것이 가장 좋다. 그러나 일부라도 보상받는 쪽이 나을 수 있다. 도저히 보상에 응하지 않는다면 해당 토지주의 땅을 피해 루트를 수정한다. 수락산 노원골의 화장실 겸 관리초소 부근에 있는 반려견 놀이터도 모 대학 의대교수가 선대로부터 물려받은 땅이었다. 그 땅을 통해 산에 있는 부친의 묘로 올라가는데, 평소 불만을 갖고 있다가 토지를 매각하는 조건으로 반려견 놀이터를 없애달라고 했다. 과감하게 반려견 놀이터를 털어 정리해주고 토지 분할 매입에 성공했다. 수락산 무장애숲길의 진입부를 만들어야 하는 자리라서 요구사항을 들어주면서 협상한 것이다.

결국 수락산에서 내려오는 계류를 건너는 철제 빔을 구성한 목교를 만들어 진입할 수 있게 만들었다. 그렇게 시작한 숲길은 적당한 경사를 타고 가다가 버스킹 공연이 가능한 넓은 데크로 만든 숲속 광장

수락산 노원골 입구 무장애숲길 시작지점

을 만난다. 인근 노원골 유아숲체험장을 다듬어주면서 아이들도 함께 쓸 수 있는 화장실도 절묘한 위치에 만들어놓았다. 또한 인근 맨땅에 만들어놓은 운동시설들은 기존의 것들을 고친 후 기와진회색으로 칠하기도 하고 몇 개의 시설들은 새로 보강한 것으로, 그럴듯한 어른들의 야외 운동시설도 갖춰놓았다.

이 과정에서 가장 중요한 일은 바닥을 정리하는 것이었다. 운동시설 주변을 침목으로 둘러친 후 그 안에 쇄석을 두툼하게 깔아 비가 와도 불편함이 없도록 만들어놓았다. 이렇게 처리하면 비가 올 때에도 흙이 튀어 운동시설에 묻는 일이 없어진다.

숲길을 따라 올라가다 보면 손닿는 곳에 진달래나 생강나무도 있고 상수리나무도 모두 살려가면서 숲을 빌려썼다. 굿도 하고 고사도 지내는 범바위매화당을 지나 경사가 급한 내리막을 여러 번 지그재그로 꺾어서 숲길은 이어진다.

수락산 무장애숲길은 그동안 수락산 정상을 향해 오르던 산길을 막지 않고 받아주면서 만들어졌다. 숲길은 종달새어린이공원과 상계주공13단지 벽산아파트 부근까지 이어진다. 이 무장애숲길을 다녀본 사람들은 자신들이 사는 인근에 이런 좋은 길을 만들어줘서 고맙다고

숲속 야외 운동시설 재배치 후 바닥 쇄석깔기　　무장애숲길의 우측 통로는 정상으로 가는 등산로

무장애숲길 중간에 만들어진 숲속 데크 광장. 버스킹 공연 등 각종 행사가 가능하다.

싱글벙글한다. '걸어야 산다'는 말도 있지만 여름에 시원한 나무그늘 아래 상쾌한 숲길을 걸을 수 있다는 것은 행복한 일이다.

무장애숲길은 지형을 따라 이어지면서 숲을 해치지 않고 만들어진다는 특징이 있다. 직접 휠체어를 타고 이 길을 산책하듯 다니는 사람은 평생 살면서 산에 와보는 것도 처음이지만 숲의 내음을 맡아보니 마음도 맑아지고 살맛 난다고 말한다.

여기까지 수락산 무장애숲길의 1단계 1.74km가 끝났다. 한옥어린이집 건너부터 당고개공원까지 재정 여건이 닿는 대로 토지를 보상해가며 2단계 숲길 2.26km를 이어나갈 예정이다. 1단계 공사과정에서 대략 15번 정도 현장을 돌며 디테일을 다듬었다. 이런 일을 하는 것은 복 받을 일이고 기분도 좋다.

여러 행정부처에서도 시민들이 관심을 갖고 먼저 만들어놓은 곳을 열심히 돌아다녀보면 좋겠다. 그곳을 이용하는 사람들이 얼마나 행복해하는지 살펴주길 바란다. 우리 동네 사람들이라도 모아 버스한 대로 수락산 무장애숲길이나 불암산 순환산책로를 함께 둘러보고 싶은 생각도 있다. 2024년 여름에 은퇴 후 내가 살고 있는 강남구 개포동의 인근 개포공원(일명 뻐꾸기동산)에 무장애숲길을 설치해보려고 주민들 의견을 들어봤으나 반대로 결론이 났다. 외부 사람들이 더 오게 된다는 것이 큰 이유였다. 그런 이유라면 포기하면 되는 일이다. 공원은 기존 자연을 해치지 않는 범위 내에서 무궁무진하게 다듬어갈 수 있다. 장애인을 포함해 누구나 자연을 만끽할 수 있도록 접근이 허용되어야 한다.

불암산힐링타운의 탄생

　노원구로서는 수락산과 불암산을 구청에서 직접 관리하는 것이 부담일 수도 있고 혜택일 수도 있다. 서울시 관할이긴 하지만 관리위임을 받은 공원으로, 충분하지는 않지만 서울시의 예산을 받아 관리한다.
　큰 산을 관리하는 부담은 역시 봄철의 잦은 산불이다. 산불이 안

당초 무장애숲길을 순환형으로 연결한 불암산 순환산책로

날 것 같아도 봄만 되면 거의 매년 한두 건씩 구청의 전 직원이 동원되는 홍역을 치른다. 산불은 재난이다. 총괄지휘관인 구청장이 현장에 제일 먼저 도착해 수습해야 한다.

산불이 나면 소방헬기 동원과 소방관들이 소방차에서 물을 가압하여 산으로 밀어 올리는 수관 전개작업이 우선이다. 구청직원을 일사불란하게 투입하더라도 불이 붙어가는 방향으로는 절대 인력을 배치해서는 안 된다. 이외에 산사태라는 어마어마한 재난도 부담스럽다. 이렇듯 관리상의 부담은 있지만 산은 많은 혜택도 준다.

2014년 나는 1년간의 국방대 파견교육을 마치고 서울시로 복귀하면서 이사관으로 승진해 노원구의 부구청장으로 일하고 있었다. 어느 날 노원구 출신의 오승록 서울시의원이 부구청장실을 방문했다. 무슨 일이냐고 반갑게 맞았다.

"서울시 환경수자원위원으로 동네에 좋은 일을 할까 해서 8억 원의 예산을 확보해 무장애숲길을 만들어보려고 하는데 적합한 지역을

불암산힐링타운 조성 전. 하늘색 양철지붕이 목공소이다.

나와 함께 둘러봐주세요."

그날 오후 불암산에 인접한 중계4동사무소 앞에서 만나 동사무소 오른쪽 길로 함께 올라갔다. 서울둘레길이 지나가는 부근의 땅을 짚으며 내가 말했다.

"이 땅은 절대 안 됩니다. 이 땅의 주인은 바늘 하나만 꽂아도 펄쩍 뛰는 분이라서 안 됩니다."

난감해하며 표정이 굳어지는 오 의원을 인근의 숲속으로 안내했다.

"이곳에 설치하시면 됩니다."

"아니 이런 깊은 숲속에 어떻게 무장애숲길을 만든다는 것이죠? 그리고 이 땅은 누구 땅인가요?"

"이렇게 우거진 숲을 즐기기 위해 나무들을 다 살려가면서 훼손 없이 코스를 만드는 것이 이 숲길의 특징입니다. 그리고 이 땅은 제가 서울시 공원과장 시절에 당시 이노근 구청장이 이 자리에 자연사박물관을 짓겠다고 저에게 땅을 사달라고 부탁하여 2년에 걸쳐 60억 원가량의 예산을 편성해 매입해놓은 땅입니다. 다행히 자연사박물관은 실행되지 않고 남아 있게 된 땅입니다."

오 의원은 놀라는 눈치였다.

공원과 녹지 관련 사업의 제 1관문은 토지 확보다. 그렇게 일이 시작되는 것이다.

"이후 코스 설계와 시공에 관해서는 의원님은 전혀 신경 쓰지 마십시오. 저희가 알아서 만들어놓겠습니다."

중계2단지아파트 남측 길을 지나 노원자동차학원 뒤편으로 가면 불암산의 초입부가 나타난다. 여기부터 2014년에 착수하여 2015년 10월에 1단계로 800m 구간이 완성되었다. 산 쪽으로 나 있는 서울둘레길과 연결되는 계단도 만들어놓았다. 이와 동시에 무장애숲길의 입구에 장애인 주차장도 4면 만들고 일반 차량을 위한 주차장도 만들었지만 여전히 부족하다. 그 주차장에서 장애인들이 데크길의 경사면을 따라 산으로 오르는 초입에 이손건축의 이민 소장을 특별 초청해 설계를 의뢰했다. 기존의 참나무들을 다치지 않게 살려가면서 기다란 직사각형을 딱 부러뜨려 산으로 열어주는 듯한 모습으로 만든 적벽돌 건물의 생태학습관이 들어서게 되었다. 이곳에서 주민회의를 할 수도 있고 유치원 어린이들이 야외학습을 나왔다가 비를 피할 수도 있다. 실내 학습도 가능한 다목적 공간을 갖추고 있다.

밤 10시까지 점등되는 야간 조명

숲속 갤러리로 개소 예정한 생태학습관

초가을의 불암산 순환산책로. 숲이 먼저 보이도록 시설물을 최소화했다.

오승록 의원은 1단계 무장애숲길 개방 행사장에서 단순히 이 일대에 머물 일은 아닌 것 같다고 하면서 2단계 예산을 확보해볼 테니 계곡을 건너 전망대까지 연장하는 준비를 해보자고 했다. 1단계와 달리 2단계로 시행하는 구간은 계곡을 가로질러야 하기 때문에 꽤나 높은 철교를 놓아야 하고 그 위에 데크길이 지나가야 했다. 시공기술진들은 슬기롭게 미리 제작한 H형강 구조물을 끌고 와서 잘 내려앉혀 철교를 만들었고, 추후 다시 짓게 될 불암산 전망대를 잇는 250m 구간을 2018년 12월에 완성했다.

나비정원은 2017년 7월에 착공해 2018년 9월에 완공했다. 당초 그 자리에 있던 노원구 목공소를 서울여대 정문 건너편 화랑대 철도공원 예정부지로 옮기고 만든 것이다. 아이들이 사계절 나비가 날아다니는 모습을 보게 해주자는 취지로 만든 시설이다.

2018년 7월에 오승록 의원은 구청장 선거에서 당선되었다. 나는 2017년 서울시 근무를 마치고 2018년 6월 말까지 공로연수 중이었다. 아내와 3개월간 유럽 여행을 마치고 돌아와서 당시 노원구청장 후보였던 그를 만났다. 노원구청장이 되면 함께 일을 해보자고 제안해와 5년간 힐링도시국장을 맡기로 하고, 2018년 9월부터 개방직공무원으로 다시 일하기 시작했다. 그러니 2023년 9월 17일까지 총 38년 11개월을 서울시 공원녹지와 조경 분야에서 근무한 것이다.

2019년에 오승록 구청장은 철쭉동산을 만들어보자는 제안을 했고, 원래 배나무밭이었던 원형극장처럼 생긴 땅에 철쭉을 가득 심었다. 그리고 당시 서울시의 강태웅 기획관리실장의 적극적인 예산 지원으로 전망대에서 철쭉동산을 거쳐 생태학습관에 이르는 1.05km의 3단계 무장애숲길을 완성했다. 2015년에서 2019년까지 총 2.1km로 지어진 무장애숲길은 자연스럽게 불암산 순환산책로란 이름으로 바꿔 불리게 되었다. 2020년 4월 말, 철쭉동산은 순환산책로와 연결되며 아름다운 화원으로 거듭났다.

서울시 최초의 자연휴양림 수락휴

2018년 겨울, 오승록 노원구청장과 함께 수락산 동막골유원지 일대를 답사했다. 수암사로 가는 길에 바람이 불자 졸참나무숲에서 비 오듯 가랑잎이 우수수 떨어지는 걸 보며 구청장이 말했다.

"서울에서 이런 곳이 드물어요. 이 일대에 자연휴양림을 계획해봅시다."

동막골유원지는 수락산 등산 후 내려오다 잠시 머물고 갈 수 있는 곳으로, 닭도리탕, 숯불갈비 등을 파는 음식점들이 계곡 주변에 자리 잡고 있다.

동막골유원지의 음식점들을 지나치다 보면 우측에 수락정이란 국궁장이 있다. 원래 노원구 시내의 미개발지에 있었으나 아파트 개발 등으로 외곽으로 밀려나면서 하필이면 수락산 계곡을 엉성하게 복개해 사대(활을 쏘는 자리)를 짓고 국궁장을 오픈한 것이다. 국궁장을 다른 곳으로 이전하려고 했으나, 회원들이 강력히 반대하면서 결국 안전조치를 강화하여 휴양림 이용객들도 체험할 수 있는 시설로 끌어안고 가기로 결정했다.

도안사로 올라가다가 우측으로 작은 교량을 건너면 북측으로 수락산 도선사 올라가는 길이 열린다. 그 우측으로 수암사로 가는 길이 이어지는 지점에 수락산 동막골 관리사무소가 있다. 그 일대가 자연휴양림이 들어설 적당한 자리였다. 노원구 상계동 산155-1 일대 354,513m^2의 부지다.

　이 일대의 땅은 산림청 소유의 국유지라서 휴양림의 승인과정에서 산림청의 적극적인 지원이 있었다. 산림청으로서는 서울 도심 가까이에 들어서는 휴양림에 많은 기대를 하며 사업비 지원까지 도왔기에 시작할 수 있는 일이었다.

　산림청 자료에 따르면 2025년 2월 현재 전국에 201개소의 자연휴양림이 있는데, 서울에서 최초로 만들어진 자연휴양림이 수락휴休다. 2018년 구상하기 시작해 2025년 7월에 정식 오픈한다. 숙소는 총 18동에 25개 객실이 있으며 하루에 최대 82명의 방문객을 수용할 수 있다. 특별한 경험을 선사할 '나무 위의 집' 트리하우스도 3동을 만들었다. 객실의 내부는 최고급 호텔 수준이고 본동에 마련된 레스토랑도 호텔급으로 운영된다.

　이곳은 객실 내 조리행위가 금지되어 있지만, 식당에서 별도로 주문해 바비큐를 먹거나 레스토랑에서 식사를 할 수 있다. 객실에는 TV가 없고 대신 책을 읽거나 명상을 하며 숲속에서 편안하게 쉬다 갈 수

수락휴의 전경 (노원구 제공)

객실 내부와 천장 (노원구 제공)

특별한 경험을 선사할 나무 위의 집, 트리하우스 (노원구 제공)

있는 분위기로 조성돼 있다. 천장에 창을 두어 부분적인 자연채광도 유도하고 밤에는 별을 볼 수 있게 설계했다. 주차는 숙소에 짐을 내려놓고 입구 주차장으로 돌아가 주차하는 시스템이다. 대신 숙소와 주차장 사이에 소운반이 가능한 전기카트를 운영한다. 숙박 예약은 노원구민에게 50%를 우선 배정하고, 나머지를 일반에게 배정하는 방식이다. 수락휴는 쉼과 명상이 있는 자연휴양림을 서울에서 즐길 수 있는 곳이다.

수암사 올라가는 길의 계곡을 불암산힐링타운처럼 누수식 생태보를 몇 군데 만들어 생태계류로 정비한다면 여름철 물놀이터로 손색이 없을 듯하다. 상부 계곡을 건너 능선을 타고 돌면서 무장애숲길을 만든다면 휴양림 이용객들에게 산책하면서 둘러볼 수 있는 좋은 코스가 될 것이다. 유아숲체험장도 새롭게 다시 만들어 일반 구민도 이용하고 휴양림 이용객들도 자녀와 함께 체험할 수 있는 숲속 놀이터가 만들어질 수 있다. 또한 인근에 이어지는 둘레길을 따라가다 보면 수락산을 다양하게 둘러볼 수 있다.

　서울시민들이 지방의 이곳저곳을 찾아가야만 자연휴양림을 만날 수 있는 것은 아니다. 많은 시민이 봄가을 시즌 주말에 꽉 막힌 고속도로 정체를 경험하면서 '다시는 안 간다'고 맹세를 하곤 한다. 수락휴를 계기로 관악구의 관악산, 서초구의 청계산, 강동구의 승상산, 종로구의 북악산 등 곳곳의 산림을 활용해 자연휴양림이나 혹은 그와 같은 취지의 다양한 계획이 이루어지길 기대한다. 사실 서울시에서 자연휴양림은 수익을 남기기 위한 시설이 아니다. 복잡한 도시생활에서 스트레스를 받으며 사는 시민들을 위한 산림복지 서비스다. 수락휴도 기획 단계에서는 산림청의 지원이 가능했으나 지방자치단체의 업무로 분류되면서 지원이 끊어졌다. 서울시와 자치구의 과감한 투자로 곳곳에 자연휴양림이 들어서기를 바란다.

불암산에 태동한 산림치유센터

2020년 10월에는 우리나라 최초의 여성 산림치유학 박사인 김주연 박사를 원장으로 초청해 서울시 제1호 산림치유센터를 오픈했다. 원래 이 자리는 삼구농원이란 곳이었는데 서울시가 매입한 것이니 노원구가 지역적으로 큰 혜택을 본 셈이다.

산림치유센터는 많은 주민이 산림치유의 혜택으로 건강해지는 불암산의 명소다. 이 건물의 특징은 불암산의 장관을 해치지 않도록 가능한 한 높이를 낮춰 장쾌한 불암산의 경관과 조화되는 멋진 풍광을 만들어냈다는 점이다.

불암산 경관을 고려해 낮은 건물로 설계한 불암산 산림치유센터

산림치유센터의 치유 프로그램 실행 모습
(노원구 제공)

산림의 순기능 중 가장 큰 것은 숲이 주는 안정감이다. 많은 사람이 숲을 찾아와 가슴속의 응어리를 쏟아낸다. 그리고 다시 도심으로 돌아가 일상을 보내다가 또 다시 산으로 돌아와 그 품에 안긴다.

숲이 주는 심신안정 기능을 체계적으로 연구하여 도시인들의 안정적인 삶에 보탬을 주는 곳이 산림치유센터다. 도시의 상징물을 세우느라 서울시의 예산을 쏟아붓기보다는, 서울의 동서남북 적당한 위치에 시민을 위한 휴양 병원을 짓는다는 생각으로 산림치유센터를 건립하면 좋겠다.

나비정원 위에는 원래 나비가 먹을 먹이식물들을 공급하기 위한 유리온실이 있었다. 여러 번 현장을 둘러보다가 온실의 바닥에만 일부 식물들을 키우고 있는 것을 보게 되었다. 먹이식물을 재배하는 온실을 따로 운영하는 것이 비효율적으로 보였다.

구청의 시스템을 보면 이곳에서 겨울철에 먹이식물을 키우려고 해도 키울 인력이 없다. 기간제 근로자들은 원래 300일 이하의 근로자들을 말한다. 겨울이 되면 대부분 일을 그만두는 셈이다. 나는 나비정원장과 상의했다. 나비의 먹이식물을 이곳에서 키우는 것은 불가능하니 농약을 써서는 절대 안 된다는 조건하에 외부에서 납품을 받고 이 온실은 카페로 바꿔보자고 가닥을 잡았다. 많은 구민이 멋진 불암산과 순환산책로, 철쭉동산에 감탄하면서도 막상 앉아서 쉴 곳도 없고 커피 한잔할 만한 곳이 없다며 불만을 표하던 시기였다.

그리하여 정원지원센터 카페 포레스트Cafe Four Rest(숲을 뜻하는 forest와 발음은 같지만, 불암산과 정원, 나비와 꽃의 4가지 쉼을 뜻함)가 만들어졌다. 정원지원센터라는 명칭을 앞에 놓음으로써 꽃도 팔고 식물도 치료하면서 정원 만들기도 배울 수 있는 공공성을 앞세웠다.

유리온실 카페는 정원지원센터와 함께 2021년 2월에 오픈했다. 노원구에서 내로라하는 카페의 바리스타 경험이 있는 이성만 점장을 임기제(시간선택제 임기제) 공무원으로 영입한 것이 성공의 묘수였다. 너무 즐거운 마음으로 함께 일하는 사람들을 격려해가며 멋지게 운영해오고 있다.

이 카페는 불암산의 멋진 경관을 감상할 수 있는 윗단의 휴게공간까지 갖추면서 지역의 명소가 되었다. 이곳이 노원구 직영 매장이라는 사실을 알고 깜짝 놀라는 사람이 많다. 구청에서 직영해도 이렇게 멋진 카페가 가능하다는 점이 신기한 모양이다. 그러나 카페의 최우선 성공 요인은 역시 커피 맛이다.

일반 공개 경쟁으로 운영자를 구하기는 싫었다. 40여 년간 공원 업무를 해온 경험에 의하면 공원 내 매점이나 식당, 카페 등을 공개 경쟁으로 하면 최고가 입찰로 인해 서비스도 엉망이고 이용 시민들은 바가지요금에 시달린다. 게다가 운영을 그만두고 나갈 때는 소송에 휘말려 몇 년을 다투다가 끝나곤 한다. 그 시스템을 여기에 도입한다는 것은 용납할 수 없었다.

삼림치유센터 북서측 언덕에 예전에 지어놓은 전망대가 있었다. 골조는 철재 H형강으로 하고 목재로 계단과 전망 데크를 깔아놓은 시

카페 포레스트의 실외 멀티 파라솔

당초 온실을 정원지원센터 및 카페 포레스트로 개조한 모습

설이었다. 장애인도 함께 쓸 수 있는 전망대는 아니었고 서울둘레길을 이용하는 사람들이 올라 전망을 즐기는 용도였다. 그러나 구조적 안정성이 부족해 꼭대기에 올라가면 흔들려서 다시 손봐야 할 시설이었다.

전망대 주변에 순환형 무장애숲길이 만들어지면서 당연히 장애인도 오를 수 있는 전망대로 다시 만들자는 실무팀의 건의가 있었다. 구청장은 대환영이었다. 그리하여 2021년 4월에 도봉산과 북한산이 봉우리로 이어지는 파노라믹한 풍경, 남산과 롯데타워까지 볼 수 있는 장애인용 엘리베이터를 갖춘 멋진 전망대가 들어섰다.

철쭉동산을 자세히 살펴보자. 원래 노원자동차학원 경계 바로 남측 땅은 배나무밭이었고 환경부에서 자연마당 조성사업을 시행했던 땅이다. 설계 제안을 한 사람들에게 조성사업까지 맡기는 방식으로 공사가 진행되었는데 나는 노원구 부구청장 시절에 그들이 공사하는 방식이 한심하여 자주 나가보곤 했었다.

실내에 꽃과 화분을 파는 그린 샵

철쭉축제가 열린 철쭉동산 전경. 불암산이 가깝게 보인다. (노원구 제공)

현장의 여건을 깊이 있게 모르는 상황에서 환경부가 생태공간을 만든다고 벌인 사업이었다. 배나무는 원래 농약을 써야 수확할 수 있는 과수이니 공원에서 걷어내는 것이 맞다. 그런데 마치 원형경기장 같은 반원형의 경사진 토지에 흉고직경(지면에서 1.2m 높이의 나무 직경)이나 4~5cm의 근원경(지하 0.2m 높이의 뿌리부근 나무직경) 나무들을 가득 심어놓아 비만 오면 흙탕물이 흘러내려 곤죽이 되면서 그 일대가 엉망이 되곤 했다. 차라리 지자체에 책임을 지워 맡길 것이지 하지도 못하는 일을 끌어안고 엉망을 만들어놓았다. 나같이 이런 일을 많이 해온 사람에게는 중앙정부고 뭐고 불러다가 호통을 칠 수밖에 없는 상황이 발생한 것이었다.

결국 우원식 국회의원이 나서서 환경부 차관과 현장을 함께 둘러보았다. 노원구청으로서는 이 자연마당을 어떻게 흙이 안 흘러내리게 할지도 걱정이었다. 내가 서울시의 푸른도시국장으로 다시 근무하러 가 있는 동안에도 그곳은 그대로 방치되어 있었다.

오승록 구청장은 내가 퇴직 후 노원에서 다시 근무를 시작할 즈음, 이곳에 철쭉을 가득 심어 동산을 만들면 어떻겠는지 본인의 희망을 이야기했다. 경사진 지역이라 배수문제가 있으니 철쭉을 가득 심어

인근 무장애 순환산책로와 연결된 엘리베이터 전망대 (노원구 제공)

전망대를 이용하는 시민들

놓으면 흙이 흘러내리지 않게 하면서 보기에도 좋겠다고 동의했다. 그리하여 2~3년에 걸쳐 철쭉을 전면적으로 식재하게 되었다

봄의 꽃으로는 벚꽃을 이길 꽃이 없다. 너도 나도 벚꽃 명소를 다투어 개발한다. 인근 중랑구에서 장미로 본전을 뽑겠다는 장미축제가 있으니 장미로 덤빌 일도 아니었다. 그 사이를 절묘하게 파고든 것이 철쭉이었다. 산철쭉을 선택했다. 내가 잠시 살았던 군포 산본도 일찌 감치 심어놓은 철쭉으로 매년 히트를 치기는 하지만 적어도 서울에는 볼 만한 철쭉동산이 없었다. 기회였다. 군포 철쭉동산도 가보고 하면서 몇 번의 시행착오를 거쳐 철쭉동산이 만들어졌다. 그러나 역시 경사진 지역의 배수문제를 해결하기 어려웠다. 부채살 모양으로 토지를 길게 판 후 자갈을 넣고 덮어 보이지 않는 배수로를 만드는 등 보완 작업을 하자 나아졌다.

그러나 2023년 이른 봄 꽃이 필 무렵 강한 늦서리가 오는 바람에 꽃망울이 상하면서 철쭉이 거의 안 피는 일이 발생했다. 방문한 시민들에게 죄송하다는 안내판을 설치하는 등 해프닝을 겪고 나서 철쭉 특별관리 작전에 돌입했다. 상명대 김광두 교수를 자문위원으로 초대해 늦서리 등 피해가 다시는 없도록 대비한 결과 2024년에는 다시 화려한 철쭉동산으로 많은 사람들의 사랑을 받게 되었다. 여름이면 아이들이 신나게 물놀이를 하는 물놀이 계곡도 인기가 좋다. 불암산 무장애숲길은 퇴근한 직장인들도 데크길을 산책할 수 있도록 저녁 10시까지 야간조명을 갖춰놓았다.

식물이란 재배되던 지역의 기후에 적응해 살다가 다른 지역으로 이동하면 몇 년간 몸살을 하는 법이다. 전망대를 거쳐 신림치유센터 북측을 따라 내려오다 보면 철쭉동산까지 자연스럽게 무장애숲길로 연결된다. 철쭉동산은 불암산힐링타운의 핵심 볼거리인 셈이다. 2023

년에는 약간 엉성하게 만들어졌던 유아숲체험장도 어린이책쉼터와 물놀이 계류까지 갖춘 아이들의 명소로 새롭게 태어났다.

이외에도 영신여고 뒤에 무덤으로 가득했던 숨겨진 땅이 있었다. 학교 바로 옆에 오래된 분묘군이 있다는 것은 어딘지 어색하고 학생들을 위해서도 정리해줘야 할 곳이었다. 나는 이곳의 묘지들을 이장하고 아이들을 데리고 나온 부모나 가족 단위를 위한 피크닉장으로 만들어야 한다고 꾸준히 주장했는데, 드디어 관철되어 피크닉장이 지어졌다.

이들을 통틀어 '불암산힐링타운'이라고 부른다. 노원구 주민들에겐 가족들과 멀리 나가지 않고도 즐길 수 있는 자연이고, 서울의 명소로도 자리 잡아가고 있다. 주차 문제가 너무 심각해 상현교회 부근에 50면의 주차장을 추가로 확보하긴 했지만 '공원Park과 주차장Parking의 영원한 전쟁터인 도시'에서 만족할 만한 주차장 확보는 사실상 불가하다. 매년 4월 중순이 되면 불암산 철쭉동산을 찾는 주말 인파와 이들의 주차장 문제를 해결하기 위해 인근 학교들의 운동장도 빌리는 노력을 계속해오고 있지만 여전히 부족한 상황이다.

정원지원센터 옆 작은 계류에 누수식 생태보를 만들어 여름철 물놀이터로도 활용한다.

노원자동차학원 부지를 절반 정도 뚝딱 잘라낸 후 2026년 개통을 목표로 차량기지를 건설하고 거기에 역을 하나 신설한다고 하니 접근성은 훨씬 나아질 것이다. 그러나 절반 남은 땅은 어느 부동산 개발업체가 매입하여 아파트를 짓겠다고 덤비는 상황이다. 아파트나 오피스텔이 지어지면 불암산과 힐링타운의 경관을 가리는 흉물로 남아 큰 원성을 살 것이다. 노원구청과 구민들은 필사적으로 그런 건물이 들어서는 것을 반대할 것이고 또 반대해야 마땅하다. 아무리 돈이 만능

불암산힐링타운 종합안내판

가족들과 간단한 먹거리를
즐기는 피크닉 풍경

철쭉동산 아래 새롭게 만든 아이들 물놀이터 (ⓒ오창종)

이라고 하지만 마구잡이로 건물을 지어 불암산의 경관과 정기를 막는 일만은 생기지 않길 바란다.

　많은 구청장들과 전국의 여기저기에서 지자체장들이 불암산힐링타운을 모니터링하기 위해 방문했다. 그러나 지방의 어느 곳이라도 요즘은 성의껏 좋은 시설들을 많이 만들어 관광객을 불러모으는 세상이니 불암산힐링타운만 최고의 시설이라고 할 수는 없다.

　전국적으로 많은 시설이 만들어지는 가운데 막대한 예산이 투자되는 과정에서 디테일하게 시설을 설치하고 섬세하게 관리해주는 노력은 더욱 중요해졌다. 많은 분들이 와서 불암산힐링타운을 둘러본 후 '숲의 주인색은 녹색이 아니고 무광의 기와진회색'이란 점 하나만 알고 가도 그만이다. 숲이 더 가까이 다가오고 크고 푸르게 보이도록 하는 작은 출발이기 때문이다.

불암산의 누수식 생태보

보통 생태를 논하는 사람이나 학자들은 생태를 어렵고 복잡한 것처럼 이야기하는 경우가 많다. 하지만 생태는 크고 작은 실천이 우선인 아이템이다.

공직생활을 하면서 가끔 귀인을 만나기도 한다. 내가 공원과장을 2번 하면서 정득용이란 분을 만났다. 수염이 덥수룩하고 암청색 한복바지에 흰색 저고리와 암청색 조끼를 입고 있었다. 한창 바쁠 때 예고 없이 찾아와 종이에 직접 그린 그림에 간단한 설명이 쓰인 자료를 보여주는 것이었다. 우리나라 산에서 내려오는 물이 비가 오고 나면 곧바로 하천이나 하수도로 버려지는 것이 아깝기도 하고 계류에 물이 남아 있어야 물가 주변이 젖어 식물들에게도 좋다는 설명이었다.

이는 훗날 '누수식 생태보'라고 불리게 된 것으로, 계곡이 아니라 계류에 설치해 상당기간 물을 가둬두는 생태 댐이었다. 그러나 이렇게 번거로운 일을 달갑게 생각할 구청 과장이나 직원은 흔치 않았다. 누수식 생태보를 설치하려면 일단 전문가인 정득용 씨를 초청해야 했고, 작업내용을 풀어서 설계서를 만들기도 어려웠다. 70~80년대는 직원들이 직접 설계를 했는데 2000년대 이후로는 사소한 것도 외부 설계팀에게 맡기게 된 구청 직원들로선 번거로운 일이었다. 즉 일을 해내기에 쉽지 않았다. 나도 누수식 생태보가 좋은 것은 알지만 직접 만들어볼 기회가 없었는데, 은퇴 후 노원구에 다시 근무하게 되면서 기회가 생겼다.

불암산 생태학습장, 데크 순환산책로, 철쭉동산, 나비정원, 전망대, 산림치유센터, 온실 카페인 카페 포레스트 등을 고루 갖춘 불암산 힐링타운을 만들어 나가면서 카페 포레스트 아래의 계류에 주목했다. 불암산이 바위산이기 때문인지 비가 오면 하수도로 빨려 들어가듯이 말라버리는 계류가 있었다. 워낙 상부의 경사도 급하여 물이 거의 남지 않는 곳이었다.

처음에는 나도 정득용 선생의 말을 대수롭지 않게 생각했다. 그런데 어느 정도 시간이 지난 후 그분이 다시 찾아와 '산림청도 그렇고 어디에도 이 댐의 중요성을 알아주는 사람이 없어서 답답하다'고 하소연을 했다. 차분하게 설명을 들어보니 큰돈을 들이지 않고 해볼 만했다. 담당 팀장과 담당 직원들을 불러서 말했다.

"보통 산에 있는 토사를 막기 위해 대형 사방댐을 만드는데, 그게 아니라 쏜살같이 빠져나가는 산의 물들을 일정기간 가둬두는 시스템

불암산 생태계류에 누수식 생태보를 만드는 정득용 선생

'공투(0.2톤)'라고 불리는 작은 포크레인

이니 한번 도입해봅시다."

정득용 씨는 만들어보자는 곳이 있으면 강서구 개화동의 집에서 삽 한 자루를 들고 나와 지하철을 타고 한복차림으로 나타난다. 가장 작은 공투(0.2m^3) 포크레인 한 대와 도와줄 인부를 한두 명 붙여달라고 하여 며칠이고 본인이 직접 크기별로 돌을 이리저리 놓아보기도 하고, 돌과 자갈, 흙을 채워가며 만든다. 이런 식으로 일정 간격으로 7개의 누수식 생태보를 만들었다. 산림 토목 전문가에게 맡기면 수천만 원 이상이 들 일이었다. 매우 고마운 일이었다.

사실상 이런 식으로 만드는 것을 배우려는 사람도 없고, 구청의 작업반장이나 기간제 근로자들에게 옆에서 지켜보도록 지침을 주어도 생각처럼 쉽지 않았다.

물론 여름철 장마철에 엄청난 빗물이 산에서 쏟아져내리면 일부 흙과 돌들이 떠내려가기는 하지만 다시 긁어모아 보수하면 문제 없이 제 기능을 한다. 그래서 구청의 작업반장이나 근로자들을 정득용 씨 작업에 돕거나 참관하게 해서 이를 대비했다.

가족 단위로 즐기는 물놀이터로 인기를 끄는 수락산 벽운계곡

수락산 노원골 누수식 생태보 물놀이터

물놀이가 시작되는 시기에 생태보로 만들어진 물웅덩이에는 이른 새벽부터 바로 옆의 평상을 잡기 위한 경쟁이 벌어진다. 엄마, 아빠는 아이들과 물이 있는 생태놀이터에서 한나절 재미있게 놀다 가는 곳이 된다. 도심에 있는 자연놀이 물 텀벙이다.

정득용 씨는 "내가 죽기 전에 하나라도 더 만들고 죽는 게 소원입니다." 하고 말하곤 했다. 2023년 가을 이후 전화 연락이 닿지 않아 걱정이 되는데 댁이 정확히 어딘지도 모른다. 부디 그 분의 혼이 담긴 누수식 생태보가 하나둘씩 더 만들어져 좀 더 안정적이고 윤택한 도시숲이 만들어지기를 바라는 마음이다.

많은 예산을 투자해 거창한 걸 만드는 것만이 평가받는 요즘, 이와 같은 작은 생태계류를 만드는 노하우를 가진 분을 홀대하고 폄하하는 일이 없도록 주의해야 한다. 작지만 값진 일을 찾아내 갈고닦는 일도 중요하다. 엄청난 돈을 들여 수영장을 만드는 일만이 아니라 동네 산에서 흘러내려오는 맑은 하천에 돌과 흙을 쌓아 물 막이를 해주는 것도 충분히 값진 일이다.

불암산의 철쭉을 잇는 초안산수국동산

초안산은 노원구 월계동과 도봉구 창동에 걸쳐 있다. 동네 야산처럼 보이지만 올라보면 조선 시대 내시들의 분묘와 석물들이 곳곳에 흩어져 있다. 번듯한 석물은 찾아보기 어렵고 어지럽게 방치되어 있다는 느낌이 강하다. 초안산 외곽인 월계동 산46-3번지 일대는 노원구의 서측 끝으로, 도봉구 창3동과 작은 길 하나로 갈리는 곳이다.

수국동산이 들어선 이 토지는 서울시의 '동네 뒷산 공원화 사업'의 연차별 투자 대상지로 선정된 곳이다. 서울시에서 보상하고 노원구비를 추가 투자한 공원용 부지로, 크기는 15,890m^2였다. 처음 방문했을 때 이곳은 동네 사람들이 무단으로 밭을 일궈 이런저런 작물들을 기르는 통에 훼손이 심한 상태였다. 2023년 가을에 공원용지에서 경작을 하던 한 주민을 만나서 말을 건넸다.

"이 지역은 조만간 공원으로 만들 예정이니 다음 해에는 씨앗을 뿌리지 말아주세요."

"공원을 만들어준다면 채소들을 그만 키워야죠."

선한 동네 분이었다.

설계를 진행하면서 인근의 월계고등학교와 염광메디텍고등학교 사이에 있는 비석골공원도 미리 구비를 들여 새롭게 공원을 재생했다. 그리고 비석골공원과 수국동산을 잇는 1.3km의 순환산책로를 조성해 2개의 공원을 하나로 이었다.

수국은 불암산힐링타운의 철쭉이 지고 나서 배턴을 이어받을 꽃으로 매력적인 아이템이었다. 6~7월경 절정을 이루는데, 겨울을 넘기기 힘들다는 한계가 있다. 그래서 재배 전문가를 비롯해 다양한 전문가의 자문을 거치는 등 다각적인 검토 과정을 거쳤고, 결국 수국을 적극 도입해보기로 결정했다.

우선 월동이 가능한 수국을 기본으로 식재하고, 월동은 어렵지만 수국축제 때 강한 임팩트를 줄 수 있는 수국들을 적절히 배치했다. 수국정원 내에는 곳곳을 잇는 산책로를 만들고, 가장 높은 지대에 있는 염광고등학교 경계부의 아름드리 왕벚나무 주변에는 쉼터와 운동시설, 황톳길 등을 다양하게 갖춘 '숲속 힐링 피크닉장'을 조성했다. 이곳은 부지의 고저차가 너무 커서 장애인들의 접근이 어려웠는데, 입구에 주차장을 만들어놓고 일정 구간 데크를 깔아 무장애숲길로 만들

수국동산 전경

친구와 함께 찾은 수국동산 (노원구 제공)

었다. 공원 전체는 아니지만 일부 구간이라도 장애인들이 수국에 접근해 즐길 수 있게 했다.

수국정원을 관리하는 인력으로는 수국의 재배와 관리에 관심이 많고 꾸준히 수국을 연구해온 백성진 씨를 모셨다. 어떤 분야든 열정적인 소수가 세상을 움직인다. 그런 분에게 관리를 맡기면 해가 갈수록 화려하고 풍성한 수국동산의 진가를 서울시민들이 즐길 수 있을 것이다.

그리하여 훼손되고 방치되었던 땅이 수국동산으로 다시 태어났다. 현재 이곳은 화려한 수국이 가득한 웨딩 촬영의 명소가 되었고, 봄철이면 화려한 벚꽃이 시민들을 끌어모으는 즐거움 가득한 곳으로 사랑받고 있다.

수성동 계곡과 청운공원

겸재 정선의 「수성동 계곡」이란 작품의 무대였던 수성동 계곡이 2012년 말 고스란히 복원되었다. 이는 원형에 가깝게 복원된 사례이다. 겸재는 조선 후기 진경산수화의 대표 화가이다. 1676년 1월 3일 서울 종로구 청운동에서 태어나 1759년 3월 24일 84세로 청운동에서 돌아가셨다.

옥인시범아파트가 수성동 계곡을 막고 지어진 게 너무했다는 반성이 있었는지, 그곳의 아파트를 철거하고 녹지공간으로 조성한다는 계획이 발표됐다. 나는 2012년에 공사장을 방문해보고 깜짝 놀랐다. 겸재 정선이 걸터앉아 「수성동 계곡」이란 산수화를 그렸던 풍광 좋은 계곡을 막아 시범아파트를 지을 생각을 했던 사람들은 다 어디에 간 것일까?

사실 그건 말도 안 되는 만행이었다. 옥인시범아파트는 박정희 정부 시절 14대 서울시장이었던 불도저 김현옥 서울시장(1966년~1970년 4월 15일 재임) 때에 기획되어 15대 양택식 시장 시절인 1971년 준공되었다. 대대로 유산이 될 수 있는 수성동 계곡은 건드리지 말았어야 했다. 다이너마이트를 쓰지 않고 적당히 암석을 깨서 아파트를 짓긴 했지만 이런 몰상식한 일은 다시는 일어나지 말아야 한다. 1971년 계곡 좌우로 옥인시범아파트 9개 동이 들어서면서 수성동 계곡의 경관은 완전히 사라져버렸었다.

남산외인아파트를 철거해 공원으로 복원한 사람들 못지않게 사람들이 사는 아파트를 이주시킨 후 철거를 결정한 사람들에게도 큰 상을 줘야 한다.

2012년 서울시 도시기반시설본부에서 아파트를 철거한 후, 녹지 조성공사를 마무리하던 현장을 둘러보았다. 현장에 겸재 정선의 산수화「수성동 계곡」사본을 갖고 나갔다. 그림 속에 놓여 있던 기린교를 현장에서 발견하고 역사적 시간을 거슬러 올라가는 묘한 느낌을 받았다. 현재 수성동 계곡 입구에 있는 어린이집 건물 2층에서 내려다보면 그림의 구도가 실제와 정확히 일치하는 것을 확인할 수 있다.

누구든지 계곡의 입구에서 겸재 정선의 산수화를 떠올리며 수성동 계곡의 풍경을 음미할 수 있게 하자는 생각으로 안내판을 제작했다. 수성동 계곡은 이후 많은 사람이 겸재 정선의 눈으로 수성동 계곡을 바라볼 수 있는 명소가 되었다. 뒤늦게나마 이 일대가 문화재보호

수성동 계곡. 기린교를 건너 풍광을 즐기는 선비들 모습

아파트 철거 후 복원된 기린교와 수성동 계곡 주변의 풍광

구역으로 지정되어 다행이다. 수성동 계곡의 입구에서 좌측의 기린교를 포인트로 하여 눈을 가늘게 떠서 겸재 정선이 보았던 풍경과 느낌을 가늠해볼 수 있다는 것만으로도 대단한 반전이다.

이 일은 오세훈 시장의 1기 재임 시절에 시작되었다. 주택국 차원에서 기획해 도시기반시설본부에 공사를 맡기는 식으로 추진한 일이다. 이후 유지관리 문제를 논의할 때 푸른도시국도 참여하게 되었다.

그동안 개발지상주의답게 산에 아파트를 지어댄 곳이 많다. 이제라도 수성동 계곡을 보존하고 인근 청운아파트 또한 철거 후 공원으로 조성하게 되어 다행이다. 문화적 국격을 갖춘 나라가 되었다는 자부심을 가질 만하다.

창의문 남측에 위치한 인왕산 청운공원은 인왕산로 북측 시작 지점에 위치한다. 1968년 12월 서울시에서 이 일대에 들어서 있던 판자촌을 철거하고 36동의 시민아파트 건설 계획을 밝혔다. 당시 김현옥 시장이 청와대에서 최대한 잘 보이는 높은 곳에 아파트를 지으라고 지시하여 산에 마구잡이로 아파트가 지어졌다. 그리하여 1969년 3월에 162채의 판자촌이 철거되었고, 같은 해 말에 11동의 청운시민아파트를 준공했다.

세월이 흘러 2005년 9월, 청운시민아파트가 모두 철거되었다. 이

풍수지리상 좌청룡에 해당하는 낙산공원에 가득 차 있었던 시민아파트와 일부 무허가 주택들 (서울시 제공)

청운아파트 철거 후 조성된 청운공원　　펌프장을 개조하여 만든 윤동주문학관

후 2007년 청운공원이 개장했다. 이후 자하문에서 올라오는 길가의 펌프장 건물을 윤동주문학관으로 고쳐서 개장하기도 했다. 이 일대는 세월의 켜를 달리하여 겸재 정선도 살고 윤동주도 살았던 역사가 깃든 곳이다. 이처럼 문화적 가치가 있는 지역에서 아파트를 철거하고 공원을 만들어 후세에 전하는 것은 서울시가 한 일 중에서도 아주 잘한 일이다.

　이 외에도 고건 시장 시절 남산외인아파트와 낙산공원 내 판잣집 일대를 철거하고 내사산(북악산, 남산, 인왕산, 낙산)의 하나로 좌청

낙산시민아파트를 철거하고 서울성곽의 윤곽을　　복원된 낙산과 서울성곽 (서울시 제공)
되살린 복원 초기의 낙산 (서울시 제공)

룡에 해당하는 낙산을 복원한 것도 서울시의 과감하고 획기적인 업적이었음을 다시 상기하고 싶다. 서울의 근간을 이루는 산이 산으로 돌아오는 일이니 사실상 얼마나 엄청난 일인가?

다만 윤동주문학관은 펌프장을 개조하는 것보다는 능선을 해치지 않는 범위 내에서 전망이 탁 트인 위치에 북카페를 조화롭게 믹싱한 건물로 지었으면 더 좋았을 것 같다는 생각이 든다. 어차피 도시공원이란 추억과 사람들의 삶을 담는 공간이기도 한 것이니 폭넓은 시각에서 문화를 담아야 하는 것이기도 하다. 사람들에게 외면당하거나 썰렁한 도시공원보다는 사람들의 삶 속에 함께하며 즐거움을 주는 공원이 바람직할 것이다.

에필로그

어디에선가 먼 훗날
나는 한숨을 쉬며 말하고 있겠지.
숲속에 두 갈래 길이 있었다고,
나는 사람이 적게 간 길을 택하였다고
그리고 그로 인해 모든 것이 달라졌다고.

로버트 프로스트의 「가지 않은 길」 중

1980년 10월 말 기술고시에 합격하고, 서울대학원의 입학시험에도 합격하는 행운이 따랐다. 공무원이냐 대학교수냐, 나는 두 갈래 길을 만나게 되었다. 1년여 대학원을 다녀보니 답답한 대학교수의 연구실은 분명히 나를 질식시킬 것만 같았다. 군대부터 다녀온 후 어린 나이에 공무원에 몸담았다. 사실상 아무도 내 앞에 놓여 있는 일을 친절하게 가르쳐주지 않았다. 간부 공무원으로 시작하는 젊은이의 고뇌였다. 매일매일이 새로운 일이었고 마음을 굳게 먹고 헤쳐나가야 하는 일들의 연속이었다. 서울시라는 대도시의 공원과 녹지, 그리고 조경이라는 한 분야에서만 약 40년을 근무하면서 숱한 고민도 하고 때로는 밤을 새워가며 많은 일을 한 사람 중의 하나다.

그러나 2017년 6월, 서울시에서 1년간의 공로연수로 더 이상 출근하지 않아도 되는 날 아침을 맞았을 때, 나는 허탈하고 묘한 기분이 들었다. '내가 지난 세월 뭘 하면서 청춘을 보낸 거지?' 혼쭐을 내는 상급자의 말을 잊지 않기 위해 항상 뒷주머니에 넣고 다니기 시작했던 수첩 안에 하나둘 쌓였던 나의 역사도 이곳저곳 사무실을 옮겨다니며 어디론가 사라져버리고 몇 권만 남은 것이 아쉽다. 일하던 수많은 자료를 후배들을 통해 다시 찾아보는 것도 쉽지 않았다. 감사원 감사, 자체 감사 등을 의식하면서 보존년한이 지나기가 무섭게 휴지처럼 버리곤 했던 것이 생존 방법이었는지도 모른다.

항상 공격적으로 새로운 일을 시도했고, 모난 돌이 정을 맞듯이 단련을 받으며 지내왔다. 내 공직생활의 핵심은 역시 누가 하라고 강요해서 일하지 않고 내가 하고 싶었던 일이라 생각하며 일했던 것이고, 그러다보니 즐겁게 정년을 맞았다. 학연, 지연에 기댈 곳도 없었지만 승진을 구걸하지도 않고 마음 비우고 지내다 보니 저절로 승진도 했다. 서울시의 일은 대부분 기획업무라서 사무관(5급)부터 부이사관(3급)까지 구청의 현장업무를 경험하지 못한 아쉬움이 있었다.

2014년 국방대 연수를 다녀온 후 오승록 당시 노원구 출신 서울시의원의 주선으로 노원구의 부구청장으로 2년간 근무하는 행운도 얻었다. 다시 서울시로 복귀하여 정년을 맞은 후 노원구청장으로 선출된 오승록 구청장의 요청으로 5년간의 실전 경험을 쌓는 귀한 기회를 즐겼다.

수시로 현장에 나가 쪼그리고 앉아 최선의 길을 찾아보는 일은 큰 즐거움이었다. 바로바로 현장이 바뀌는 마법을 경험할 수 있었던 멋진 기회였다.

이제는 더 이상 일에 매달려 고민하고 괴로워하는 일은 없을 것이다. 다만 시민들 삶의 질을 실질적으로 높여줄 수 있는 녹지직 공무원의 역할은 점점 커져갈 것이고, 시민들도 녹지공간이 베풀어주는 여유로움과 건강한 삶의 혜택을 누려야 할 시대다. 나의 지나간 시절, 소신과 열정의 시간은 너무도 빨리 지나가버리고 기억 또한 희미해질 거라는 걱정과 아쉬움이 크기에, 거칠지만 이렇게 서울의 공원 기록을 남기게 되었다. 2025년 4월 16일 이른 아침, "광빈 형, 서울숲 선물 고맙습니다." 서울숲 인근에 사는 서울시 후배 이비오 국장의 사진을 곁들인 카톡을 받고 기분 좋게 하루를 시작한다. 그러면 됐다. 그걸로 충분한 보상을 받았다.

서울에도 섬이 여럿 있었다. 여의도공원, 뚝섬 서울숲, 난지도 월드컵공원, 선유도공원 등……. 백령도 외딴섬 소년이 서울의 섬들을 하나둘 공원으로 만들어내는데 몰두할 수 있었던 것은 운명적인 기회였다. 아무쪼록 우리와 미래세대의 문화와 삶을 담아내는 서울의 공원들이 영원하길 바란다.

소신과 열정의 공원 만들기 40년
푸른 도시, 서울의 공원
최광빈 지음

초판 1쇄 발행 2025년 8월 14일
　2쇄 발행 2025년 9월 4일

펴낸이　이민·유정미
편집인　최미라
디자인　오성훈

펴낸곳　이유출판
주소　대전시 동구 대전천동로 514(34630)
전화　070-4200-1118
팩스　070-4170-4107
전자우편　iu14@iubooks.com
홈페이지　www.iubooks.com
페이스북　@iubooks11
인스타그램　@iubooks_14

ⓒ최광빈 2025

ISBN 979-11-89534-69-1(03520)
정가 24,000원

이 책에 사용된 도판은 대부분 저작권이 공개되었거나 저작권자의 동의를 얻어 수록한 것입니다.
저작권을 찾지 못한 일부 도판은 확인되는 대로 동의 절차를 밟겠습니다.